シリーズ 現代の天文学 [第2版] 第6巻

星間物質と星形成

福井康雄・犬塚修一郎・大西利和・中井直正・舞原俊憲・水野 亮 [編]

日本評論社

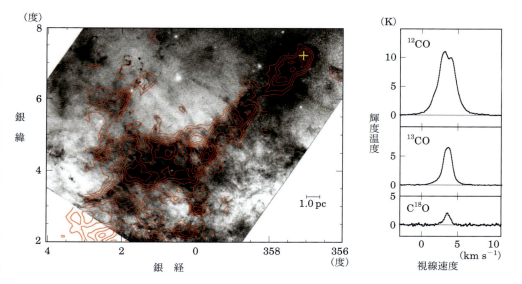

口絵1 分子雲と一酸化炭素(CO)輝線スペクトルの例.
(左)パイプ星雲とよばれる暗黒星雲の光学写真の上に分子雲分布(CO輝線強度分布)を等高線で示したもの.右は黄色の十字で示した方向で観測された一酸化炭素およびその同位体分子の基線スペクトル(p.42, Onishi et al. 1999, *PASJ*, 51, 871)

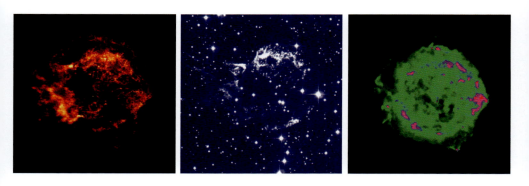

口絵2 異なる波長帯で見たシェル型超新星残骸Cas A.
左はX線,中は可視光,右は電波連続波の画像.可視光は米国MDM天文台の2.4メートル望遠鏡,電波は米国国立電波天文台のVLAで観測されたもの(P.107, https://chandra.harvard.edu/)

口絵3 あかり衛星が撮影した散光星雲IC1396の中間赤外線画像（JAXA提供）と左下は同範囲の可視光写真（ESA/ESO/NASA提供）(p.139)

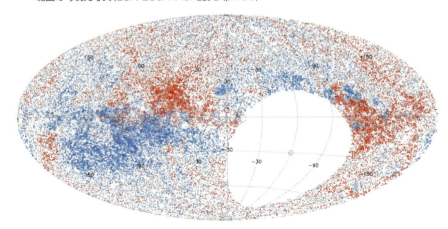

口絵4 系外偏波源の観測による磁場の視線方向の分布．横軸が銀経，縦軸が銀緯である．赤は我々の方向を向いた磁場，青はその反対方向を向いた磁場，円の大きさは磁場の大きさを示す(p.179, Taylor *et al.* 2009, *ApJ*, 702, 1230)

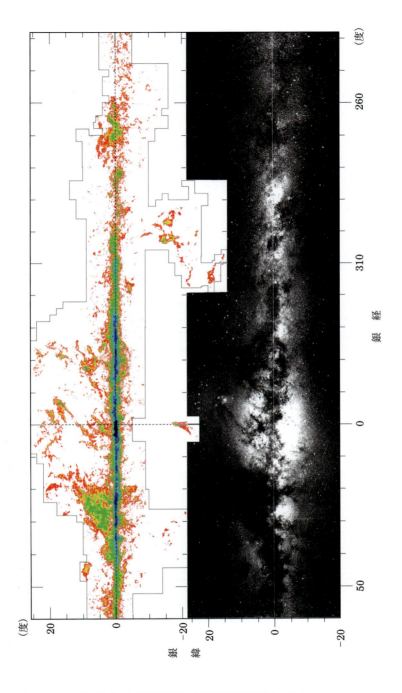

口絵5 名古屋大学のなんてん電波望遠鏡による銀河面分子雲サーベイ．
上段(左)は一酸化炭素輝線スペクトルの強度分布，下段(右)は可視光の光学写真
(p.192, *Exploring southern sky*より)

［上］口絵6　ジェイムズ・ウェッブ宇宙望遠鏡（JWST）によって観測された星形成領域NGC1333．オレンジ色の斑点はハービッグ・ハロー天体で，若い星から放出されたジェットがまわりの分子雲と相互作用し，それによって生じた衝撃波がガスを電離して輝いている（p.186, 194, ESA/Webb, NASA & CSA, A. Scholz, K. Muzic, A. Langeveld, R. Jayawardhana）

［下］口絵7　ハーシェル宇宙天文台で観測したおうし座分子雲の遠赤外線画像（背景）に，ALMAで観測した，星のない分子雲コア12天体を合成した画像（第9章，ALMA(ESO/NAOJ/NRAO), Tokuda *et al.* ESA/Herschel）

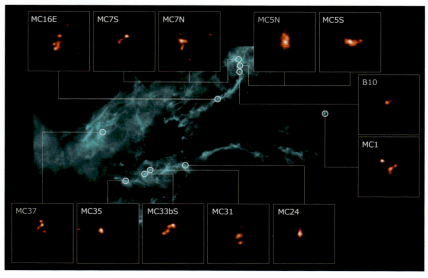

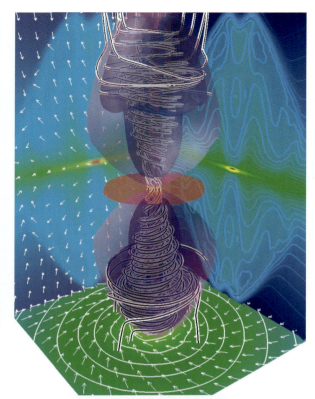

[左]口絵8 原始星の形成過程とアウトフロー放出現象の3次元MHDシミュレーションの結果.収縮している磁気星間雲がある密度 ($n \sim 10^{11} {\rm cm}^{-3}$) に達すると断熱コアを形成し,磁気流体力学的に高速のジェットを放出する.(青い)表面は,速度0の等速度面.この内側でガスは外向きの速度ベクトルを持ち中心天体から離れていく.他方,外側でガスは中心天体に向かって降着していく.流線は磁力線,中心部の密度構造がそれぞれの面に投影されている.側面に投影されている密度の濃い中心部分が断熱コア (p.257)

[下]口絵9 VLA/ALMA Nascent Disk and Multiplicity(発生初期の円盤と多重性,VANDAM)サーベイによって観測された原始星の一部.ALMAの観測データを青,VLAの観測データをオレンジで示している(第10章,ALMA (ESO/NAOJ/NRAO), J. Tobin; NRAO /AUI/NSF, S. Dagnello)

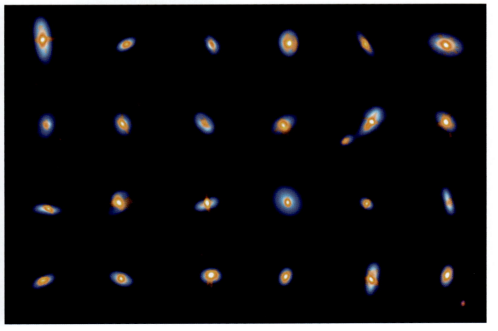

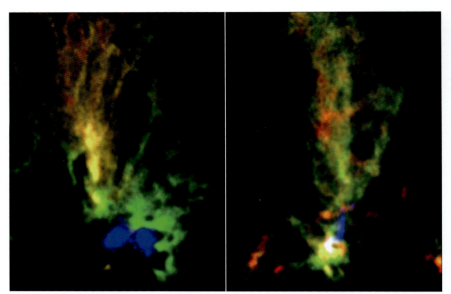

口絵10　アルマ望遠鏡で撮影された，大マゼラン雲にあるふたつの分子雲，N159E-パピヨン星雲領域（左）とN159W-South領域（右）．赤色と緑色は速度の異なる^{13}COからの電波を表している．2つの天体は似たような構造を持ち（生まれたばかりの大質量星を「かなめ」として，多数のフィラメント状分子雲が扇のように広がっている），分子雲同士が衝突した場合のコンピューターシミュレーション結果とよく一致している（p.297, ALMA (ESO/NAOJ/NRAO)/ Fukui et al./Tokuda et al./NASA-ESA Hubble Space Telescope）

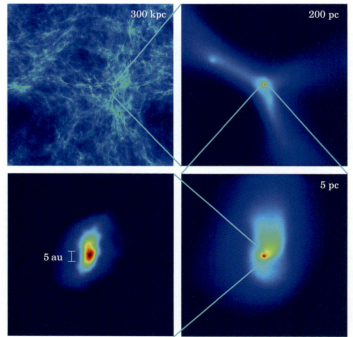

口絵11　宇宙最初の星形成が起きる高密度コアとその内部の構造を示す数値シミュレーション（p.307）

シリーズ第2版刊行によせて

　本シリーズの第1巻が刊行されて10年が経過しましたが，この間も天文学のめざましい発展は続きました．2015年9月14日に，アメリカの重力波望遠鏡LIGOによってブラックホール同士の合体から発せられた重力波が検出されました．これによって人類は，電磁波とニュートリノなどの粒子に加えて，宇宙を観測する第三の手段を獲得しました．太陽系外惑星の探査も進み，今や太陽以外の恒星の周りを回る3500個を越す惑星が知られています．生物の住む惑星はもとより究極の夢である高等文明の探査さえ人類の視野に入ろうとしています．観測された最遠方の銀河の距離は134億光年へと伸びました．宇宙の年齢は138億年ですから，この銀河はビッグバンからわずか4億年後の宇宙にあるのです．また，身近な太陽系の探査でも，冥王星の表面に見られる複数の若い地形や土星の衛星エンケラドス表面からの水の噴き出しなど，驚きの発見が相次いでいます．

　さまざまな最先端の観測装置の建設も盛んでした．チリのアタカマ高原にある日本（東アジア），アメリカ，ヨーロッパの三極が運用する電波干渉計アルマ（ALMA）と，銀河系の星全体の1%にあたる10億個の星の位置を精密に測るヨーロッパのGaia衛星が観測を始めています．今後に向けても，我が国の重力波望遠鏡KAGRA，口径30mの望遠鏡TMT，長波長帯の電波干渉計SKA，ハッブル宇宙望遠鏡の後継機JWSTなどの建設が始まっています．

　このような天文学の発展を反映させるべく，日本天文学会の事業として，本シリーズの第2版化を行うことになりました．第1巻から始めて適切な巻から順次全17巻を2版化して行く予定です．「新版シリーズ現代の天文学」が多くの方々に宇宙への夢を育む座右の教科書として使っていただければ幸いです．

2017年1月

日本天文学会第2版化WG　岡村定矩・茂山俊和

シリーズ刊行によせて

　近年めざましい勢いで発展している天文学は，多くの人々の関心を集めています．これは，観測技術の進歩によって，人類の見ることができる宇宙が大きく広がったためです．宇宙の果てに向かう努力は，ついに129億光年彼方の銀河にまでたどり着きました．この銀河は，ビッグバンからわずか8億年後の姿を見せています．2006年8月に，冥王星を惑星とは異なる天体に分類する「惑星の定義」が国際天文学連合で採択されたのも，太陽系の外縁部の様子が次第に明らかになったことによるものです．

　このような時期に，日本天文学会の創立100周年記念出版事業として，天文学のすべての分野を網羅する教科書「シリーズ現代の天文学」を刊行できることは大きな喜びです．

　このシリーズでは，第一線の研究者が，天文学の基礎を解説するとともに，みずからの体験を含めた最新の研究成果を語ります．できれば意欲のある高校生にも読んでいただきたいと考え，平易な文章で記述することを心がけました．特にシリーズの導入となる第1巻は，天文学を，宇宙−地球−人間という観点から俯瞰して，世界の成り立ちとその中での人類の位置づけを明らかにすることを目指しています．本編である第2−第17巻では，宇宙から太陽まで多岐にわたる天文学の研究対象，研究に必要な基礎知識，天体現象のシミュレーションの基礎と応用，およびさまざまな波長での観測技術が解説されています．

　このシリーズは，「天文学の教科書を出してほしい」という趣旨で，篤志家から日本天文学会に寄せられたご寄付によって可能となりました．このご厚意に深く感謝申し上げるとともに，多くの方々がこのシリーズにより，生き生きとした天文学の「現在」にふれ，宇宙への夢を育んでいただくことを願っています．

2006年11月

編集委員長　岡村定矩

はじめに

　人類は長い間「宇宙は星々のみからなる」と考えてきた．星と星との間の空間に物質が存在し，その物質が宇宙の進化に深く関わっていることは，星しか見なかった我々の祖先の想像を，はるかに超えていたに違いない．

　星と星との間の空間を，星間空間とよぶ．そこに存在する物質が，星間物質である．星間物質は，星をつくる材料であり，同時に，星の終末に伴って放出された残滓でもある．星の誕生と終末とをつなぐ壮大なサイクルの「結節点」としての星間物質と，星の形成を解明することなくして，宇宙の振る舞いを理解することはできない．このような認識にもとづいて，本巻は「星間物質と星の形成」を主題とした．

　星間物質の本格的な研究が始まったのは，20世紀後半，特に1970年代以降である．この時期は，ミリメートル波，赤外線，X線などの新しい手段による宇宙観測が始まったときである．この一致は偶然ではない．太陽などの星の表面温度は1万度前後であり，放射強度は可視光にピークをもつ．これに対して，星間物質の温度は多様であり，その全容は多くの波長帯の観測によって初めて，うかがい知ることができる．星間物質の観測には，10Kの低温相を探るミリメートル波，1千万Kの高温ガスをとらえるX線など，多波長観測が本格化する20世紀末を待たねばならなかったのである．

　星形成は，数光年のスケールに広がる星間物質が自己の重力によってほとんど一点に集中し，最終的には直径が1億分の1のガス球にまで凝縮する過程である．このガス球が恒星であり，形成途上の星を原始星とよぶ．この過程において，星間物質のひとつである「分子雲」の物理的性質が収縮の詳細を支配し，恒星の質量などを決定づけると考えられる．初期の星形成研究は，太陽をひな形として進められた．これまでに，太陽程度の質量の小さい星の形成については，相当の理解が達成された．星への物質の降着は，回転によってつくられる原始星を取り巻くガス円盤をとおしておこなわれ，同時に磁場と回転円盤の作用で双極分子流が発生する，という明確な描像が得られている．一方で，大質量星の形成な

どの未解決の問題も山積している.

星間物質に関する現在の理解は,完全なものとは言えない.星の形成については,その解明はまだ始まったばかりである.したがって本書は,最新研究によって明らかにされた諸問題について,現時点での最先端と基礎を教科書にふさわしい内容でまとめることを目指しており,おおむね 2006 年ごろまでの研究成果が含まれる.この分野で,日本の研究者によって得られた重要な知見は少なくない.我が国を代表する研究者集団によって本書が執筆され,日本の独創による成果が盛り込まれたことは本書の大きな特色である.

本書では,物理学の手法が問題の解決に多く使われており,それは今後の研究の展開にも有効であることが示される.また,伝統的な天文学の遺産が,経験の科学としての天文学を支えるバックボーンであることも,各所に明らかである.しかしなお,多くの課題が未解決のまま残されていることを,読者は看取するであろう.21 世紀にはいって,多波長観測はいよいよ本格化している.次世代の赤外線観測衛星,X 線観測衛星,ガンマ線観測衛星,そして,サブミリ波の大型干渉計 ALMA などが,空前の角度分解能と感度で新たな星間物質像を開拓するに違いない.研究の先端は,今この瞬間にも目覚ましく前進しているのである.

最後に,本巻の編集にあたって,名古屋大学の河村晶子氏の絶大な協力を得たことを記して,厚く感謝の念を表したい.同氏の貢献なくして本巻は上梓に至らなかったであろう.

2008 年 7 月

福 井 康 雄

[第 2 版にあたって]

本書が天文学を志す若い方々の勉学にどれほど役立ったのであろうか,という不安は禁じ得ないが,よりよいテキストにできればと思いつつ改訂を行なった.今回の改訂にあたっては,シリーズ改訂の全体方針に従って,項目選定から見直すといった大幅な変更は加えていない.本書の根幹の一つをなす大質量星の形成については,最近の研究の発展を踏まえて,ガス雲衝突による大質量星形成とい

う新たな知見を書き加えて内容を一新した.

　本書のカバーする星間物質については，第1版刊行後，膨大な観測データが得られている．特にALMAをはじめとする新鋭の観測装置の観測成果は著しいが，これらの成果のいくつかは口絵で紹介するにとどめた．むこう10年ほど経過して新観測データが十分に咀嚼され，教科書に取り上げるに相応しい段階にまで熟成したところで，次世代の教科書として上梓されることに期待したい.

　第1版の編集者・執筆者に加えて，本改訂作業には新たな研究者にも多数加わっていただいた．コロナ禍という思いがけない災厄に見舞われて作業は難渋したが，早川貴敬（名古屋大学）・佐野栄俊（名古屋大学（当時），現・岐阜大学）両氏の尽力に感謝の意を表したい．そして，日本評論社の佐藤大器氏には，変わらぬ励ましと多大な貢献を果たしていただいた．この場を借りて深く感謝の意を表したい.

　2024年9月

福 井 康 雄

シリーズ第2版刊行によせて　i
シリーズ刊行によせて　iii
はじめに　v

第I部　星間物質 1

第1章　全体像　3
I.1　星間物質　4
I.2　星の形成　10

第2章　HIガス　17
2.1　放射機構　17
2.2　HIガスの観測　19
2.3　銀河における分布と運動　33
2.4　密度と温度　37
2.5　構造形成　39

第3章　分子雲　41
3.1　分子雲の種類　41
3.2　分子雲の空間分布とその性質　44
3.3　分子雲の化学組成　51
3.4　分子スペクトルの励起機構　53
3.5　分子雲の加熱・冷却過程　61
3.6　分子雲における種々のタイムスケール　62

第4章　電離ガス　67
4.1　電離領域の種類　67
4.2　HII領域　70
4.3　コンパクトHII領域　76
4.4　光解離領域　79
4.5　惑星状星雲　81
4.6　放射スペクトル　88
4.7　光学域の禁制線　92
4.8　再結合線　95
4.9　化学組成　97

第5章 超新星残骸と高温ガス　101

5.1 高温ガス　101
5.2 超新星残骸　106
5.3 超新星残骸の進化　108
5.4 自己相似解　111
5.5 熱的放射とプラズマ診断　112
5.6 非熱的放射と宇宙線加速　116
5.7 超新星残骸における非線形粒子加速機構　118
5.8 複合型超新星残骸の物理的意味　119
5.9 超新星残骸と星間物質の相互作用　120
5.10 スーパーバブル　123

第6章 星間微粒子　129

6.1 星間減光　129
6.2 星間ガスの欠乏と星間微粒子の元素組成　132
6.3 星間微粒子からの赤外線放射　134
6.4 星間微粒子の分布　136
6.5 星間微粒子による光の散乱と吸収　138
6.6 磁場による星間微粒子の整列と星の光の偏光　143
6.7 星間微粒子の形成　146
6.8 星間微粒子のシミュレーション実験　152

第7章 星間磁場　157

7.1 星間偏光観測　158
7.2 シンクロトロン放射の観測　165
7.3 チャンドラセカール-フェルミの方法　168
7.4 ゼーマン効果　169
7.5 ファラデー回転　178

第II部　星形成　181

第8章 星形成の全体像
——観測事実と基礎的概念　183

8.1 星形成の観測的証拠　184
8.2 基本となる概念について　196
8.3 星形成研究の課題　205

第9章 小質量星の形成（1）
——分子雲から原始星へ 215

- 9.1 分子雲から分子雲コアへ 215
- 9.2 分子雲コアの観測 218
- 9.3 分子雲コアの質量分布と星の初期質量分布 223
- 9.4 原始星誕生までの分子雲コア進化の観測 224
- 9.5 分子雲コアの形成メカニズム 227
- 9.6 分子雲コアから原始星への進化 237
- 9.7 原始星の誕生と質量降着期 239

第10章 小質量星の形成（2）
——原始星から主系列星まで 241

- 10.1 星形成のアウトライン 242
- 10.2 観測との比較 248
- 10.3 分子流天体 253
- 10.4 星周円盤の観測の進展 258
- 10.5 X線で見た原始星 263
- 10.6 連星系の問題 270

第11章 大質量星の形成 273

- 11.1 大質量星形成における問題点 273
- 11.2 大質量星形成のシナリオ 276
- 11.3 大質量星形成の指標 277
- 11.4 大質量原始星の観測 280
- 11.5 星なし大質量分子雲コアの探査 286
- 11.6 星団の形成 290
- 11.7 大質量星に誘起された星形成 294
- 11.8 分子雲衝突による星形成 297

第12章 宇宙初期の星形成 301

- 12.1 星の種族と初代星 301
- 12.2 始原ガスの冷却過程 302
- 12.3 初代星の形成過程 306
- 12.4 種族IIIから種族IIの星への遷移 313
- 12.5 種族IIIの星の探査 314

参考文献 319
索引 321
執筆者一覧 328

第 I 部

星間物質

第I章

全体像

　宇宙は，多くの銀河から構成される．銀河を構成する要素は，恒星と星間物質である．恒星は星間物質の高密度部分である星間分子雲から形成され，核融合による進化を経て，再び星間空間に戻って星間物質となる．どのような質量の恒星がどのような頻度で形成されるか，によって銀河の形態と進化は決定づけられる．太陽のような小質量星は惑星系を形成し，100億年程度の寿命をもつのに対して，大質量星は数千万年で主系列の進化を終え，超新星爆発を起こして大量のエネルギーを星間空間に放出する．超新星爆発は重元素を供給し，銀河の化学的進化を進行させる．恒星の形成が，銀河と宇宙進化の素過程として基本的に重要であるゆえんである（図 1.1）．

　星間物質は，おもに銀河系内について研究されてきた．距離が近く詳しく観測できるためである．可視光によって観測される恒星と比べると，星間物質の放つ電磁波の波長範囲は広い．そのため，星間物質の観測には，ガンマ線・X線から赤外線・電波にいたる，幅広いエネルギーの電磁波による観測が用いられる．星間物質の物理的化学的性質を理解することは，恒星の起源を理解する上で不可欠である．星間空間には，光子と高エネルギー粒子が飛び交っている．光子は質量を持たないが，相互作用をとおして星間物質の存在様式と振る舞いに大きな影響を及ぼす．また高エネルギー粒子も，質量的にはごく微量であるがエネルギー密度は高く，星間物質の性質に強く影響する．この章では，本巻で扱う「星間物質

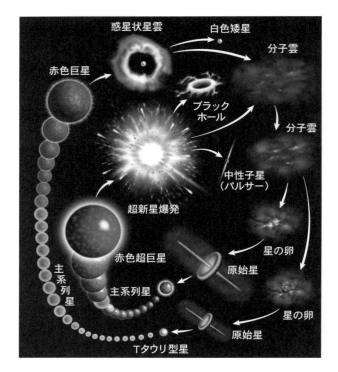

図 1.1　星間物質と星の進化（福井康雄著『大宇宙の誕生』（光文社，2006））．

と星の形成」を概観する．

1.1　星間物質

1.1.1　密度と温度

　星間物質は，ガスと星間微粒子とからなる．ガスの主成分は水素であり，化学組成はおおむね，いわゆる宇宙組成に近い．星間微粒子は，炭素，ケイ素，酸素，鉄等の重元素からなる．ガスと星間微粒子の質量比は通常 100 対 1 程度である．
　ガスの温度は，放射などによる加熱と冷却のバランスで決まり，星間物質にはたらく各種の力のバランスによって，ガスの密度が決まる．そのため，ガスはさまざまな密度と温度を示す．図 1.2 は，星間ガスを密度と温度の座標軸でまとめ

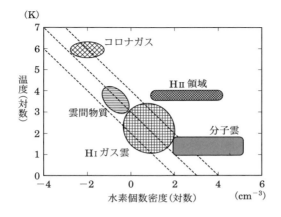

図 1.2 星間物質の密度温度図（Myers 1978, *ApJ*, 225, 380）.

たものである．雲間物質と水素原子ガス雲（H I ガス雲，2 章参照）は，圧力がほぼ等しく平衡状態にある．密度と温度との積はこれらのガス同士でほぼ等しく，圧力平衡が近似的に成り立つ．理論的な 2 相モデルによって，安定な高温・低密度部と低温・高密度部として説明され，その間の密度領域は不安定となり，静的には存在しない．圧力平衡から外れた成分として，電離水素領域（H II 領域，4 章参照）と星間分子雲がある．H II 領域は膨張する電離ガスであり，タイムスケールは短い．星間分子雲は，自己重力で束縛された最も高密度のガス雲であり，星形成の場である．

　星間ガスの基本は中性水素ガス H I である（2 章参照）．中性水素は 1951 年に波長 21 cm の線スペクトルによって発見された．我々が多量の星間物質の存在を認識した原点でもある．H I ガスの典型的な密度は $1\,\mathrm{cm}^{-3}$，温度は 100 K 程度である．この他，低温の H I や高温の H I もあるが，質量としては小さい．渦巻き銀河では H I ガスはおおむね渦状腕にそって分布し，楕円銀河にはガスはほとんど存在しない．不規則銀河には，比較的多量の H I ガスが存在するが，分布の形状は定まらない．

　星間分子雲（3 章参照）は，自己重力と内部の乱流圧によってつり合っているように見える．水素分子を主成分とし，密度は 10^2–$10^6\,\mathrm{cm}^{-3}$，温度は 10–100 K 程度である．星からの紫外線が強く減衰するため，分子結合が破壊されず安定に

存在する．1970 年に一酸化炭素分子が発見されて以降，急速に観測研究が進んだ．中性水素ガス（H I ガス，2 章参照）に比べてはるかに粒状に分布し，多くの場合 H I ガスの中に粒状に分布する．分子雲中の高い密度部分は分子雲コアとよばれ，星形成に直接つながるガス塊である．多種の星間分子スペクトルによって観測されるために情報が豊かであり，物理・化学状態を精度よく決定できることがその特徴である．H I ガスの場合は，温度・密度が一意に決まらず不定性が大きかった．星間分子の観測によって，この分野の研究は大きく飛躍したのである．

電離水素領域は，広がった H II 領域，コンパクトな H II 領域，そして惑星状星雲がある．温度は 6000 度から 10000 度で完全電離状態にある．H II 領域の多くは，誕生したての大質量星に伴う電離ガスである（4 章参照）．密度が高く，周囲と圧力平衡にはない短寿命の星雲である．密度 $100\,\mathrm{cm}^{-3}$ 以上，サイズは $1\,\mathrm{pc}$ 程度である．さらに若い大質量星では $0.1\,\mathrm{pc}$ 程度以下のコンパクト H II 領域も観測される．これらは，星形成と密接に相関する．より低密度の電離ガスも存在する．超新星残骸やその集合が加速した膨張ガスがエネルギーを失って希薄な熱的ガスになったものである．大きな空間に広がり，水素のバルマーアルファ線（Hα）で弱く輝く．また，太陽程度の小質量星が進化の末に赤色巨星となり，ガスを放出して惑星状星雲を形成する．惑星状星雲は，中心の白色矮星の紫外線によって電離されるが，規模は小さく孤立して存在する．

高温の水素ガス（＝ホットガス）は，超新星爆発などによって電離されたガスであり，温度 100 万 K で密度 $0.01\,\mathrm{cm}^{-3}$ 程度の薄い成分として X 線で観測される（5 章参照）．中性水素や分子雲の間の空間を埋め，銀河面にそって厚く分布する．このように希薄なガスは冷却のタイムスケールが長く，なかなか冷えずに銀河系のハロー部に存在する．

ホットガスの原因となるのは，超新星残骸である．超新星爆発は，白色矮星に連星の相手から質量降着した場合，また，$8M_\odot$（$M_\odot$ は太陽質量）以上の恒星の進化の終末に生じる．一つの超新星爆発で解放されるエネルギーは $10^{51}\,\mathrm{erg}$ 程度であり，銀河円盤部におけるエネルギー解放としてもっとも巨大である．超新星残骸はホットガスを生み出し，また，宇宙線の加速源として，中性子星，ブラックホールなどとともに，有望視される．さらに，大質量星は，星風と呼ばれるガス流をともない，星間空間にエネルギーを供給する．

大質量星の終末である超新星残骸の発生の場は，多くの場合，大質量星を含む星の集団「散開星団や OB アソシエーション」である．その自然な帰結として，超新星残骸は 100 pc 程度の空間で集中的に生じる．たとえば，星の数が千個程度の星団は数十個の超新星爆発を数千万年の間に起こす．その結果，多重超新星爆発は，巨大な空洞を生む．これが，スーパーシェルと呼ばれる星間物質の球状殻からなる膨張構造である．スーパーシェルが，銀河面を突き破るとハローにホットガスが供給される．

1.1.2 気相と固相

これらのガス相はすべて，固体成分（＝星間微粒子）を含む．固体成分はガス成分の 100 分の 1 ないしそれ以下の質量を持ち，ケイ素，酸素，炭素，鉄などを成分とする．代表的な星間微粒子は，サイズが 0.1 μm 程度の 10 億個ほどの原子を含む粒子である．星間微粒子の存在は，古くは星間減光によって間接的に存在が推測された．現在では，赤外線放射によって星間微粒子は直接的に観測される．

形状は，球形からずれた回転楕円体的であると想像される．そのため，星間微粒子は磁場に対して向きがそろい，星間偏光をおこすと考えられる．星間分子雲の密度を超えて星周円盤の段階になると，密度が上がり，分子の星間微粒子表面への吸着が進行して星間微粒子は成長する．一方，多環式芳香族炭化水素（Polycyclic Aromatic Hydrocarbon; PAH）と呼ばれる大きな多原子分子も観測されているが，これは気相と固相の中間的な存在と考えられる（6 章参照）．

1.1.3 宇宙線と電磁波放射

星間空間には高いエネルギーの粒子が飛び交っている．これは，宇宙線と呼ばれ，陽子を主成分とし，電子とその他の重元素原子核からなる．太陽系にも銀河宇宙線は侵入して地球大気に突入しており，空気シャワーなどで観測される（第 17 巻参照）．宇宙線は，超新星残骸，中性子星などのエネルギーの高い天体で加速されると考えられ，星間空間を満たしている．10^{15} eV 以下の宇宙線は，銀河系内で発生すると考えられ，それ以上のエネルギーの粒子は銀河系外の活動銀河（第 4 巻参照）などから飛来すると考えられる．図 1.3 は，宇宙線のエネルギースペクトルである．

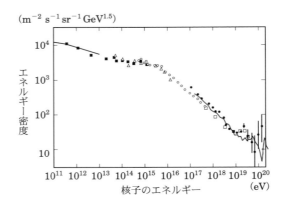

図 1.3　宇宙線のエネルギースペクトル（Hillas 1984, *Ann. Rev. Astr. Astrophys.*, 22, 425）．

　星間空間のもう一つの成分として光子がある．波長 1 mm にピークを持つ 3 K の宇宙背景放射，波長 1 μm にピークを持つ恒星全般からの放射に加えて，赤外線域では星間微粒子の放射が卓越する．星間微粒子の放射は，基本的には恒星の放射を星間微粒子が吸収し，再放射しているものである．星間空間の紫外線は，恒星の放射したものの集積である．大質量星に近づくと，紫外線強度は大きく増大し，10 eV 以上のエネルギーの光子が分子を解離し，分子雲表面に光解離領域（photo–dissociation region; PDR）を形成する．そこでは，ガスは多様な状態で存在する．たとえば電離エネルギーの低い炭素は 1 階電離イオン→中性原子→一酸化炭素分子と形を変えて層状に分布すると理論的に予想され，一種の「化学の実験室」として注目される．

1.1.4　星間物質の分布と動力学

　星間物質の物理状態は，基本的にこれらの放射と宇宙線からのエネルギー注入と電離によって支配される．星間物質の分布は一様ではない．フィラメント状をなし，超音速の乱流状態にある場合が多い．特に，星形成に関係の深い星間物質の性質として，密度，温度，電離度，乱流強度，そして磁場強度をあげることができる．

　密度を支配する要因は，まず重力である．さらに，もう一つの重力として，密

度が $100\,\mathrm{cm}^{-3}$ を超えて分子ガスが卓越する場合は，ガス自身の自己重力があ
る．恒星系が作る重力場が，まずガスの大局的なキロパーセクスケール（kpc）
の分布を決める．たとえば，銀河系の中性水素ガスが銀河円盤の中心面に薄く集
中することは，この現れである．円盤を上から見ると，渦状腕状に星間物質が集
中する．これも，恒星系の重力と銀河回転が影響した結果と考えられる．星間物
質は，大きくは銀河の差動回転（剛体回転と異なり，相互にずれを生ずる回転）
にしたがって，銀河系中心の周りを回転している．銀河面内の運動はいうまでも
なく，面外にも上昇し，あるいは，面外から落下するものもある．原子ガスの
圧縮が十分に強いと分子ガスが形成される．$100\,\mathrm{pc}$ 程度のスケールでは，より
局所的な力が効いてくる．一つは，星風，超新星爆発などの影響である．これ
は，衝撃波面となって，薄いガスを加速・圧縮する効果がある．さらに，密度が
$100\,\mathrm{cm}^{-3}$ を超えて分子ガスが卓越するとガス自身の自己重力が効いてくる．星
間分子雲は，自己重力が卓越し，圧力平衡から大きく外れている（図 1.2）．この
分子雲の中でさらに重力凝縮が進み，恒星と惑星系が形成されるのである．

1.1.5　温度: 加熱と冷却

　星間ガスの温度は，加熱と冷却のバランスで決まる．ガスの組成，密度，温度
を知れば，冷却率は正確に計算できる．一方，加熱率は一般に不定性が高い．星
間分子雲を例にとると，加熱源は，宇宙線，紫外線，星間微粒子からの光電子，
水素分子の生成熱等が考えられる．一方，冷却は，分子回転スペクトルによる電
磁波放出，ガスと冷たい星間微粒子との衝突などがある．これらがバランスし
て，約 $10\,\mathrm{K}$ の温度が保たれている．

1.1.6　電離と磁場

　星間ガスは，紫外線や宇宙線によって電子が原子・分子から離れることによっ
て電離される．中性水素ガスは光学的に薄く（可視減光が 1 等級以下），紫外線
が十分侵入できるので，紫外線によって電離される．原子ガス中で分子が形成さ
れても，ごく短時間で解離される．一方，分子ガスは減光が大きく，紫外線は表
面層にしか侵入しない．しかし，宇宙線陽子は，分子雲を十分に透過し，分子を
わずかに電離する．その電離度は 10^{-7} 程度の低いものだが，運動のタイムス

ケールが長いために磁場は十分に「凍結」する．こうして，星間ガスと磁場が結合し，ガスの運動は強く磁場の影響を受ける．電離度の測定は，イオン分子などによって行われる．磁場強度の直接測定はなかなか困難である．一つは星間偏光，線スペクトルのゼーマン効果，等が使われるが，偏波成分の分離は一般に不定性を伴い，量的な研究は容易ではない（7 章参照）．

　磁場が凍結するため，分子ガスが凝縮して恒星になる過程で，磁場も同時に圧縮され，磁場強度が増加する．これは磁気圧の増加となり，重力に対抗する．さらに，回転運動も，角運動量の保存則によって収縮とともに増加する．このために，回転速度が増加し，遠心力が重力に対抗する．星形成を実現するために，磁気圧と遠心力の増加を克服する必要がある．

　星間分子雲では，水素分子以外にも多種の分子が形成される．宇宙線による電離のためにイオンが形成され，低温でも十分に各種分子がイオンを含む気相反応によって形成される．これまでに 130 種類あまりの星間分子が発見され，星間化学とよばれる分野を形づくり，化学的視点から星間物質進化の解明が試みられている．この方面の研究は，希薄空間における炭素鎖分子の発見など「不安定分子」の存在を明らかにし，C_{60}, カーボンナノチューブの発見の糸口となったことを記しておこう．

1.2　星の形成

　星は，星間物質が自己重力によって凝縮し，形成される．この過程がどのように起こるかが，星形成の問題である．観測によってよくわかっているのは，最終的な「産物」としての星である．まず，星の性質を見て，星形成という問題の中身を考察することから始めよう．

　星の最も基本的な性質は，質量である．星の質量分布を図 1.4 に示した．これは，初期質量関数（initial mass function; IMF）と呼ばれ，形成直後の星の質量分布を太陽近傍の星の観測から導いたものである．この図からは，質量が 0.1–$1.0 M_\odot$ の星が圧倒的に多く，質量の大きい側は $100 M_\odot$ 程度まで存在するが，その数は質量の増加とともに著しく減っていることが見てとれる．$0.1 M_\odot$ 以下は，褐色矮星（7 巻参照）と呼ばれるごく小質量の星であるが，その数は質量減少とともに減少することが知られている．銀河系の中心部や他の銀河を観測

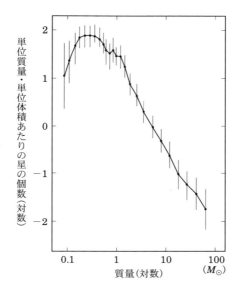

図 **1.4** 初期質量関数 (Scalo 1986, *Fundamentals of Cosmic Ray Physics*, 11, 1).

しても,太陽程度の質量の星が多数を占めることが知られており,第 1 近似として,初期質量分布は普遍的であるとみなして大きな矛盾はない.

目の前の太陽についての観測的な情報は,他の星と比べて格段に豊富である.そこでまず,太陽の形成のあらましを考察し,次に,より質量の大きな星の形成を考えることが,研究の手順としてもっとも適切である.図 1.4 は,太陽の形成を調べることが,星総体の研究においても十分普遍的な意味があることを示唆する.そこで,太陽に代表される小質量星と太陽の 8 倍以上の質量をもつ大質量星の形成を,本書の星形成の基本的な課題としよう.後で述べるように(8 章以降),小質量星として統一的に扱えるのは 0.1–$2M_\odot$ 程度の星であり,中間的な質量の星もほぼ小質量星に準じて扱ってよいと思われる.

銀河系の星間物質の平均的な密度は,$1\,\mathrm{cm}^{-3}$ あたり水素原子 1 個程度である.また,太陽の平均粒子数密度は $10^{24}\,\mathrm{cm}^{-3}$ である.空間的には約 8 桁の星間ガスの収縮が起こり,星が生まれることがわかる.太陽を例にとると,太陽質量 $2\times10^{33}\,\mathrm{g}$ は水素原子核の個数にして 10^{57} 個にあたる.これを平均密度 $1\,\mathrm{cm}^{-3}$

に薄めるとおよそ一辺 10^{19} cm，つまり 3 pc 立方の星間ガスになる．これだけの星間ガスを凝縮することが，星の形成のためには必要である．

1.2.1　太陽からの考察

　太陽の特徴（第 10 巻参照）は，形が球であることにある．これは，等方的な力によって形が支配されているあらわれである．太陽は，重力とガス圧という二つの等方的な力がつり合う，自己重力で束縛された系である．太陽半径は約 7×10^{10} cm であるから，太陽の自己重力エネルギーはおよそ 4×10^{48} erg と概算される．初期状態は 8 桁大きな広がりをもつので，初期の自己重力エネルギーはこれより 8 桁小さい 4×10^{40} erg であり，今のエネルギーに比べて無視してよい．太陽が形成される途中で，これだけのエネルギーを外に逃がすことが必要である．密度の低い星間空間では熱伝導は効かないので，放射によってエネルギーを解放することが有効である．仮に，太陽形成に要するタイムスケールを 100 万年とすると，原始太陽の平均光度は，今の太陽光度約 4×10^{33} erg s^{-1} よりも 1 桁ほど明るかったと予想される．

　太陽系のもう一つの顕著な特徴は，惑星系の存在である．惑星や小惑星などは，その軌道面と公転の向きがそろっており，原始太陽の周りに回転する円盤状の物質分布が存在したことを示唆する．これは，原始惑星系円盤と呼ばれるもので，円盤は惑星形成の材料となったと考えられている．また，原始太陽自体の形成においても，この円盤が二つの重要な役割を果たしたと考えられる．一つは，原始太陽に星間物質を供給する経路としての役割であり，もう一つは，磁場を介して双極分子流と呼ばれる一種のジェットを加速する役割である．

　1980 年に発見された双極分子流は，太陽系形成において重要な働きをした可能性が高い．太陽系形成の古典的な問題として，角運動量のジレンマが知られている．太陽系全体の角運動量が，星間物質から期待される角運動量よりもはるかに小さい，という問題である．上に述べたように，星間物質の初期の広がりは太陽自体よりも 8 桁大きいので，星間ガスが 0.1 km s^{-1} 程度のわずかな回転速度を持っていたとしても，角運動量保存則によって回転速度は 8 桁大きくなり，物質の収縮を妨げると予想される．双極分子流は，星間空間に角運動量を逃がすことによって，このジレンマを解決する途を開いたのである．実際，太陽程度の小

質量星の進化の初期において，双極分子流が発生していたことが観測的に示されている．

1.2.2　小質量星形成のシナリオ

太陽系近くの 150 pc 程度の空間に 4, 5 個の小質量星形成領域があり，これらの詳しい観測によって小質量星形成の理解が進んだ．おうし座分子雲，へびつかい座分子雲などが，代表的な小質量星形成領域である．一方，理論的には，流体力学の数値計算によって自己重力下での星間物質のふるまいをシミュレーションすることが可能であり，観測との比較を通して，説得力のある小質量星形成シナリオが築かれた．

平均密度 1 cm^{-3} の中性水素ガスから，密度が 100 倍をこえる分子雲が形成される．標準的なシナリオによれば，星形成はまず，分子雲中に形成された高密度のガス塊である「分子雲コア」に始まる．分子雲コアが重力収縮して，原始星の原型がつくられる．星形成の瞬間を特徴づけるのは，電磁波に対して不透明な「芯」ができたかどうかである．不透明な「芯」は，電磁波のエネルギーを閉じ込めることによって内部の温度と圧力を上昇させ，自己重力と圧力がつり合うという星の基本条件を満たすことができる．この「芯」は，第 1 のコア・第 2 のコアと呼ばれ（9 章および 10 章参照），周囲の円盤から物質が降り積もることによって，「芯」の質量が増加する．この際 10^5 年ほどの間，質量降着の継続とともに双極分子流が生じる．やがて降着が停止した時点で，星の質量は定まる．ここまでが原始星の段階であり，ほぼ 100 万年を要する．

降着が盛んに起きている時期には，重力エネルギーによって原始星は輝くが，周りの星間物質のために外から直接観測はできない．周囲の星間微粒子を暖め，そこから放射される遠赤外線によって観測される．

その後，星は一千万年程度をかけてゆっくりと収縮を続ける．これが前主系列収縮であり，すでに周囲の星間物質は薄くなっており，T タウリ型星と呼ばれる輝線スペクトルを示す星として可視光で観測される．この収縮の最後に，星の中心温度は水素の核融合反応に必要な 1500 万度に達し，主系列星となる．太陽の場合，主系列の寿命はほぼ 100 億年である．

1.2.3 大質量星と星団の形成

　星の性質は，質量によって大きく支配される．ここでいう性質とは，表面温度，半径，寿命などの基本量である．周囲に与える影響という観点から，太陽の8倍以上の大質量星は，星間空間，さらには銀河とその進化に物理的にも化学的にも大きな影響を与える．したがって，大質量星の形成を解明することは，銀河規模での現象の理解に不可欠な重要課題である．

　まず，大質量星がいかに周囲に影響を与えるかを整理しておこう．表面温度が高いために紫外線量が大きく，周囲のガスを電離・加熱する．また，星風と呼ばれるガス流を発生して周囲の物質を圧縮する．さらに，進化の終末で超新星爆発を起こし，星間空間に膨大なエネルギーを与え，同時に爆発時に重元素を生成・供給する．超新星残骸と，爆発時に形成される中性子星・ブラックホールは，宇宙線加速の現場と考えられる．これらの影響によって，大質量星の形成頻度は少ないものの，星間空間は大質量星の解放するエネルギーによって強く影響される．

　観測によって，大質量星は巨大分子雲で形成されることがわかっている．小質量星は小質量の分子雲でも形成されるが，大質量星を含む星団やアソシエーションは，10^5–$10^6 M_\odot$ の巨大分子雲で形成される．ただし，このような星団は小質量星も含んでおり，大質量星のみが形成されるわけではない．

　大質量星形成が，小質量星のように降着円盤を伴って起きるのか，それとも，より小質量の星同士の衝突・合体によって起きるのかが，一時期争点となっていた．大部分の大質量星が遠いこと，若い大質量星が星団にうずもれて観測しにくいこと，大質量星形成のタイムスケールが短いことなどによって，観測的な検証は簡単ではなかった．しかし2009年以降，星間雲同士の衝突によってガス雲が短時間に圧縮され大質量星形成をトリガーする観測例が多数発見されており，この方面の研究の展開に大きな契機がおとずれている．これについては，最新の研究の展開を11章で紹介しよう．

　大質量星形成の問題は，星団形成の問題につながる．大きな星団ができれば，より質量の大きい星が形成される可能性がある．この意味で，星数が数万個をこえるスーパークラスターの形成の仕組みが注目される．銀河系では，中心から約100 pc以内の領域で2, 3の若いスーパークラスターの存在が知られており，となりのマゼラン雲等でも同様のスーパークラスターの形成が確認されている．さ

らに，宇宙初期の重元素の極端に少ない環境下での星形成は，観測的にはまだ手
は届かないものの，初期宇宙の構造と進化に関連し，大きな注目を集める課題で
ある．

第2章

Hi ガス

　地球や私たちの身の回りの物質はさまざまな重元素でできている．しかし太陽系全体や宇宙スケールで元素組成すなわち元素がどんな割合で存在しているかをみると，質量にして 71% は水素ガス，27% がヘリウムガス，そして残りの約 2% がその他の物質である．つまり宇宙では水素ガスが主要な成分ということになる．私たちの住む銀河系など近傍の銀河では，水素ガスのほとんどは星に取り込まれているが，渦状銀河では質量の数%から 10% ほどが星間ガスとして銀河円盤に分布している．そのおよそ半分が中性水素原子ガス，そして残りが水素分子ガスである．

　本章では，星間物質の主成分である中性水素原子ガスの物理状態および分布や運動について述べる．天文学では中性ガスのことを元素の記号のあとに I を付けて示し，1 階電離したガスには II を，2 階電離したガスには III を付けて示す習わしがあるので，今後は中性水素原子ガスのことを H I と書く．

2.1 放射機構

　中性水素原子 H I は陽子と電子から構成されているが，ともに大きさが $s = 1/2$ のスピンを持っている．これは古典的には自転による角運動量に相当し，本来は，陽子や電子が基本的に持っている性質である．電荷が回転すると磁場を発

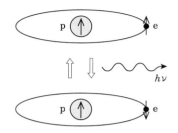

図 2.1 中性水素原子 H I のスピン(小矢印)の反転と 21 cm 線の放射.

生するように,陽子や電子のスピンは磁気モーメントを生じ磁石のように振る舞う.したがって二つの磁石の N 極や S 極が同じ方向を向いていると反発するのと同様に,陽子と電子のスピンが同じ方向を向いている場合(図 2.1 の上図)は不安定な状態(エネルギーが高い状態)であり,スピンが反対の方向を向いている場合(同下図)は安定な状態(エネルギーが低い状態)である.

スピンが同じ方向を向いている状態から反対の方向を向いている状態に遷移するとそのエネルギー差 $\Delta E = h\nu$ に相当する電磁波を放射する(h はプランク定数).その周波数(振動数)と波長は,

$$\nu = 1420.405751786 \text{ MHz},$$

$$\lambda = 21.106114 \text{ cm}$$

であり,電波領域の周波数である.逆にこの周波数に相当する放射を吸収したり他の水素原子の衝突によってエネルギーをもらったりすると上の準位に遷移する.

スピンが平行でエネルギーが高い状態 (u) と反平行でエネルギーが低い状態 (l) にある単位体積当たりの水素原子の数をそれぞれ n_u と n_l として,その比をボルツマンの分布関数と同じ式,

$$\frac{n_\mathrm{u}}{n_\mathrm{l}} = \frac{g_\mathrm{u}}{g_\mathrm{l}} e^{-h\nu/k_\mathrm{B} T_\mathrm{s}} \tag{2.1}$$

で表そう.ここで k_B はボルツマン定数,g_u と g_l はそれぞれのエネルギー状態における統計的重み(縮退度)である.この式で定義される T_s は励起温度であるが H I の場合,特にスピン温度と呼ばれる.H I のエネルギー準位間の遷移が主として水素原子同士の衝突で起きている場合(熱平衡状態),このスピン温度

は HI ガスの運動温度 T_k に等しくなり，主として放射で遷移が起きている場合は放射温度 T_R に等しくなる（第 16 巻参照）．

上のエネルギー準位から下の準位に自然に遷移する自然放射確率を表すアインシュタイン係数 A_{ul} は HI の場合，

$$A_{ul} = \frac{64\pi^4 \nu^3}{3hc^3}|\mu_{ul}|^2 = 2.86888 \times 10^{-15} \text{ s}^{-1} \tag{2.2}$$

である．ここで μ_{ul} は磁気モーメントであり，$|\mu_{ul}|^2 = 8.6 \times 10^{-41} \text{ erg}^2 \text{ G}^{-2}$ の値を持つ．c は光速度である．この A_{ul} 係数の逆数がスピンが自然に反転して放射を出すタイムスケールを表し，$t \sim A_{ul}^{-1} \sim 10^7 \text{ yr}$ と非常に長い．それに対して星間空間の水素原子同士が衝突する確率 C は，

$$C \sim n(\text{HI})\sigma(\text{HI})\langle v \rangle \sim 1.5 \times 10^{-11} \left(\frac{n}{1\,\text{cm}^{-3}}\right)\left(\frac{T_k}{100\,\text{K}}\right)^{1/2} \text{s}^{-1} \tag{2.3}$$

程度である．ここで $\sigma(\text{HI})$ は水素原子の衝突断面積，$n(\text{HI})$ と $\langle v \rangle = 1.1 \times 10^4 T_k^{1/2}$ は水素原子の数密度と熱運動による平均的な速度であり，熱運動速度は HI ガスの典型的な温度（$T_k \sim 100\,\text{K}$）から与えられる．これから水素原子同士の衝突の典型的なタイムスケールは，$t_{col} \sim C^{-1} \sim 2 \times 10^3 \text{ yr}$ 程度であり，自然に遷移するタイムスケールよりもはるかに短い．したがってスピンの反転（エネルギー準位間の遷移）は熱運動によって動き回っている水素原子同士の衝突によって起きていると考えてよく，星間空間にある HI ガスはおおむね熱平衡状態にあると言える．

2.2 HI ガスの観測

HI ガスの 21 cm 線は，第 2 次世界大戦中の 1944 年にドイツ軍占領下のオランダのライデン大学でオールト（Jan H. Oort）の学生であったファン・デ・フルスト（Hendrick C. van de Hulst）によって予測され，戦後の 1951 年に激しい競争の末，ハーバード大学のユーイン（H.I. Ewen）とパーセル（E.M. Purcell）によって初めて検出され，すぐにオランダのミュラー（C.A. Muller）とオールト，オーストラリアのポージィ（J.L. Pawsey）によって確認された．その後，銀河系の渦巻き構造を明らかにしたり，系外銀河の円盤部における星間物質の解

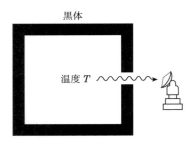

図 2.2 黒体としての空洞.

明などで重要な役割を果たしている．また宇宙初期における構造形成途上の銀河間物質において代表的な成分である．本節ではその H I ガスの観測と物理量の測定方法について述べる．

2.2.1 黒体放射

H I ガスの解析の詳細に入る前に，それに必要な黒体放射の考えを導入する．物体からの熱放射を考えるときに，黒体という理想化した概念を導入する．黒体とは入射してきたすべての波長の電磁波を完全に吸収する物体である．キルヒホッフの法則により吸収する物体は放射もするので，黒体はすべての波長において電磁波を放射する．この放射は黒体を調和振動子の集合体とみなし，振動子が熱運動によって振動して放射が出るのでその強度とスペクトルは温度だけで決まる熱放射であり，黒体放射と呼ばれる．

黒体は仮想的なものであるが，図 2.2 のように外部からの電磁波を完全に遮断できる壁に囲まれた十分大きな空洞を考えると，空洞の中で壁から熱放射される電磁波と壁に吸収される電磁波は平衡状態にあるので黒体とみなせる．この空洞に非常に小さな穴をあけてそこから漏れてくる電磁波を観測すると黒体放射の良い近似となっている．

温度 T [K] の黒体から放射される周波数 ν [Hz] における輝度（単位時間当たり，単位面積当たり，単位周波数当たり，単位立体角当たりに放射されるエネルギー）$B_\nu(T)$ [J s^{-1} m^{-2} Hz^{-1} sr^{-1}] は以下のプランクの放射式で与えられる（第 16 巻参照）．

$$B_\nu(T) = \frac{2h\nu^3}{c^2} \frac{1}{e^{h\nu/k_B T} - 1}. \tag{2.4}$$

ここで c は光の速さ，h はプランク定数，k_B はボルツマン定数である．スペクトルは図 2.3 のようになり，輝度が最大となる周波数 ν_m あるいは波長 $\lambda_m = c/\nu_m$ は $\partial B_\nu(T)/\partial \nu = 0$ より $\lambda_m T = 0.003\,\mathrm{mK}$ というウィーンの変位則で与えられる．$B_\nu(T)$ を全周波数で積分した全輝度は $B(T) = \sigma T^4$ というシュテファン–ボルツマンの関係式で与えられる（σ は定数）．

H I ガスのように周波数 $\nu = 1420\,\mathrm{MHz}$ が低く典型的な温度が $T \sim 100\,\mathrm{K}$ のときは，$h\nu/k_B T \ll 1$ なので式（2.4）は分母を $h\nu/k_B T$ でテイラー展開して以下のレイリー–ジーンズの放射式で近似できる．

$$B_\nu(T) = \frac{2k_B T}{\lambda^2}. \tag{2.5}$$

これは輝度と温度が比例している式なので後述のようにいろいろと有用である．またプランク定数が入っていないことからもわかるように古典的取扱いができて，歴史的にはこの方が先に考えられた．一方，赤外線のように $h\nu/k_B T \gg 1$ の場合は，

$$B_\nu(T) = \frac{2h\nu^3}{c^2} e^{-h\nu/k_B T} \tag{2.6}$$

というウィーンの放射式で近似される．これは周波数が大きくなると急激に減少する．

観測をする場合に周波数で考える電波天文学ではプランクの放射式として式（2.4）の形式を用いるが，赤外線や可視光では波長で考えるので単位波長当たりの輝度 $B_\lambda(T)$ で表した式を用いる場合が多い．同じ温度の黒体から放射される全輝度は周波数で積分しても波長で積分しても同じはずなので

$$\int_0^\infty B_\nu(T)d\nu = \int_0^\infty B_\lambda(T)d\lambda \, \, \mathrm{と} \, \, d\nu = -\frac{c}{\lambda^2}d\lambda \tag{2.7}$$

からプランクの放射式は，

$$B_\lambda(T) = \frac{2hc^2}{\lambda^5} \frac{1}{e^{hc/\lambda k_B T} - 1} \tag{2.8}$$

となり，スペクトルは図 2.4 のようになる．式（2.8）は単に式（2.4）で $\nu =$

第2章 H I ガス

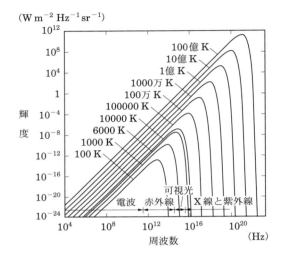

図 **2.3** 単位周波数当たりの輝度で表したプランクの放射式のスペクトル.

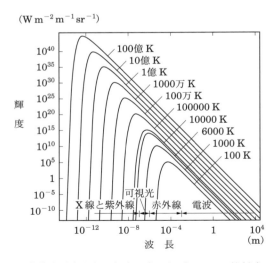

図 **2.4** 単位波長当たりの輝度で表したプランクの放射式のスペクトル.

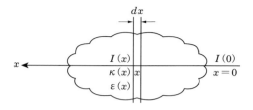

図 2.5 ガス雲での放射と吸収.

c/λ と置いたものとは異なることに注意しよう．この場合のウィーンの変位則は，近似としてのレイリー–ジーンズの放射式とウィーンの放射式はそれぞれ，

$$B_\lambda(T) = \frac{2ck_\mathrm{B}T}{\lambda^4}, \tag{2.9}$$

$$B_\lambda(T) = \frac{2hc^2}{\lambda^5} e^{-hc/\lambda k_\mathrm{B} T} \tag{2.10}$$

となる．

2.2.2 放射輸送

図 2.5 のように星間空間中に H I ガスの塊（雲のようなまとまりになっているので H I 雲と呼ぶ）を考え，H I 雲の x の場所に微小長さ dx の領域を考える．この領域にある H I 原子は 21 cm 波を放射するとともに dx の外から入射してきた放射の強度 $I_\nu(x)\,[\mathrm{J\,s^{-1}\,m^{-2}\,Hz^{-1}\,sr^{-2}}]$ の 21 cm 波を吸収する（物体が放射する電磁波の強度は輝度 B_ν で表すが，入射してくる電磁波の場合は I_ν で表す．方向が逆なだけで単位は同じである）．それによって dx の領域で $dI_\nu(x)$ だけの放射が増加したとすると以下の式が成り立つ．

$$dI_\nu(x) = -\kappa_\nu(x) I_\nu(x) dx + \varepsilon_\nu(x) dx. \tag{2.11}$$

この式の右辺第 1 項は吸収される量であり，入射してくる放射強度 $I_\nu(x)$ に比例する．第 2 項は放射される量である．$\kappa_\nu(x)$ と $\varepsilon_\nu(x)$ はそれぞれ単位体積当たりの吸収係数と放射係数である．この式を dx で割ると，

$$\frac{dI_\nu(x)}{dx} = -\kappa_\nu(x) I(x) + \varepsilon_\nu(x) \tag{2.12}$$

という放射輸送の式が得られる．これは HI 雲に限らず，星間空間の任意のガス
に対して成り立つ一般的な式である．もし $\kappa_\nu(x)$ と $\varepsilon_\nu(x)$ が HI 雲の場所 x に
よらず一定ならば式（2.12）は簡単に積分することができて，

$$I_\nu(x) = I_\nu(0)e^{-\tau_\nu(x)} + I_s(1 - e^{-\tau_\nu(x)}) \tag{2.13}$$

となる．ここで $\tau_\nu(x)$ は

$$\tau_\nu(x) \equiv \int_0^x \kappa_\nu(x)dx \tag{2.14}$$

で定義され，光学的厚み（optical depth）と呼ばれる．I_s は $I_s \equiv \varepsilon_\nu(x)/\kappa_\nu(x)$
で定義され，式（2.12）で $dI_\nu(x)/dx = 0$ すなわち放射と吸収がつり合っている
ときの放射強度 I_ν に相当している．式（2.13）の右辺第 1 項は背後から HI 雲
に入射してきた電波が吸収される量を表しており，右辺第 2 項は HI 雲自身が放
射と自己吸収を起こして雲の外に正味に放射される量を表している．

放射強度 I_ν と輝度 B_ν は方向が違うだけで同じ単位であり，また HI 雲の場
合は式（2.5）のレイリー–ジーンズの放射式が使えるので，式（2.13）は，

$$T_b(x) = T(0)e^{-\tau_\nu(x)} + T_s(1 - e^{-\tau_\nu(x)}) \tag{2.15}$$

と温度で書き換えることができる．このときの $T_b(x)$ を輝度温度と呼ぶ．T_s は
スピン温度である．電波観測では望遠鏡の入力電波の強さを温度で表すので式
（2.15）の表記が有用である．T_s に比べて $T(0)$ が十分小さくて無視できる場
合は，

$$T_b(x) = T_s(1 - e^{-\tau_\nu(x)}) \tag{2.16}$$

となる．ここで $\tau_\nu(x) \gg 1$ の場合は $T_b \approx T_s$ となり，輝度温度は HI 雲のスピ
ン温度を表すことになる．さらに，$\tau_\nu(x) \ll 1$ の場合は $T_b \approx T_s\tau_\nu$ となり，雲の
温度よりも低くなる．特に $\tau_\nu(x) \approx 0$ という極端な場合は $T_b \approx 0$ となり，何も
見えない状態を示す．

実際の観測では背景の放射も受信してしまうので，それを差し引くために目的
天体の方向（ON 点）を観測したときに望遠鏡に入ってくる電波の輝度温度 T_b
（ON）と天体から少しだけ離れて $T_s = 0$ となる方向（OFF 点）の輝度温度 T_b
（OFF）を測定し，引き算した値 $\Delta T_b = T_b$（ON）$-T_b$（OFF）を求める．ま

た目的天体の向こう側には他の天体はなく，宇宙背景放射 $T_{\mathrm{bg}} = 2.7\,\mathrm{K}$ だけがある場合は $T(0) = T_{\mathrm{bg}}$ である．したがって，式 (2.15) より，

$$\Delta T_{\mathrm{b}} = (T_{\mathrm{s}} - T_{\mathrm{bg}})(1 - e^{-\tau_\nu(x)}) \tag{2.17}$$

という値が観測される．

2.2.3　物理量の導出

　一般に H I 雲の 21 cm 波に対する光学的厚み τ_ν は小さい (< 1) ので，その放射強度から視線方向の H I ガスの面密度（柱密度）を求めることができる．スピンの反転による放射においてエネルギーの高い準位を u とし低い準位を l として，それぞれの準位にある単位体積当たりの水素原子の数をそれぞれ $n_{\mathrm{u}}, n_{\mathrm{l}}$ とする．体積 dV にある水素原子から等方的に全立体角 4π に電磁波が放射されるとし，立体角 $d\Omega$，時間 dt に放射されるエネルギーを考える．個々の水素原子は運動をしているためドップラー効果により放射される周波数はずれるので，dV から放射される線スペクトルは周波数分布 $\phi(\nu)$ を持つものとする．ただし $\int \phi(\nu)d\nu = 1$ であり，水素原子の数を n とすると周波数 ν を放射できる水素原子の数は $n_\nu = n\phi(\nu)$ で与えられる．

　自然放射によって放出されるエネルギー dE_{e} は，

$$dE_{\mathrm{e}} = h\nu n_{\mathrm{u}}\phi(\nu)A_{\mathrm{ul}}dV\frac{d\Omega}{4\pi}dt \tag{2.18}$$

で与えられる．ここで $\nu = 1420\,\mathrm{MHz}$ であり，A_{ul} は自然放射の遷移確率を表す式 (2.2) のアインシュタイン係数である．一方，放射強度 I_ν を全立体角から受けて水素原子が吸収するエネルギー dE_{a} は，

$$dE_{\mathrm{a}} = h\nu n_{\mathrm{l}}\phi(\nu)B_{\mathrm{lu}}I_\nu dV\frac{d\Omega}{4\pi}dt \tag{2.19}$$

であり，これを受けて水素原子が誘導放射を起こして放射するエネルギー dE_{s} は，

$$dE_{\mathrm{s}} = h\nu n_{\mathrm{u}}\phi(\nu)B_{\mathrm{ul}}I_\nu dV\frac{d\Omega}{4\pi}dt \tag{2.20}$$

である．ここで B_{lu} と B_{ul} はそれぞれ吸収と誘導放射に関するアインシュタイン係数である．体積 dV において放射の立体角 $d\Omega$ に垂直な断面積を $d\sigma$ と

26 第 2 章 H I ガス

して $dV = d\sigma\,dx$ とおくと $I_\nu\phi(\nu)d\Omega\,d\sigma\,d\nu\,dt = dE_{\mathrm{e}} + dE_{\mathrm{s}} - dE_{\mathrm{a}}$ であるが，$I_\nu\phi(\nu)d\nu = dI_\nu$ とおくと，

$$\frac{dI_\nu}{dx} = \frac{h\nu}{4\pi}(n_{\mathrm{u}}B_{\mathrm{ul}} - n_{\mathrm{l}}B_{\mathrm{lu}})\phi(\nu)I_\nu + \frac{h\nu}{4\pi}n_{\mathrm{u}}A_{\mathrm{ul}}\phi(\nu) \tag{2.21}$$

が導かれる．

式（2.21）と式（2.12）を比較すると吸収係数 κ_ν と放射係数 ε_ν は，

$$\kappa_\nu = \frac{h\nu}{4\pi}(n_{\mathrm{l}}B_{\mathrm{lu}} - n_{\mathrm{u}}B_{\mathrm{ul}})\phi(\nu), \tag{2.22}$$

$$\varepsilon_\nu = \frac{h\nu}{4\pi}n_{\mathrm{u}}A_{\mathrm{ul}}\phi(\nu) \tag{2.23}$$

であることがわかる．さらにアインシュタイン係数間には $g_{\mathrm{l}}B_{\mathrm{lu}} = g_{\mathrm{u}}B_{\mathrm{ul}} = \dfrac{c^2}{2h\nu^3}g_{\mathrm{u}}A_{\mathrm{ul}}$ の関係があることと式（2.1）の近似式 $\dfrac{n_{\mathrm{u}}}{n_{\mathrm{l}}} \approx \dfrac{g_{\mathrm{u}}}{g_{\mathrm{l}}}\left(1 - \dfrac{h\nu}{k_{\mathrm{B}}T_{\mathrm{s}}}\right)$ を使うと，

$$\kappa_\nu = \frac{c^2}{8\pi\nu^2}\frac{g_{\mathrm{u}}}{g_{\mathrm{l}}}A_{\mathrm{ul}}n_{\mathrm{l}}\frac{h\nu}{k_{\mathrm{B}}T_{\mathrm{s}}}\phi(\nu) \tag{2.24}$$

となる．

全スピン角運動量 F は陽子と電子のスピン s_{p} と s_{e} の和であるから $F = s_{\mathrm{p}} + s_{\mathrm{e}} = 1/2 + 1/2 = 1$（平行）または $1/2 - 1/2 = 0$（反平行）であり，$g_{\mathrm{u}} = 2F + 1 = 3$ および $g_{\mathrm{l}} = 1$ となる．これを式（2.1）で $h\nu/k_{\mathrm{B}}T_{\mathrm{s}} \ll 1$ とおいた近似式に代入すると $n_{\mathrm{u}} \approx 3n_{\mathrm{l}}$ となるので，単位体積当たりの全水素原子の数は $n = n_{\mathrm{u}} + n_{\mathrm{l}} \approx 4n_{\mathrm{l}}$ である．これを式（2.24）に代入すると，

$$n\phi(\nu) = \frac{32\pi\nu k_{\mathrm{B}}T_{\mathrm{s}}}{3c^2hA_{\mathrm{ul}}}\kappa_\nu \tag{2.25}$$

が得られる．これを H I 雲の視線方向（奥行き方向）$(x = 0\text{--}l)$ とスペクトルの周波数方向（$\nu = \nu_1\text{--}\nu_2$）に積分すれば視線方向の柱密度（視線に垂直な面の単位面積当たりの密度）が得られる：

$$N(\mathrm{H\,I}) = \int_{\nu_1}^{\nu_2}\int_0^l n\phi(\nu)dxd\nu = \frac{32\pi\nu k_{\mathrm{B}}}{3c^2hA_{\mathrm{ul}}}\int_{\nu_1}^{\nu_2}\int_0^l T_{\mathrm{s}}\kappa_\nu dxd\nu.$$

ここでスピン温度 T_{s} は H I 雲の場所によらずほぼ一定と仮定し，また一般に

$\Delta\nu \equiv \nu_2 - \nu_1 \ll \nu$ なので ν は積分範囲でほぼ一定とみなして積分の外に出した．さらに式 (2.14) の光学的厚み τ_ν を導入すると，$\int_0^l T_s\kappa_\nu dx = T_s\tau_\nu$ となる．HI ガスが光学的に薄い時には $\tau_\nu \ll 1$ なので，これは観測される輝度温度 $T_b = T_s\tau_\nu$ となる．一方，天体の後退速度が $v \ll c$ の場合は $dv/c = d\nu/\nu$ なので（第 16 巻参照）周波数のずれ $d\nu$ は $d\nu = \dfrac{\nu}{c}dv$ であり，結局，

$$N(\mathrm{H\,I}) = \frac{32\pi\nu^2 k_B}{3c^3 h A_{ul}} \int_{v_1}^{v_2} T_b dv \qquad (2.26)$$

が得られる．あるいは $N(\mathrm{H\,I})$, T_b および v の単位としてそれぞれ cm^{-2}, K および $\mathrm{km\,s}^{-1}$ を用いると，

$$N(\mathrm{H\,I}) = 1.823 \times 10^{18} \int_{v_1}^{v_2} T_b dv \qquad (2.27)$$

となる．これが観測されたスペクトル線から HI 雲の柱密度を求める式である．ここで $\int_{v_1}^{v_2} T_b dv$ は積分強度と呼ばれる．

HI ガスが光学的に薄いときは，HI ガスの柱密度は輝度温度をドップラー速度で積分することによって見積もることができる．しかし，光学的に厚い場合は，このような近似が成り立たなくなるため，独立に測定したスピン温度を式 (2.16) に代入し，光学的厚み τ_ν を見積もることによって，柱密度を測定する必要がある．

式 (2.16) に着目すると，光学的厚みが十分大きいとき $(\tau_\nu \gg 1)$，輝度温度とスピン温度は一致する．1950 年代に始まった全天の HI 観測の結果，輝度温度は最大値 125 K を取ることから，これがスピン温度として考えられた．そのため，長らくスピン温度として 125 K が標準値として採用されてきた．

しかしながら，その後の研究によって，スピン温度は一定値と仮定できるほど単純ではなく，複数の成分があることが分かってきた．スピン温度を測定する別の方法として，HI 雲よりも十分小さく強い連続波電波源を背景とした HI ガスの吸収線観測がある．連続波源の輝度温度を T_c とすると式 (2.15) から，連続波源を背景にして HI 雲を観測したときの輝度温度 $T_b(\mathrm{ON})$ は，

$$T_b(\mathrm{ON}) = T_c e^{-\tau_\nu} + T_s(1 - e^{-\tau_\nu}). \qquad (2.28)$$

一方，望遠鏡を連続波源からはずして HI 雲だけを観測したときの輝度温度 $T_\mathrm{b}(\mathrm{OFF})$ は，

$$T_\mathrm{b}(\mathrm{OFF}) = T_\mathrm{s}(1 - e^{-\tau_\nu}). \tag{2.29}$$

よって，

$$T_\mathrm{b}(\mathrm{ON}) - T_\mathrm{b}(\mathrm{OFF}) = T_\mathrm{c}e^{-\tau_\nu}. \tag{2.30}$$

ここで，T_c は連続波源を背景に HI 雲を観測したときのスペクトルにおいて HI の吸収線からはずれた速度のところの輝度温度として求められる．したがって式 (2.30) から光学的厚み τ_ν が得られ，これを式 (2.29) に代入すればスピン温度 T_s が求まる．このような手法で HI 雲のスピン温度を測定すると，後で述べるように，温度 250 K 以下の「冷たい成分」と 1000 K 以上の「温かい成分」があることが分かった．しかしながら，後述するように冷たい HI 雲は塊状に分布し，星間空間を占める割合が小さいため，連続波源を背景にした手法は星間空間の平均値を正しく評価できないという指摘もある．

近年は，より詳細な物理過程を取り入れた磁気流体数値シミュレーションが可能となり，シミュレーション結果によって得られた仮想的な星間ガスを，輻射輸送方程式を用いて疑似観測することによって，観測データを深く理解できるようになっている．その結果によると，従来の光学的に薄い仮定に基づく HI ガス柱密度の見積もりは，すべての成分が「温かい成分」であると仮定したことに相当する．しかし，実際には「冷たい成分」である HI 雲は塊状に分布し，これらは光学的に厚いため，柱密度を過小評価してしまう．ただし，そのような「冷たい成分」の空間的な割合は小さいため，数 10 pc 以上のスケールで観測すると，典型的に過小評価の割合は 30% ほどであると見積もられている．また，数 pc 以下のスケールでは，「冷たい成分」の割合が大きくなるため，柱密度を数倍過小評価する可能性があることに注意が必要である．

2.2.4　HI の観測

HI ガスから放射される波長 21 cm の輝線は電波望遠鏡で観測される．電波観測には，大きく分けて単一鏡観測と干渉計観測の 2 種類の手法がある．

HI ガスの単一鏡観測では，輝線成分だけのスペクトルを得るために，周波数

スイッチ法が使われることが多い．後述の分子ガスの観測で，しばしば採用されるポジションスイッチ法では輝線のない領域が必要であるが，HⅠガスの場合は全天に広がるため輝線のない領域を探すのが不可能に近い．また波長 21 cm では，周波数スイッチによって中間周波数スペクトルの周波数特性が変化しないため実用的に問題ない．さらに周波数スイッチ法では，つねに天体に望遠鏡を向けることができるため，観測時間が無駄にならないという利点がある．

　角分解能は λ/D [rad]（λ は波長，D はアンテナの口径）で与えられる（第16巻参照）ので，より細かい構造を観測したければ，それに応じてアンテナの口径を大きくする必要がある．しかしながら HⅠ の 21 cm 線では $D =100$ m の口径でも分解能は $\lambda/D \sim 7$ 分角程度にしかならない．分解能 1 秒角を達成するためには，口径 43 km 以上の電波望遠鏡が必要だが，そのような巨大な望遠鏡を作るのは不可能である．そこで小口径のアンテナを結合し，それらで同時に観測することによって高い分解能を得る電波干渉計を用いる．

　ここで例として，1 平方 pc あたり，1 太陽質量の HⅠ ガスを観測することを考えてみよう．これは天の川銀河の最外縁部におけるガスの面密度に相当する量である．柱密度に換算すると 1.3×10^{20} H cm^{-2} なので，係数 1.823×10^{18} H cm^{-2} K^{-1} km^{-1} s を用いると，71 K km s^{-1} と見積もられる．速度分散は典型的に 10 km s^{-1} 程度であることを考え，これを速度分解能として観測すると，7 K の輝度温度で観測されることになる．したがって，信号–雑音比（Signal-to-noise ratio）を 3 以上で観測するためには，雑音は典型的に 1 K 程度に抑える必要がある．これを達成するためには，1 平方 km の集光面積が必要であり，スクエア・キロメータ・アレイ（Square Kilometre Array）はこれに基づく．干渉計は高い空間分解能が得られるという利点があるが，一方で広がった成分に対して情報が得られないため，全放射量を見積もることができないという欠点がある．そこで，単一鏡データと合わせることによって，このような欠点を解決する手法も開発されている．望遠鏡や観測装置等についての詳細は第 16 巻を参照されたい．

2.2.5　掃天観測データ

　太陽系が存在する銀河系は距離が近いために，その HⅠ ガスの物理状態や分布などを詳細に調べることができる．そのため HⅠ の 21 cm 線が初めて検出されて

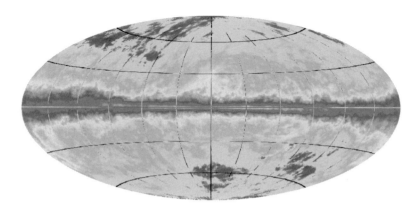

図 2.6 ライデン–アルゼンチン–ボン (LAB) サーベイ. 横軸を銀経としたモルワイデ図法で全天の H I 分布を示している (Kalberla *et al.* 2005, *A&A*, 440, 775).

以来すぐに銀河系全体の 21 cm 線の観測が次つぎと行われてきた．例として単一鏡サーベイであるライデン–アルゼンチン–ボンサーベイ（LAB サーベイ）がある．この掃天観測データはほとんど同一のビームサイズ（30′–36′）と感度で全天をくまなく観測した均質のデータセットである（図 2.6）．さらに近年では，前述のボン 100 m 鏡およびオーストラリアのパークス 64 m 鏡を用いた全天サーベイデータ HI4PI が公開され，さまざまな研究が進められている．

これまでは単一鏡による観測が主であったが，近年カナダのドミニオン干渉計によるカナダ銀河面サーベイ，アメリカの VLA による VLA 銀河面サーベイ，オーストラリアのコンパクトアレイを用いた南天銀河面サーベイといった干渉計を用いた高分解能のサーベイも行われるようになってきた．これらはアーカイブデータとして誰でも使うことができるようになっているものが多く，さまざまな研究分野で重要なデータベースとなっている．

H I の 21 cm 線のスペクトルの例を図 2.7 に示す．図（左）に示すように 21 cm 線は多くの場合，輝線として観測される．このようなスペクトルでは各観測点での情報しか得られないが，これをすべての銀経について表示したのが銀経–速度図（l–V 図）である（図 2.8）．この図では輝度温度 T_b が等強度線として表されている．

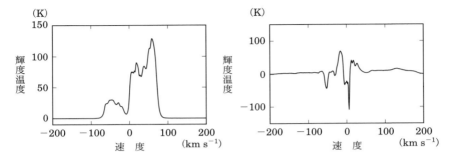

図 2.7 H I スペクトルの例．（左）$(l,b) = (45°, 0°)$ のスペクトル．放射の大部分は速度が正の側に見られ，太陽円内のガスからの放射に相当する．（右）$(l,b) = (0°, 0°)$ のスペクトル．強い吸収が見られる．これらのスペクトルは LAB サーベイのデータである．

銀経–速度図について簡単に解説しておこう（詳しくは第 5 巻参照）．銀経範囲 $0° < l < 90°$ で正の速度をもつ成分は太陽円（銀河系中心を中心とする半径 R_0 の円．R_0 は太陽と銀河系中心の距離であり，現在は約 $8\,\mathrm{kpc}$ と推定されている）の内側の H I ガスであり，$0° < l < 180°$ での負の速度成分は太陽円より外側の H I ガスからの放射に相当する．銀経範囲 $360° > l > 180°$ では，ちょうど

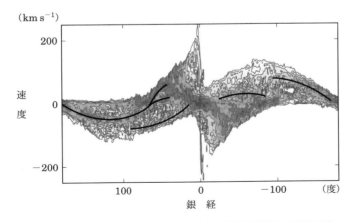

図 2.8 H I サーベイデータの l–V 図．横軸が銀経 l，縦軸が速度 V_LSR．等強度線は輝度温度 T_b を表す．

32　第 2 章　HⅠ ガス

正と負をいれかえた形で太陽円内外からの放射を示している．銀経範囲 $0 < l < 90°$ の速度の最大値（または $360° > l > 270°$ の速度の最小値）は終端速度と呼ばれ，半径 $R_0 \sin l$ で銀河系中心のまわりに回転運動しているガスの回転速度を表している．終端速度を調べることにより，銀河系の回転速度を調べることができる．また図 2.8 で銀経方向にアーク状に尾根のような構造がみえる（l で輝度温度が極大となる速度をつないだ曲線）．これは銀河系の腕構造を示している．

　HⅠ は輝線放射として観測されることが多いが，HⅠ ガスの励起温度（スピン温度）よりも高い輝度温度をもつような強い連続波の電波源を背景とした場合には吸収線として観測される．図 2.7（右）は銀河系中心方向 $(l, b) = (0°, 0°)$ のスペクトルで，強い吸収線が見られる．銀河系中心には，いて座 A*（Sgr A*）等の強い連続波源があり，それらを背景とした吸収線である．

2.2.6　ゼーマン効果

　ゼーマン効果とは磁場が存在しているときに原子からの輝線周波数が分離する効果である（7.4 節参照）．磁場の強さが B [G] であるとすると，ゼーマン効果によって HⅠ の 21 cm 線は元々の静止周波数 1420 MHz の輝線に加え，その低周波および高周波側に

$$\Delta\nu_{\mathrm{B}} = \pm\frac{g_s e B}{4\pi m_e c} = \pm 1.40 \times 10^6 B \quad [\mathrm{Hz}] \tag{2.31}$$

だけ変位した輝線が現れる．変位した周波数成分は σ 成分と呼ばれ，磁場の方向に直交した偏波を示す．また周波数が変位していない成分は π 成分と呼ばれ，磁場に平行な偏波を示す．観測者からの視線と磁場の向きが平行な場合は，高周波側の σ 成分は左周りの円偏波，低周波側は右周りの円偏波となる．

　星間磁場の大きさは 1–100 μG 程度である．それゆえ視線と磁場が平行な場合，円偏波した成分の周波数差は高々 300 Hz 程度となる．一方 HⅠ ガスの典型的な温度は 100 K 程度であるので，その熱運動によるドップラー効果で広がる周波数幅は 10^4 Hz となる．この幅はゼーマン効果による周波数変位に比べるとかなり大きいため，21 cm 線のゼーマン効果を検出するのは大変難しいが，強い電波源を背景として，線幅の狭い低温の HⅠ ガス雲を観測することにより検出が

試みられている．その結果，銀河系の腕に沿った低温 H I ガス雲で 10–20 μG の磁場が検出されている．

2.3 銀河における分布と運動

2.3.1 密度分布

H I ガスは渦状銀河にほぼ普遍的に分布している．図 2.9 に系外銀河 IC 342 の可視光画像と H I ガスの分布を示す．白黒の濃淡で表したものが可視光での像を示しており，H I ガスの密度は等密度線で示してある．この図からわかるように H I ガスは銀河全体に分布しており，星の銀河円盤よりも広い範囲に分布している．また可視光で見た星の分布は渦状腕をつくっているが，H I ガスの分布も同じように渦状腕として見える．

我々の住む銀河系の姿も H I ガスのデータを使うことによって調べることがで

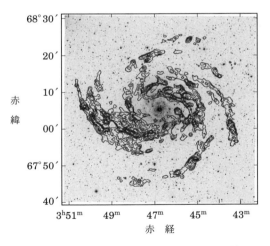

図 2.9 系外銀河 IC 342 の可視光画像（白黒の濃淡）と H I ガスの分布（等密度線）．可視光画像は星の分布を示している．H I ガスが星の分布よりも大きく広がっている様子がわかる．また星の分布と同様に渦巻腕が見られる．可視光画像は DSS より，H I データは VLA による（Crosthwaite et al. 2001, AJ, 122, 797）.

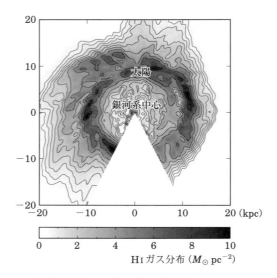

図 2.10 北銀極方向から見た銀河系全体の H I ガスの分布図．座標 (0,0) は銀河系中心の位置．等高線は H I ガスの単位面積当たりの質量 $0.5, 0.7, 1.0, 1.4, 2.0, 2.8, 4.0, 6.4, 8.0, 9.6 M_\odot\,\mathrm{pc}^{-2}$ を示している（Nakanishi & Sofue 2016）．

きる．詳細は第 5 巻に書かれているが，銀河系内のガスが銀河系中心のまわりを円運動していると仮定すると，銀河回転曲線を用いて太陽系近傍（局所静止基準 = LSR）に対する速度と太陽からの距離の関係が得られる．これを H I のスペクトル線と比較することで H I ガスの距離分布が得られるのである．図 2.10 に北銀極方向から見た銀河系の H I ガス分布を示し，図 2.11 に横から見たその断面図を示す．

図 2.11 からわかるように H I ガスの円盤の厚みは中心付近では 100 pc 程度であるのに対し，外側に向かうほど増加し，半径 20 kpc 付近では 1 kpc 程度まで達する．このような銀河面に垂直な方向のガス分布について理論的に考察してみよう．ガスが定常であるためには，ガスの z 方向の圧力勾配と重力がつり合っていれば良い．圧力としては，まず (1) ガス自身の圧力 p_G，(2) 宇宙線による圧力 p_C，(3) 磁気圧 p_B の 3 種類が挙げられる．ここで $f_\mathrm{C} \equiv p_\mathrm{C}/p_\mathrm{G}$, $f_\mathrm{B} \equiv p_\mathrm{B}/p_\mathrm{G}$ とし，重力ポテンシャルを ϕ とすると，

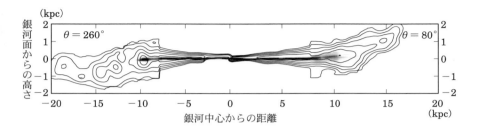

図 2.11 銀河面に対し垂直方向（z 方向）に銀河系を切断した断面図．白黒の濃淡は水素分子 H_2 ガスの密度分布を表している．等高線は H I ガス密度が $0.01, 0.02, 0.04, 0.08, 0.16, 0.32, 0.64,$ $1.28\,\mathrm{cm}^{-3}$ の分布を表している（Nakanishi & Sofue 2016）．

$$(1 + f_\mathrm{C} + f_\mathrm{B})\frac{dp_\mathrm{G}}{dz} = \frac{d\phi}{dz}\rho \tag{2.32}$$

となる．ここで $p_\mathrm{G} = \rho\overline{v^2}/3$ （ρ は銀河面でのガスの密度，$\overline{v^2}$ は速度分散の自乗）であることに注意し，$d\phi/dz = -4\pi G\rho_\mathrm{star}z$ （ρ_star は銀河面での星の密度）を仮定すると，

$$\rho(z) = \rho_0 e^{-(z/h)^2} \tag{2.33}$$

という解を得る．右辺の h は $z=0$ からの H I ガス円盤の高さを表しており，スケールハイトと呼ばれる．スケールハイト h は，

$$h = \sqrt{\frac{2(1 + f_\mathrm{C} + f_\mathrm{B})\overline{v^2}}{12\pi G\rho_\mathrm{star}}} \tag{2.34}$$

と表される．この式は $\overline{v^2}$ が大きいほどスケールハイトは大きく，ρ_star が大きいほど，つまり円盤面の重力が大きくなるほどスケールハイトが小さくなることを示している．

H I ガス円盤の外縁部に注目してみよう．まず図 2.11 からわかるように H I ガス円盤は外縁部で銀河面から大きく外れていることがわかる．さらに銀河中心に対し対称的であり，あたかも積分記号 $\int$ のような形をしている．このような構造を「たわみ」（warp）と呼ぶ．

36 第 2 章 Hɪ ガス

次に広がりに注目してみよう．銀河系の Hɪ ガス円盤は第 4 象限（図 2.10 の左下）の方向の広がりが他の象限に比べて大きい．このような偏りは銀河系以外でもおよそ半数の渦状銀河で見られている．

次に銀河面から離れた領域に注目してみよう．銀河面に垂直な方向の Hɪ ガス分布はおよそ式（2.33）で書くことができる．しかしながら銀河面から大きく離れた領域では式（2.33）で予想されるよりも Hɪ ガスの量が多い．このような広がりは Hɪ ガスのフレアと呼ばれている．

また銀河円盤から大きく離れたハロー部分には多数の高速度で運動する Hɪ 雲が発見されている．これは高速度水素雲（high velocity cloud; HVC）と呼ばれている．高速度水素雲の距離を測定するのは難しいため，高速度水素雲の起源について，さまざまなシナリオが議論されている．

2.3.2　線スペクトルと運動

Hɪ ガスの線スペクトルはある程度の幅を持っている．この速度分散の典型的な値は $10\,\mathrm{km\,s^{-1}}$ 程度である．量子力学的な不確定性原理による線幅（自然幅）はわずか $\sim 10^{-16}\,\mathrm{Hz}$ であり，対応する速度幅は $10^{-20}\,\mathrm{km\,s^{-1}}$ なので無視しうる．また Hɪ ガスの温度は $100\,\mathrm{K}$ 程度であるので，熱運動のドップラー効果による速度幅は高々約 $1\,\mathrm{km\,s^{-1}}$ である．したがって Hɪ ガスの速度分散は熱運動によるものではなく，乱流による速度幅と解釈されている．乱流は個々の粒子（水素原子）ではなく粒子塊（雲）による運動で生じている．粒子塊の運動が粒子の熱運動より大きいということは，中性水素原子の星間物質の運動は超音速となっていることを示している．また銀河スケールでは $100\,\mathrm{km\,s^{-1}}$ の桁の線幅が観測される．これは望遠鏡の視野（ビーム）内にある多数の Hɪ 雲のランダムな動きや銀河回転などのような大きな動きによるドップラー効果のためである．

図 2.12 に渦状銀河 IC 342 の等速度線を示す．この銀河は我々に対して 31°傾いており，その短軸は真北に対して西の方（図 2.12 では右の方）に 45° 傾いている．銀河中心部では等速度線は短軸に平行になっており，外側にいくに従って，「く」の字に曲がっていることがわかる．この形状は銀河が回転していることを示している．

しかし銀河の腕の付近では等速度線に歪みが見られる（図 2.12 の曲線）．これ

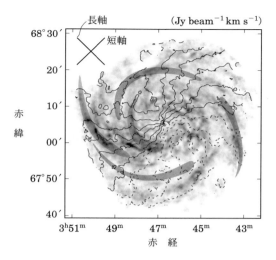

図 2.12　銀河 IC 342 の H I ガスの分布（白黒の濃淡）とその等速度線．銀河中心部では等速度線は短軸に平行になっており，外側にいくに従って「く」の字に曲がっている．渦巻腕の部分に注目すると，等速度線に歪みが見られる（Crosthwaite *et al.* 2001, *AJ*, 122, 797）．

は H I ガスの渦状腕がガスの疎密波でできていることを示している．つまり腕の部分でガスの運動が減速して滞在時間が長くなるために密度が増加して見えるということである．このように銀河の渦巻き腕が波でできているという考えは密度波理論と呼ばれ，銀河の腕形成について現在もっとも広く受け入れられている（密度波理論については第 5 巻参照）．

2.4　密度と温度

2.4.1　冷たい成分と温かい成分

　星間ガスにはさまざまな密度と温度の成分が混在している．特に H I ガスの密度と温度は広範囲に渡っているが，大きく分けて，以下の 2 成分に大別できる．

(i)　冷たい成分
(ii)　温かい成分

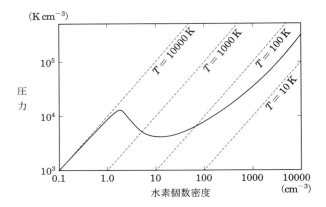

図 2.13 H I ガスの加熱と冷却がつり合うための，密度と圧力の関係．

冷たい成分は Cold Neutral Medium（CNM）と呼ばれ，温度 $T < 10^2$ K，密度 $n > 10^1$ cm^{-3} の中性水素原子ガス成分である．また温かい成分は Warm Neutral Medium（WNM）と呼ばれ，温度 $T > 10^3$ K，密度 $n < 10^{-1}$ cm^{-3} の中性水素原子ガス成分である．冷たい成分は塊状のガス雲として観測され，温かい成分は広がったガス成分として観測される．

このように H I ガスが 2 つの相に分離されることを 2 相モデルと呼び，このような分離機構は次のように解釈される．図 2.13 に示すように，加熱と冷却過程（後述）のバランスによって，H I ガスは密度・温度によって熱的に安定な状態と不安定な状態が存在する．そのため，熱的に安定な状態にある冷たい成分と温かい成分の 2 相に分離する．

冷たい成分と温かい成分の間の相転移は，前述の銀河の密度波に伴う銀河衝撃波や超新星爆発による衝撃波によって引き起こされる．衝撃波が発生することにより，温かい成分の H I ガスは，密度が急激に上昇する．これによって熱的に不安定な状態になり，熱的に安定な冷たい成分に変化する．

次にこれらの圧力 ($p/k_B = nT$) について考えてみよう．冷たい成分の場合は $n \sim 10^2$ cm^{-3}, $T \sim 10$ K なので，圧力は $p/k_B \sim 10^3$ K cm^{-3} と計算できる．同様に，温かい成分の場合は $n \sim 10^{-1}$ cm^{-3}, $T \sim 10^4$ K なので，圧力は $p/k_B \sim 10^3$ K cm^{-3} となる．このように冷たい成分と温かい成分の圧力は一致

することがわかる．さらに高温で銀河円盤の上下には，高温の電離した水素ガスであるコロナガスが広がっている．コロナガスの平均密度，温度は，それぞれ $10^{-2.5}\,\mathrm{cm}^{-3}$, $10^{5.5}\,\mathrm{K}$ と見積もられていることから，圧力は $p/k_\mathrm{B} \sim 10^3\,\mathrm{K\,cm}^{-3}$ となる．それゆえ，冷たい成分・温かい成分・コロナガスは，おおよそ全体で圧力平衡状態にあることがわかる．

2.4.2 加熱と冷却

HⅠガスがある温度を持つのは，加熱され冷却されるからである．ここでは大域的な HⅠ ガスの加熱と冷却の物理機構を紹介しておく．

加熱機構として重要なものに光電加熱が挙げられる．これは星間空間に存在する星間微粒子（星間ダスト）が OB 星などからの光子により電離する際に放出される電子のエネルギーが星間物質に分配され，結果として星間物質の加熱機構となる物理過程である．そのほかに X 線や宇宙線による加熱もある．

一方，冷却機構としてはどのような物理過程があるのであろうか？（HⅠガスの 21 cm 線自身の放射による冷却は 2.1 節で述べたように放射のタイムスケールが非常に長いために，ほとんど効かない）．実は，HⅠガスといえども，そこに含まれる炭素原子などの一部は電離されている．そのうち，1 階電離した炭素が重要な役割を果たす．特に，炭素の禁制線による冷却機構が重要である．さらには酸素の遷移過程や水素の再結合過程，そしてライマン α 遷移による冷却の寄与も考えられている．いずれにせよ，星間微粒子のイオン化や禁制線といった初等物理学では馴染みの少ない物理過程が現実の宇宙を理解するためには重要となる場合があることも覚えておこう．

2.5 構造形成

HⅠガスは冷却して分子雲となり，そして恒星が形成される．そのような星間物質における構造形成にふれておこう．そのために，HⅠガスの分布を簡単化して考えてみる．まず，前述のように銀河系における冷たい HⅠ ガスの銀河円盤に垂直な方向の厚さは高々 100 pc 程度である（図 2.11）．一方，温かい HⅡガスは銀河面の上下に厚さ 1000 pc まで分厚く分布している．つまり冷たい HⅠ ガスは銀河面に沈んでいる．

40 第2章 HIガス

　HIからなる薄いガス円盤で分子雲のような構造形成が進むためには，ガス雲の自己重力が重要である．ガス雲が重力不安定になるためには，重力が圧力勾配による斥力よりも大きくなければならない．すなわち構造形成の大きさはジーンズ長よりも大きくなければならない（9.5.1節参照）．

　また星間空間での構造形成の起源を考える場合には，熱的不安定性も重要である．星間ガスの高密度な場所では，ガス粒子の衝突回数が増えるために放射冷却率が上がり，低温・低圧となる．そのため，周りの低密度・高圧のガスから圧縮されてますます高密度になる．この現象が熱的不安定性であり，その特徴的長さは放射冷却と熱伝導のバランスにより決まる長さであり，フィールド（G. Field）による線形解析で明らかになったため，フィールド長と呼ばれている．フィールド長より大きな空間スケールでは熱的不安定性により星間物質が凝縮する．

　ここで，フィールド長とジーンズ長を比べることで，雲間ガスからの構造形成を考えてみよう．温かいHIガスの温度として4500K，密度は$0.36\,\mathrm{cm}^{-3}$を採用すると，ジーンズ長は300pc程度，フィールド長は1pc程度と評価される．したがって熱不安定による構造形成は，重力不安定による構造形成では説明することのできない非常に小さな構造の起源となり得る．

　星間の構造形成では，さらに磁気流体力学的な考察も重要である．星間磁場の強さはμG程度であり，磁気圧は$\sim 10^{-12}\,\mathrm{erg\,cm}^{-3}$程度となる．これは星間ガスの圧力と同程度であり，構造形成において磁場が重要な役割を果たしていると考えられている．

第3章

<h1 style="text-align:center">分子雲</h1>

　無数の星がきらめく銀河面（天の川）には，星の少ない暗い領域がところどころにある．このような領域は暗黒星雲（dark clouds）とよばれる．暗黒星雲が暗くみえるのは，その中に含まれる多量の星間微粒子が背景の星の光を吸収・散乱するためである．暗黒星雲は一般に低温（$\sim 10\,\mathrm{K}$）かつ高密度（$n[\mathrm{H_2}] > 10^2$–$10^3\,\mathrm{cm}^{-3}$）であり，内部のガスはおもに分子の状態にある．このように，ガスが主として分子の状態にある星間雲を「分子雲」という．

3.1　分子雲の種類

3.1.1　分子雲とその観測方法

　分子雲は一般に低温であるため，可視光や近赤外線の波長帯に電磁波を放射することはできない．しかし，$10\,\mathrm{K}$ 程度の低温でも，分子の回転遷移[*1]（ミリ波・サブミリ波帯）は引き起こされる．ただし，分子雲の主成分である水素分子（$\mathrm{H_2}$）は永久電気双極子モーメントをもたず，$10\,\mathrm{K}$ という低温において電磁波を放射することはできない．そこで，分子雲の研究には，水素分子やヘリウム（He）に次ぐ存在量をもつ一酸化炭素分子（CO）などのミリ波・サブミリ波帯

[*1] 分子の回転の状態（回転量子数 J）が変わる遷移．

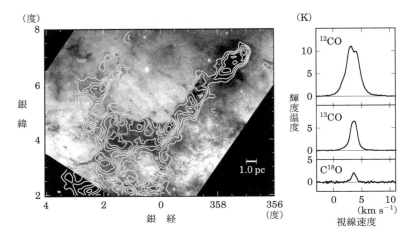

図 3.1 分子雲と分子輝線の例（口絵 1 参照）．左図は，パイプ星雲とよばれる暗黒星雲の光学写真（白黒反転イメージ）の上に，CO 分子輝線の強度分布（等高線）を重ねたものである．右図は，CO 分子（上段，^{12}CO と表記）とその同位体（中段および下段）の分子輝線（回転遷移 $J = 1$–0）の例である（Onishi et al. 1999, *PASJ*, 51, 871）．

の回転遷移による分子輝線の観測（分子分光観測）が，よく利用される．図 3.1 に，分子雲と CO 分子輝線の例を示す．

　分子分光観測からは，分子雲内での分子ガスの分布を知ることができるほか，温度，密度，質量といった分子雲の基本的な物理量を推定することができる．また，分子雲に含まれる分子ガスの運動（視線速度）は，ドップラー効果により，分子輝線の静止周波数からのずれとして観測される．分子輝線を解析すれば，銀河の回転曲線に基づいて分子雲の力学的距離（2 章）を計算したり，輝線の広がりから分子雲内部の速度場の情報を得ることができる．

　分子雲の質量の大部分はガスにより占められるが，1% 程度の星間微粒子も含まれている（6 章）．星間微粒子の観測手段としては，背景の星の光が星間微粒子により受ける減光の度合（可視光・近赤外線における減光量）を測定する方法や，低温の星間微粒子からの連続放射（遠赤外線・サブミリ波帯における連続放射）を検出する方法がある．

表 3.1 分子雲の物理量（Goldsmith 1987, *Interstellar processes*, Dordrechit, D Reidel Publishing Co.）.

		巨大分子雲 （例: オリオン座領域）	暗黒星雲 （例: おうし座領域）
分子雲 複合体	サイズ（pc）	20–80	6–20
	密度（個 cm^{-3}）	100–300	100–1000
	質量（$M_\odot$）	8×10^4–2×10^6	10^3–10^4
	温度（K）	7–15	~ 10
個々の 分子雲	サイズ（pc）	3–20	0.2–4
	密度（個 cm^{-3}）	10^3–10^4	10^2–10^4
	質量（$M_\odot$）	10^3–10^5	5–500
	温度（K）	15–40	8–15
分子雲 コア	サイズ（pc）	0.5–3	0.1–0.4
	密度（個 cm^{-3}）	10^4–10^6	10^4–10^5
	質量（$M_\odot$）	10–10^3	0.3–10
	温度（K）	30–100	~ 10

3.1.2 巨大分子雲と暗黒星雲

　分子雲には，さまざまな形状や質量をもつものがある．また，複数の分子雲が若い星団や H II 領域とともに限られた空間に混在し，分子雲複合体（molecular cloud complex）を形成することもある．分子雲の特に密度の高い部分は，分子雲コア（molecular cloud core）とよばれる．分子雲コアは星の直接的な母体である（9–11 章）．分子雲コアほど高密度ではないが，分子雲の比較的密度の高い部分をクランプ（clump）とよぶことがある．クランプは分子雲コアをしばしば内包している．

　分子雲は，その質量やサイズから，巨大分子雲（giant molecular clouds）と暗黒星雲とに大別されてきた．表 3.1 に，ゴールドスミス（P. Goldsmith）が1987 年にまとめた両者の典型的な物理量を示す．ただし，この表の数値がそのまま巨大分子雲と暗黒星雲の定義になっているわけではない．たとえば，今日では総質量がおおむね $10^4 M_\odot$ より大きな分子雲を巨大分子雲，それ以下のものを暗黒星雲とよぶことが多い．ここでいう暗黒星雲は，可視光の吸収が顕著にみられる太陽系近傍の，比較的低質量で，大質量星形成を伴わない天体を意味するこ

とが多い．可視光で暗く見える星雲という意味の伝統的な暗黒星雲とは，必ずしも一致しないことに注意する必要がある．

巨大分子雲と暗黒星雲は，星形成活動の観点からも異なる特徴をもつ．暗黒星雲では $1M_\odot$ 程度以下の小質量星のみが形成されるのに対し，巨大分子雲では数 $M_\odot$ から数 $10M_\odot$ の質量をもつ中質量星・大質量星（OB 型星）も形成される．OB 型星は周囲のガスを電離するので，巨大分子雲には，M 42 のような H II 領域（4 章）を伴うものが多い．

星間空間には，巨大分子雲や暗黒星雲のほかに，周囲の分子雲から孤立した小型分子雲もある．このような分子雲は，1947 年に，ボック（B. Bok）とレイリー（E. Reilly）により，グロビュール（globule）と名付けられた．典型的なグロビュールの質量は $1M_\odot$ 程度以下であるが，10–$10^2 M_\odot$ の質量をもつ大型のグロビュールもある．大型のグロビュールはボックグロビュールとよばれ，B 335 など，内部で星を形成しているものもある．ボックグロビュールは，孤立した分子雲コアであるともいえる．

3.2　分子雲の空間分布とその性質

3.2.1　分子雲の探査

分子雲の探査は，写真乾板を利用した暗黒星雲の探査として，20 世紀前半よりはじまった．1927 年，バーナード（E. Barnard）は 300 個を超える暗黒星雲のカタログを作成した．時代は下り，暗黒星雲の広域探査が銀河面スケールで行われるようになり，1955 年にはカフタシ（J. Khavtassi）により全銀河面にわたるカタログがつくられた．また，1962 年には，リンズ（B. Lynds）によって天の北半球に分布する暗黒星雲の詳細なカタログが作成された．南半球については，1982 年にファイジンガー（J. Feitzinger）とステューベ（J. Stüwe）が，リンズのカタログと同様のものを作成している．これらの暗黒星雲探査は，写真乾板を基に眼視にたよって行われたため，暗黒星雲の基本的なパラメータである減光量の測定などは行われていない．2005 年，土橋一仁らは，写真乾板をデジタル化したデータベース（Digitized Sky Survey I）に暗黒星雲の伝統的な研究手法であるスターカウント法[*2]（star count）を適用して減光量の測定を行い，銀

[*2] 天空での星の数密度（単位立体角あたりの星の数）を調べることにより，減光量を推定する方法．

緯 $|b| \leqq 40°$ の領域を網羅する定量的な暗黒星雲カタログを作成した．さらに最近では，人工衛星や地上望遠鏡による大規模な星の測光データに基づく減光量の3次元分布図も複数作成されている（例えば，G.M. Green ら，2019）．

　星間微粒子の探査としては，上に述べた写真乾板上の減光に基づく一連の探査のほかに，遠赤外線での星間微粒子からの放射を利用したものもある．1998 年，シュレーゲル（D. Schlegel）らは IRAS，COBE 両衛星による星間微粒子からの放射のデータを解析し，星間微粒子の全天分布図を作成した．

　電波天文学の発達にともない，1970 年代後半から，分子輝線を用いた分子雲の広域探査が精力的に行われるようになった．特に，デーム（T. Dame）らは，コロンビア大学（米国）とセロ・トロロ天文台（チリ）に口径 1.2 m の電波望遠鏡を設置し，CO 分子輝線（回転遷移 $J = 1\text{--}0$, 115 GHz）による全銀河面の観測を行った．この観測により，銀河系内の分子雲の大局的な分布が明らかとなった．彼らの一連の研究成果の概要は，デームが 1987 年と 2001 年にまとめた論文に紹介されている．

　我が国においても，福井康雄に代表される名古屋大学の研究グループにより，分子雲の広域探査が行われた．福井らは，1980 年代には名古屋大学構内に，1990年代にはラス・カンパナス天文台（チリ）に口径 4 m の電波望遠鏡を建設し，デームらよりも高い角分解能で，銀河系内や大マゼラン星雲内の分子雲の詳細な分布を次つぎに明らかにした．また，福井らの分子雲探査は CO 分子輝線にとどまらず，その同位体である ^{13}CO や C^{18}O の分子輝線にも及んでいる．福井らの研究成果は，1999 年と 2001 年に発行された日本天文学会の学術雑誌（欧文研究報告，*PASJ*）の特集号など，多くの学術論文や解説記事にまとめられている．

3.2.2　銀河系内の分子雲の分布

　銀河面における分子雲の分布を，図 3.3 に示す．銀河系の半径が 10 kpc ほどあるのに対し，恒星や分子雲が含まれる銀河円盤は薄く，約 100 pc の厚みしかない．このため，太陽系から遠く離れた分子雲は，銀河座標の赤道（$b = 0°$）付近に集中して観測される．一方，太陽系近傍の分子雲は，その近さゆえに赤道から角度的に少し離れた比較的高い銀緯領域に分布するものが多い．日本からも観測することのできるオリオン座（Orion），おうし座（Taurus），へび

46 | 第3章 分子雲

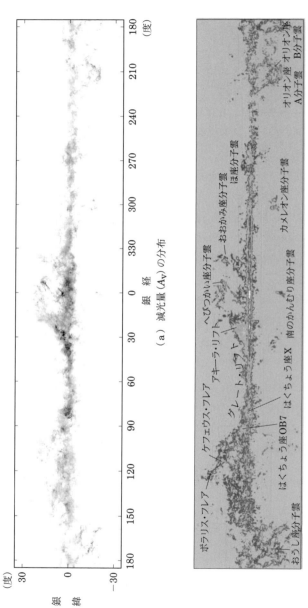

(a) 減光量 (A_V) の分布

(b) CO 輝線の積分強度分布

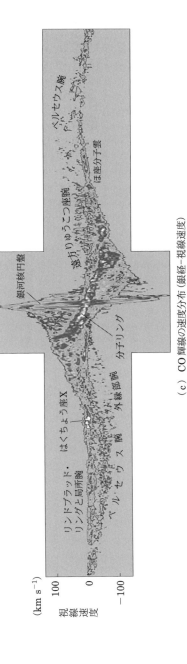

(c) CO輝線の速度分布 (銀経-視線速度)

図 3.3 銀河面における分子雲の分布．(a) 可視光帯における減光量 (A_V) の分布で，おもに太陽系近傍の分子雲の分布を表す (Dobashi et al. 2005, *PASJ*, 57, S1)．(b) CO ($J=1$–0) 分子輝線の積分強度の分布．(c) 同輝線の銀経に対する視線速度の分布 (Dame et al. 2001, *ApJ*, 547, 792)．(b) の縦軸・横軸は (a) と同じスケールの銀経・銀緯である．(c) の横軸は他の図と同じ銀経であり，縦軸は視線速度．

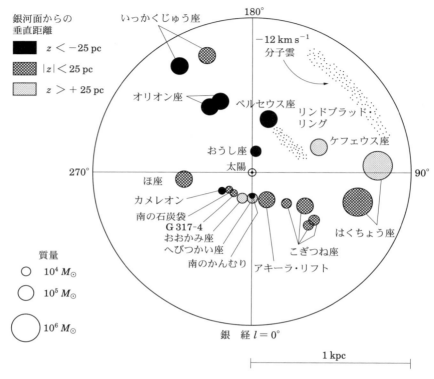

図 3.4 太陽近傍の分子雲の分布．太陽系から 1 kpc 以内にある分子雲を，質量別（円の大きさ），銀河面からの距離別（灰色の濃さ）に示す（小暮智一『星間物理学』（ごとう書房，1994），p.545，図 13.13 を改変．原典は Dame et al. 1987, ApJ, 322, 706）．

つかい座（Ophiuchus）や，南半球でのみ観測することのできるカメレオン座（Chamaeleon），おおかみ座（Lupus），南のかんむり座（Corona Australis）などにはよく知られた太陽系近傍の分子雲があり，さまざまな波長帯で研究されている．近傍分子雲は，太陽系とともに銀河系を回転しているため，視線速度も $0\,\mathrm{km\,s^{-1}}$ 付近にある．太陽系近傍の分子雲の分布を，図 3.4 に示す．

遠方の分子雲は $b=0°$ 付近に重なって観測されるが，速度的に分離することは可能である．分子雲はおもに渦状腕（2章）に沿って分布しているので，CO 分子輝線のデータを解析すると，銀河系のさまざまな渦状腕に属する分子雲を検出

することができる．図 3.3（c）に示した銀経–視線速度図に見られるおもな渦状
腕としては，ペルセウス腕（Perseus arm），外縁部腕（Outer arm），りゅうこつ
座腕（Carina arm）などがある．また，図の中央付近（銀経 $l = 320°$ から 30°）
には，図の左上から右下の方向に太い帯状の分子ガスの分布が見られる．これ
は，分子ガスが銀河中心の周りに環状に分布したもので，分子リング（molecular
ring）と呼ばれている．さらに，銀経 $l = 0°$ 付近には，銀河中心を $150\,\mathrm{km\,s^{-1}}$
以上の高速で回転する銀河核円盤（nuclear disk）を見ることができる．

　分子雲は，銀河面から遠く離れた高銀緯領域にも分布する．このような分
子雲は高銀緯雲（high-latitude clouds）と呼ばれる．高銀緯雲は，視線速度が
$0\,\mathrm{km\,s^{-1}}$ 程度の太陽系近傍のものと，$-40\,\mathrm{km\,s^{-1}}$ から $-200\,\mathrm{km\,s^{-1}}$ のものの
2 種類に大別される．後者のように速い視線速度を持つ高銀緯雲を，高速度雲
（high-velocity clouds）という．高速度雲の起源についてはまだ不明な部分が多
いが，スーパーシェルによって吹き上げられた分子雲，または，銀河面に向かっ
て落下しつつある分子雲であると考えられている．視線速度が $-40\,\mathrm{km\,s^{-1}}$ 程度
のものを中速度雲（intermediate–velocity clouds），$-100\,\mathrm{km\,s^{-1}}$ 程度以下のも
のを高速度雲（high–velocity clouds）と細分することもある．銀河面にある多
くの分子雲とは異なり，これらの分子雲で観測される CO 分子輝線は一般に弱
く，むしろ中性水素原子（H I）の 21 cm 線でよく観測される．

3.2.3　質量スペクトル

　どのような質量をもつ分子雲がいくつあるかを表す分布関数を，分子雲の質量
関数（mass function）または質量スペクトル（mass spectrum）という．いま，
天空のある領域に分布する多数の分子雲を考える．分子雲の質量を M，質量が
M から $M + dM$ の間にある分子雲の数を dN とすると，質量スペクトル $f(M)$
は，$dN = f(M)dM$ で定義される．観測データと比較する場合には，$f(M)$ は，
しばしば以下のように，M のベキ（power law）で表される．

$$f(M) = \frac{dN}{dM} \propto M^{-\gamma}.$$

　土橋，米倉覚則，河村晶子らによって，はくちょう座領域，ケフェウス座領
域，おうし座・ぎょしゃ座領域にある太陽系近傍の分子雲の場合，$M \sim 10^2 M_\odot$

50　第3章　分子雲

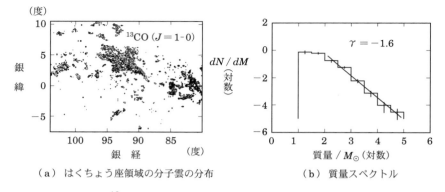

(a) はくちょう座領域の分子雲の分布　　(b) 質量スペクトル

図 3.5　^{13}CO 分子輝線によって描き出されたはくちょう座領域の分子雲の分布と，その質量スペクトル（Dobashi *et al.* 1996, *ApJ*, 466, 282）

より大きな質量範囲では，γ は $1.4 < \gamma < 2.0$ の値を取ることがわかった．例として，はくちょう座領域での質量スペクトルを，図 3.5 に示す．

　分子雲の内部にある分子雲コアについても，質量スペクトルが同様に定義される．9 章で述べるように，星の直接的な母体である分子雲コアの質量スペクトルは，どのくらいの質量をもつ星がいくつ形成されるかを表す星の初期質量関数（initial mass function）と，密接に関係している．分子雲と分子雲コアの質量スペクトルを合わせて考えることにより，多数の分子雲を含む系全体の星の初期質量関数を推定することができる．

3.2.4　超音速乱流

　電波域の輝線による分子雲の観測からわかることの中でもっとも重要な特徴はその異常に大きな輝線幅である．温度 10 K のガス粒子の熱運動速度から期待される線幅に比べて何倍（ときには何十倍）も大きな線幅が普遍的に見られる．このことから，分子雲のガスは超音速の乱流状態にあると考えられている．この起源については理論的にはまだ完全に理解できていないが，近年盛んに研究されているテーマである．

　この超音速の線幅 δv と分子雲の大きさ l には特徴的な関係があることが，1980 年代から示唆されており，代表的な観測データを図 3.6 に示す．このよう

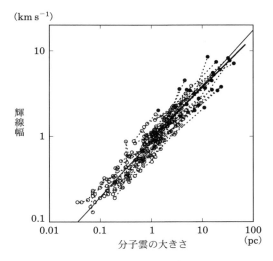

図 **3.6** 分子雲の大きさ・輝線幅関係（Heyer & Brunt 2004, *ApJ*, 615, 45）．

に，大きい雲ほど大きな線幅を持ち，

$$\delta v \propto l^{0.5} \tag{3.1}$$

でよく近似できる．

3.3 分子雲の化学組成

　分子雲はガスと星間微粒子からなる．ガスの主成分は水素分子であるが，それ以外にもさまざまな分子が微量に含まれている．これまでに約 310 種類以上の星間分子の存在が，電波観測，赤外線観測，あるいは可視光観測で明らかになっている．これまでに知られている星間分子を表 3.2 にまとめる．水素分子についでもっとも多い分子は CO で，水素分子の 1 万分の 1 の個数比で存在する．それ以外の分子の存在量は，それよりもずっと少ない．表 3.2 からわかるように，分子雲の化学組成の特徴として以下の 3 点が挙げられる．

　(1) H_3^+, HCO^+ などのイオン種が存在する．このことは分子雲がわずかに電離した状態にあることを示す．最近，負イオン分子（C_6H^- など）も検出された．

52 | 第 3 章　分子雲

表 **3.2**　星間分子雲でみられる代表的分子（2024.3 現在）（参照: https://cdms.astro.uni-koeln.de/classic/molecules）.

基本的分子				
H_2	CO	CS	HF	HCl
H_2O	NH_3	CH_4	CN	N_2
O_2	SO	HCN	HNC	C_2H_2
OCS	SO_2 など			
分子イオン				
H_3^+	OH^+	H_2O^+	H_3O^+	CH_3^+
HCO^+	HN_2^+	$HCNH^+$	HCS^+	HCO_2^+
HC_3NH^+	HC_5NH^+	C_3N^-	C_4H^-	C_6H^- など
炭素鎖分子				
HC_3N	HC_5N	HC_7N	HC_9N	$HC_{11}N$
C_2H	C_3H	C_4H	C_5H	C_6H
C_7H	C_8H	C_2S	C_3S	C_4S など
芳香族分子				
C_6H_4	C_6H_5CN	C_6H_5CCH	C_9H_7CN	$C_{10}H_7CN$
C_{60}	C_{70} など			
アルコール，アルデヒド，エステル，ニトリル，エーテルなどの有機分子				
CH_3OH	C_2H_5OH	$(CH_2OH)_2$	H_2CO	CH_3CHO
CH_2OHCHO	CH_3CH_2CHO	$HCOOCH_3$	CH_3CN	C_2H_5CN
$(CH_3)_2O$	HCOOH	$(CH_3)_2CO$	CH_3NH_2	HNCO
NH_2CHO	CH_3NHCHO	CH_3SH など		
Si, P, 金属を含む分子				
SiO	SiS	SiC_2	PN	PO
AlO	NaCl	KCl など		

（2）　また，さまざまな炭素鎖分子が豊富に見られる.

（3）　芳香族分子も含め，かなり複雑な有機分子まで存在する.

　星間分子のスペクトル線を観測することにより，分子雲の構造や物理状態，そして化学組成がわかる. 水素分子は電気双極子モーメントをもたないので，通常の回転遷移，振動遷移は禁制である. 電気四重極子モーメントによる回転遷移，振動遷移が許されるが，それらは一般に非常に弱く，特殊な物理状態においてのみ観測される. そのため，分子雲の構造や物理状態を探る一般的手段として，水

素分子のスペクトルは適さない．通常，COをはじめとする比較的存在量の多い分子の回転スペクトルを測定し，その結果から水素分子の存在量を推し量り，物理量を導出する．そのため，観測している分子が水素分子に対してどのくらいの割合で存在するか（存在比）を知ることが不可欠である．存在比は星間分子雲の化学反応と密接に関連する．したがって，分子雲で起こっている化学過程の理解は，化学組成の解釈に止まらず，分子雲の構造や物理状態の研究にも不可欠である．

3.4 分子スペクトルの励起機構

我々は，星間ガスから放出される放射スペクトルを観測することによって，その熱的運動温度，密度等の物理状態を知ることができる．そのため，分子・原子スペクトルの励起機構の理解は，星間ガスの物理状態を知る上で必要不可欠である．星間分子雲の主成分である水素分子は，その温度・密度条件では輝線を出さないため，水素分子に対する存在比が 10^{-4}–10^{-11} 程度の微量の分子の輝線を観測することにより，その物理状態を探ることになる．輝線は，分子がより高いエネルギー準位から，低い準位へと遷移する際に放出されるため，それぞれの準位にどれくらいの割合の分子が存在するかの分布状態，つまりその励起状態を知ることが必要である．

微量分子の励起状態は，その分子のエネルギー収支によって決定される．その様子を図 3.7 に示した．エネルギーを得る機構としては，分子ガスの大半を占める水素分子・ヘリウム原子の熱運動によるその分子への非弾性衝突 (1)，分子雲の外部からの放射 (4)，放射した光子の分子雲内での再捕獲 (3)，エネルギーを

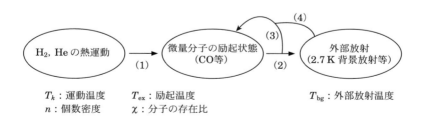

図 **3.7** 星間分子雲中の微量分子のエネルギー収支と励起状態．

失う機構としては，その分子の自然放射（2），等が考えられ，これらのバランスにより励起状態が決まる．水素分子の熱運動はその熱的温度 T_k，外部放射はその放射温度 T_{bg} によって特徴づけられる．分子の励起状態は，準位 1, 2 の滞在数を n_1, n_2，統計的重みを g_1, g_2 としたとき，次で示すような励起温度 T_{ex} で特徴づけられる．

$$\frac{n_2}{n_1} = \frac{g_2}{g_1} \exp\left(-\frac{h\nu}{k_{\mathrm{B}} T_{\mathrm{ex}}}\right). \tag{3.2}$$

これは，分子のある二つの準位の滞在数の比が温度 T_{ex} のボルツマン分布で表すことができることを示している．

水素分子の個数密度 n が十分大きい場合，（1）のプロセスが分子の励起状態を決定するため，分子のエネルギー分布は水素分子と熱平衡状態（$T_{\mathrm{ex}} \sim T_k$）に近づく．n が小さいときは，（2），（3），（4）のプロセスが優位になるため，（3）のプロセスの影響が小さい場合，分子のエネルギー分布は外部放射と平衡（$T_{\mathrm{ex}} \sim T_{\mathrm{bg}}$）となる．分子の柱密度が大きくなり，（2）で放出された光子が分子雲の外に放出できなくなると，（3）のプロセスの影響が大きくなり，エネルギー収支は（1）のプロセスにより決定され，T_{ex} は T_k に近づく．

これらのプロセスを数式を用いて考えてみる．簡単のため 2 準位系（準位 1，準位 2）を仮定し，準位 2 の方がエネルギーが大きいとする．それぞれの準位の滞在数を n_1, n_2，水素分子による励起，脱励起の衝突係数を C_{12}, C_{21}，平均放射強度を J_ν とすると，アインシュタイン係数を用いて統計平衡式は次のように表すことができる．

$$n_1 \left(B_{12} J_\nu + C_{12}\right) = n_2 \left(A_{21} + B_{21} J_\nu + C_{21}\right). \tag{3.3}$$

ここで，衝突係数は，水素分子個数密度 $n(\mathrm{H}_2)$ を用いて $C_{ij} = n(\mathrm{H}_2)\gamma_{ij}$ と表すことができ，熱力学的平衡を実現するため，次のような関係を満たす．

$$g_1 \gamma_{12} = g_2 \gamma_{21} \exp\left(-\frac{h\nu_{21}}{k_{\mathrm{B}} T_k}\right). \tag{3.4}$$

また，統計平衡式にプランク分布を使用すると，以下の関係が導かれる．

$$A_{21} = \frac{2h\nu^3}{c^2} B_{21}. \tag{3.5}$$

ここで，γ_{ij} は衝突断面積 σ_{ij} と平均衝突速度 $\langle v \rangle$ を用いて，$\gamma_{ij} = \sigma_{ij} \langle v \rangle$ と表せるが，この値を求めることは容易ではない．中性分子が水素分子と衝突して励起される場合，この値は 10^{-10}–10^{-11} cm^3 s^{-1} 程度になる．しかし，この値は，一般に準位の組 (i, j) ごとに異なる．基本分子については，量子化学計算で求められたポテンシャルエネルギー曲面をもとに，ある回転状態から別の回転状態への衝突係数がおのおの計算されているので，それらを利用すると良い．

密度 n が十分に大きい場合，つまり衝突係数 C_{ij} が，アインシュタイン係数 A_{21} よりも十分に大きい場合，

$$\frac{n_2}{n_1} = \frac{g_2}{g_1} \exp\left(-\frac{h\nu_{21}}{k_{\rm B} T_k}\right) \tag{3.6}$$

となり，式 (3.2) と比較すれば，$T_{\rm ex} = T_k$ となる．

一方，密度が十分に低い場合，つまり，衝突係数 C_{ij} が，アインシュタイン係数 A_{21} よりも十分に小さく，図 3.7 の (3) のプロセスが無視できる場合は，式 (3.2) とアインシュタイン係数同士の関係より，

$$J_\nu = \frac{A_{21}}{\dfrac{g_1}{g_2} \exp\left(\dfrac{h\nu_{21}}{k_{\rm B} T_{\rm ex}}\right) B_{12} - B_{21}} = \frac{2h\nu_{21}^3}{c^2} \frac{1}{\exp\left(\dfrac{h\nu_{21}}{k_{\rm B} T_{\rm ex}}\right) - 1} \tag{3.7}$$

となり，平均放射強度 J_ν が放射温度 $T_{\rm bg}$ の黒体放射である場合，$T_{\rm ex} = T_{\rm bg}$ となる．

アインシュタインの A 係数と衝突係数の比，A_{21}/γ_{21} を励起の臨界密度と呼び，分子の励起状態の指標として使用する．一般的に，密度がこの臨界密度と同程度もしくはより大きくなると，分子のエネルギー分布は熱平衡状態に漸近し（$T_{\rm ex} = T_k$），「熱化された (thermalized)」と表現される．分子雲のいたるところで，局所的にこの熱平衡状態が達成されている場合，局所熱力学的平衡 (LTE; Local Thermodynamic Equilibrium) の状態にあるという．

分子の回転遷移のアインシュタインの A 係数は，電気双極子遷移の場合，分子の電気双極子モーメント μ を用いて次のように表される．

$$A_{J+1,J} = \frac{64\pi^4}{3hc^3} \frac{J+1}{2J+1} \nu_{J+1,J}^3 \mu^2. \tag{3.8}$$

つまり，電気双極子モーメントが大きい遷移ほど励起の臨界密度が大きいことが

第 3 章　分子雲

表 3.3　分子の電気双極子モーメント.

分子	CO	SO	CS	HCN	SiO	HCO$^+$
μ（デバイ）†	0.11	1.52	1.96	2.99	3.10	3.93

　† 電気双極子モーメントを表す単位の一つ.
　　1 デバイは 10^{-18} esu cm に等しい.

表 3.4　分子スペクトルの臨界密度.

分子	CO	CO	CO
遷移 $(j \to k)$	$1 \to 0$	$3 \to 2$	$7 \to 6$
周波数 [GHz]	115.27	345.80	806.65
A_{jk} [s^{-1}]	7.2×10^{-8}	2.5×10^{-6}	3.4×10^{-5}
臨界密度 [cm^{-3}]	2×10^3	3×10^4	5×10^5
分子	CS	CS	HCO$^+$
遷移 $(j \to k)$	$1 \to 0$	$2 \to 1$	$1 \to 0$
周波数 [GHz]	48.99	97.98	89.19
A_{jk} [s^{-1}]	1.7×10^{-6}	1.7×10^{-5}	4.3×10^{-5}
臨界密度 [cm^{-3}]	5×10^4	3×10^5	2×10^5

わかる. また, 放射の振動数は回転定数 B を用いて, $\nu(J+1, J) = 2B(J+1)$ であるため, J の大きい高励起なスペクトルほど, 臨界密度が高いことがわかる. 十分な放射強度を得るためには, 上の準位に十分な滞在数の分子が存在する必要があるため, この臨界密度はそのスペクトルで測定することのできる最小のガス密度の指標となっている.

　たとえば, CO 分子は電気双極子モーメントが 0.1 デバイと小さいため, $J = 1$–0 遷移（115 GHz）の臨界密度は 2×10^3 cm^{-3} 程度である（表 3.3, 3.4）. CO 分子は高い存在比をもつので, CO（$J = 1$–0）の輝線は分子雲のいたるところから観測される. 一方, CS 分子の双極子モーメントは 1.9 デバイなので, $J = 2$–1 遷移（98 GHz）の臨界密度は 10^5 cm^{-3} 程度になる（表 3.3, 3.4）. したがって, CS の $J = 2$–1 輝線は分子雲の高密度部分からおもに放射されることになる. ここで注意しなければならないことは, 光学的厚みの効果である. 光学的厚みが大きくなると, 放出された光子が分子雲に閉じ込められ（photon trapping），実効的にアインシュタインの A 係数が小さくなる効果が現れる．そのために，臨界密度もその分だけ低くなる（3.4.2 節参照）．

　上記の説明は 2 準位系について成り立つものであるが，適当な条件下では 2 準位ペアのエネルギーの高い方の準位の分布数が低い方の準位の分布数よりも大きいこともある．すなわち，逆転分布が起こりうる．この現象が極端な場合，メーザー（MASER; Microwave Amplification by Stimulated Emission）となり，非常に強いスペクトル線を与える（コラム参照）．

― 宇宙メーザー ―

　光領域のレーザー（laser）と同じ原理で電波領域で放射されるものにメーザー（maser）がある．地上のようにガスの密度の高いところでは通常，粒子同士の衝突によって各エネルギー準位にある粒子数が決まり（熱平衡状態），二つの準位間の粒子数（n_1, n_2）の比はボルツマン分布（(3.6) 式）で与えられる．したがって統計的重み当たりの粒子数（n_i/g_i）は必ず下のエネルギー準位の方が多くなる（図 3.8 (a)）．しかし，宇宙空間ではガス密度が非常に低いために，粒子同士の衝突よりも自然放射（A 係数）や放射による遷移（B 係数）の方が卓越する場合がある．このとき，選択則に従って上のエネルギー準位から A 係数や B 係数によって準位 2 に落ちてくる確率と準位 2 からより下の準位に落ちていく確率の差が準位 2 に溜まる粒子の確率を与える．同様にして準位 1 に存在する確率も決まる．その結果，二つのエネルギー準位間で上の準位にある粒子の数の方が多くなる場合がある（図 3.8 (b)）．

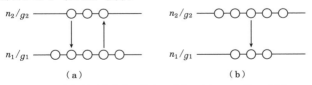

図 3.8　(a) 熱平衡状態の場合の分布，(b) メーザーの場合の分布．

　これは非常に不安定な状態であり，外から 2 準位間のエネルギー差に相当する周波数 ν_{21} の電波が入射してくると上の準位にある粒子がすぐに下の準位に落ちて ν_{21} の電波を誘導放射する．それらがまたとなりの分子に入射して同様な放射をおこす．これがカスケード的におきて非常に強い放射を出す．この現象が発生するためには分子間の相対速度が小さくないといけないので（周波数が変わって

しまうため），メーザーのスペクトル線の周波数幅は一般に非常に細い．宇宙空間では大質量星周囲の電離領域に付随した分子雲や晩期型星の周囲の分子ガス中の OH, H_2O, S_iO などの分子が強いメーザーを出す．またある種の活動銀河中心核にはきわめて強い H_2O メーザーが発見されている．メーザーは非熱的放射であってきわめて高い輝度温度（$T_B > 10^7$ K）を示すので VLBI（超長基線電波干渉法）を用いた超高空間分解能観測が可能である．

3.4.1　局所熱力学的平衡の場合

　分子スペクトルの中でも CO は電気双極子モーメントが他の分子と比較して一桁程度小さいため，臨界密度も小さく，特に CO（1–0）スペクトルは，個数密度数百個 cm^{-3} の分子ガス雲の中でも十分に励起されている．そのため，局所熱力学的平衡を仮定して物理量を算出することが多い．局所熱力学的平衡である場合，それぞれのエネルギー準位の滞在数分布は，温度 T_k のボルツマン分布で与えられるため，輝線強度を求めるためには，放射輸送の問題を解くだけでよい．分子雲中のある場所で放出された光子は，分子雲中を進む途中で同種の分子と相互作用し，吸収，誘導放出により光子の数が変化する．2 章での説明と同様に，その放射強度の変化量を dI_ν，分子のドップラー周波数分布を $\phi(\nu)$ $\left(\int \phi(\nu) d\nu = 1 \right)$，放射経路を s とすると，

$$dI_\nu = \frac{h\nu}{4\pi} \left(n_2 A_{21} + n_2 B_{21} I_\nu - n_1 B_{12} I_\nu \right) \phi(\nu) ds \qquad (3.9)$$

となり，以下のように変形できる．

$$\frac{dI_\nu}{ds} = -\kappa_\nu I_\nu + \varepsilon_\nu, \qquad (3.10)$$

$$\kappa_\nu = \frac{h\nu}{4\pi} n_1 B_{12} \left(1 - \frac{g_1}{g_2} \frac{n_2}{n_1} \right) \phi(\nu), \qquad (3.11)$$

$$\varepsilon_\nu = \frac{h\nu}{4\pi} n_2 A_{21} \phi(\nu). \qquad (3.12)$$

これらの関係式から，$dI_\nu/ds = 0$ とすれば，$I_\nu = \varepsilon_\nu/\kappa_\nu$ となる．これは，温度 $T_{ex} = T_k$ のプランク分布 $B_\nu(T_k)$ と等しい．つまり，分子雲の放射強度は以下

の放射輸送の式で表される.

$$I_\nu = B_\nu(T_k)(1 - \exp(-\tau_\nu)) + B_\nu(T_{bg}) \exp(-\tau_\nu), \quad (3.13)$$

$$d\tau_\nu = -\kappa_\nu ds. \quad (3.14)$$

これらの式から, スペクトルの光学的厚み τ_ν を求め, κ_ν を経由して, 分子の密度 × 奥行き = 分子の柱密度を求めることができる. この際, 熱運動温度 T_k を知る必要があるが, 光学的に厚いスペクトル (^{12}CO スペクトル等) を用いて, 式 (3.13) から $\tau_2 \to \infty$ を仮定して求めた温度を用いることが多い.

3.4.2 局所熱力学的平衡ではない場合

CO 以外の電気双極子モーメントの大きい分子や, 高励起のスペクトルは, その臨界密度が高いため, 必ずしも準位分布が熱平衡になっているとは限らない. このような場合, まず準位分布, つまり励起温度 T_{ex} を求めて, 上で述べたような放射輸送を解く必要がある. 光学的に薄い場合, つまり分子雲の中で放出された光子が分子雲の中で再捕獲されないような場合は, この光子が準位分布に影響を与えることがないため, 式 (3.3) で J_ν が分子雲の背景放射によるとして T_{ex} を求めれば良い.

一方, 光学的に厚い場合は, ある場所で放射された光子が他の場所での吸収, 誘導放射に寄与するため, J_ν が変化したことになる. この変化により, 準位分布が変化し, これも J_ν の変化に影響する. このように, 式 (3.3) の局所的な統計平衡式と式 (3.13) の放射輸送の式を独立に解くことができなくなる. さらに, 分子雲の形状, ガスの速度分布にも大きく依存するため, 分子雲からの放射強度を簡単に求めることはできない.

分子雲中のある場所で光子が分子雲の外に放出される確率 = 「光子の脱出確率」を β_ν とすると, 式 (3.3) 中の平均放射強度は,

$$J_\nu = (1 - \beta_\nu) B_\nu(T_{ex}) + \beta_\nu B_\nu(T_{bg}) \quad (3.15)$$

とすることができる. 分子雲の背景放射 ($B_\nu(T_{bg})$) を無視すると, 式 (3.3), (3.15) は次のように変形できる.

$$T_{ex} = T_k \left(1 + \frac{k_B T_k}{h\nu} \ln \left(1 + \frac{A_{21}}{C_{21}} \beta_\nu \right) \right)^{-1}. \quad (3.16)$$

光学的に厚い場合 ($\beta \to 0$), $T_{ex} \to T_k$ となり,熱平衡状態と同様の状態となる.光学的に薄い場合 ($\beta \to 1$) は,A_{21}/C_{21} により,T_{ex} がきまる.また,この式は,スペクトルの臨界密度を $(A_{21}/\gamma_{21})\beta_\nu$ で表すことができることを意味している.つまり,スペクトルの光学的厚みが大きい場合,その臨界密度が β_ν 分だけ小さくなることを示している.分子雲の観測によく使用される $^{12}C^{16}O$ スペクトルは,一般的に光学的厚みが非常に大きいため,励起条件がほぼ同一であり,光学的厚みが小さい同位体分子 $^{13}C^{16}O$, $^{12}C^{18}O$ スペクトルと比較して,臨界密度が実質的に小さくなる.

　光子の脱出確率は,分子雲の形状によって場所ごとに異なる.スペクトルの光学的厚みが大きい場合は,それぞれの場所の脱出確率を計算する必要がある.一方,分子雲の中でガスの速度分布に大きな勾配がある場合,ドップラー効果により,ある場所で放出された光子は,離れた場所の視線速度が大きく異なる分子と相互作用せずに進むことができる.分子雲内の熱的運動に比べて大きい大局的な速度勾配が存在する場合,放出された光子が他の分子と相互作用する領域はその周囲だけに限定される.特に,速度勾配がどの場所でも一定(速度 $\propto$ 距離)であり,分子雲がその相互作用領域より十分に大きいとすると,分子雲内のどの場所でも脱出確率が同じと見なすことができる.つまり,局所的な統計平衡式を分子雲の大局的な物理量を求めるために用いることが可能となる.ゴールドライヒ(Goldreich)とクワン(Kwan)はこのような簡単化を収縮する球状の雲に適用した.一般的には,LVG(Large Velocity Gradient; 大速度勾配近似)法と呼び,分子励起計算の手段として非常によく用いられているが,その導出の際の仮定については理解が必要である.一様なガス球が,半径方向に収縮,または膨張している場合(速度 $\propto$ 距離),光子の脱出確率は,スペクトルの光学的厚みを τ_ν とすると,

$$\beta_\nu = \frac{1 - \exp(-\tau_\nu)}{\tau_\nu} \tag{3.17}$$

と求められ,平板の場合は,

$$\beta_\nu = \frac{1 - \exp(-3\tau_\nu)}{3\tau_\nu} \tag{3.18}$$

で近似される.

光学的厚み τ_ν は，式（3.11）と式（3.14）から光路に沿って積分することによって得られる．分子のドップラー周波数分布は，視線方向の光路 z，速度勾配 $v(r)/r$，スペクトルの静止系での周波数 ν_0 とすると，$\phi(\nu + (\nu_0/c)(v(r)/r)z - \nu_0)$ で表され，速度勾配が一定であればその積分値は，$(c/\nu_0)(r/v(r))$ となる．つまり，ガスの速度勾配，測定分子の個数密度とその準位分布を知れば，光学的厚みを求めることができる．

式（3.3），式（3.15）と，

$$n_1 B_{12} B_\nu(T_{\mathrm{ex}}) = n_2 \left(A_{21} + B_{21} B_\nu(T_{\mathrm{ex}}) \right) \tag{3.19}$$

を用いると，次の関係式が得られる．

$$0 = \left[n_2 A_{21} + (n_2 B_{21} - n_1 B_{12}) B_\nu(T_{\mathrm{bg}}) \right] \beta_\nu + C_{21} n_2 - C_{12} n_1. \tag{3.20}$$

水素分子個数密度，観測分子の存在比（＝観測分子の個数密度/水素分子個数密度），水素分子の運動温度，速度勾配を与えて，式（3.20）を解くと，分子の準位分布 n_1, n_2 が求まり，それから，励起温度，光学的厚み，観測温度等を求めることができる．

3.5 分子雲の加熱・冷却過程

8章で説明するように，分子雲が収縮して星を作るには分子ガスが十分に冷却しなければならない．実は，分子雲中のガスは非常に効率的に冷却できる．その冷却過程は大きく分けて，ガスの放射による冷却過程，および，より低温の星間微粒子との衝突による熱交換過程による冷却がある．前者の放射冷却とは，ガス粒子の2体衝突によって量子力学的な励起準位にある状態が発生し，光子放出により下の準位に落ちることによって起こる．これにより，ガス粒子の並進運動のエネルギーが，励起エネルギーを経由して光子のエネルギーに変わり，その光子が分子雲の外に放出されることで，ガスのエネルギーを放出することができる．励起される状態のなかでも，分子雲の冷却過程にとって重要なものは，比較的多量に存在する分子の低エネルギーの励起である．存在量としては圧倒的多数を占める水素分子の放射遷移可能な（最低）励起準位は $J = 2$ であるが，基底準位 $J = 0$ との差のエネルギーは温度にして $512\,\mathrm{K}$ に対応している．絶対温度が

10 K 程度の普通の分子雲においては，これはほとんど励起されない．つまり，低温の分子雲において水素分子は放射しないのである．そのため，比較的に存在量の多い一酸化炭素の励起による冷却が重要となる．もしも分子ガスの温度が十分高くなれば水素分子による冷却も可能である．特に初期宇宙のような金属量の少ない環境下においては水素分子冷却の重要性が相対的に高くなり得る．

　一方，星間微粒子との熱交換過程が重要となるのは，星間微粒子との衝突が頻繁に起こる高密度の場合である．星間微粒子自体の熱平衡状態は以下のように比較的簡単な式で理解できる．放射場の平均強度 J，ガスと星間微粒子の衝突による星間微粒子の加熱率を Γ_{ex} として，星間微粒子の熱平衡条件は

$$4\pi\kappa_{\mathrm{abs}}\,\rho\,J + \Gamma_{\mathrm{ex}} = 4\pi\kappa_{\mathrm{emi}}\,\rho\,\sigma_{\mathrm{SB}}\,T_{\mathrm{dust}}^{4} \tag{3.21}$$

と書ける．ここで，κ_{abs} は放射の吸収係数であり，κ_{emi} は星間微粒子が熱的放射をする際の係数である．平均的な値を入れて温度を求めると $T = 10$–$20\,\mathrm{K}$ 程度となる．通常は $\kappa_{\mathrm{emi}} \propto T_{\mathrm{dust}}^{2}$ 程度だと考えられるため，右辺は温度のおおよそ 6 乗に比例する．そのため，左辺の値が多少変化しても，星間微粒子の温度はほとんど変化しないことになる．

3.6　分子雲における種々のタイムスケール

　以下に分子雲の進化に関連して重要となるいくつかのタイムスケールを列挙する．

3.6.1　自由落下時間

　8 章において説明するように，分子雲における自由落下時間 t_{ff} は水素の核子の個数密度 $n = n(\mathrm{H}) + 2n(\mathrm{H_2})$ を用いて

$$t_{\mathrm{ff}} = \left(\frac{3\,\pi}{32\,G\,m_{\mathrm{p}}\,n}\right)^{1/2} = 3 \times 10^{6}\left(\frac{300\,\mathrm{cm^{-3}}}{n}\right)^{1/2} \quad \text{年,} \tag{3.22}$$

である．この時間は $n = 10^{4}\,\mathrm{cm^{-3}}$ で 5×10^{5} 年となり，分子雲中の高密度領域では分子雲の寿命よりも十分小さくなる．そのため，分子雲が重力収縮，つまり星形成の舞台となることが理解できる．

3.6.2 水素分子と分子雲の形成時間

現在の銀河内の星間空間では，水素原子が水素分子を形成する反応はおもに星間微粒子上で起こる．この反応では 1 個の水素分子形成に伴う 4.48 eV もの反応熱を微粒子が吸収することで解放するのが容易であるからである．星間微粒子の典型的な大きさを $a \sim 0.1\,\mu\text{m}$ とすると，水素分子形成の反応率は水素原子 1 個当たり，おおよそ

$$R_{\text{form}} = f\, n_{\text{dust}}\, \pi a^2 \langle v_{\text{th}} \rangle \tag{3.23}$$

である．ここで，n_{dust} は星間微粒子の個数密度であり，星間減光の観測から $n_{\text{dust}}\, \pi a^2 = 10^{-21}\,\text{cm}^2 \times n$ と見積もられている．$\langle v_{\text{th}} \rangle$ は水素原子の熱速度であり，分子雲の音速程度の値である $0.2\,\text{km}\,\text{s}^{-1}$ を用いればよく，f は星間微粒子にぶつかって吸着した水素原子が反応して水素分子を形成する確率を表す係数であり，オーダー 1 の量だと考えられている．したがって，分子形成時間 t_{form} はおおよそ

$$t_{\text{form}} = \frac{1}{R_{\text{form}}} \sim 5 \times 10^6 \left(\frac{300\,\text{cm}^{-3}}{n} \right) \quad 年 \tag{3.24}$$

と概算される．この見積もりは密度が分子雲の平均密度程度ある静的環境下に置かれたガス中での分子の形成時間であり，実際にどのような時間スケールで分子雲が形成されるのかについては，密度がどのような過程を経て上昇するのかに大きく依存するために議論の対象になっている．たとえば，分子雲や H I 雲のような星間雲は超音速の乱流状態にあるので，乱流で圧縮されることにより，部分的に密度が平均値よりも何桁も大きくなることが十分に考えられる．そこでは水素分子の形成時間は密度が高まった分だけ何桁も小さくでき，さらに形成された水素分子を乱流で周囲に拡散することもできるので，百万年程度で分子雲が形成可能であるという説がある．一方で，現実的な磁場を帯びた星間ガスの進化過程を考えると，磁場の持っている圧力の効果によって百万年程度の短時間で急速に星間ガスの密度を分子雲の密度にまで高めることはできず，分子雲の形成には平均的には一千万年程度の時間はかかるという研究結果も知られている．

さらに，上で評価した時間 t_{form} で水素分子を形成するためには，水素分子を破壊する外部紫外光を微粒子や水素分子自身によって雲の表面で遮蔽しなければ

ならない.多くの研究では分子雲やその原材料である星間ガスの構造について球対称や面平行を仮定するなどして遮蔽の効果を見積もっているが,ガスが冷却するときに発生する熱的不安定性等の影響によって現実の星間雲は極めて非一様であることが理論観測の両方面から示唆されており,分子を破壊する紫外光の分布もそのような現実的空間構造の効果も含めて検討し直す必要性が残されている.

3.6.3 放射冷却時間

分子ガスも含めた星間ガスの冷却は基本的には原子分子の衝突励起による輝線放射によって行われるため,放射冷却時間は温度・密度に大きく依存する.温度が数千Kから1万K程度の暖かいH I ガス中では,Lyman-α 輝線が重要であり,それよりも温度が低くなる約数1000 Kから数10 K程度までは炭素原子や酸素原子の超微細構造による輝線放射(特にC II 原子の$158\,\mu$m, O I 原子の$63\,\mu$m放射)が重要になる.ガスが十分に集まって,分子を破壊する外部紫外光が星間微粒子によって遮蔽されると,一酸化炭素原子が分子雲のなかで形成され,特に回転遷移による輝線放射によって冷却を担うことになる.

これらの輝線放射によって,単位時間,単位体積あたりにガスから奪われる熱エネルギーを$n^2\Lambda$と表す.数密度nの2乗をあらわに書くのは,衝突励起率がn^2に比例するからである.ガスの冷却時間t_coolは

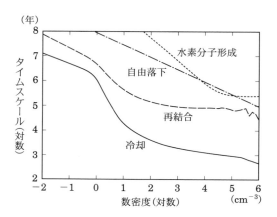

図 **3.9** 低密度ガスにおける種々のタイムスケール(Koyama & Inutsuka 2000, *ApJ*, 532, 980).

$$t_{\text{cool}} = \frac{k_{\text{B}} T}{n \Lambda} \tag{3.25}$$

で見積もることができる．Λ は輝線によって異なる温度の関数であるが，分子雲の奥深くのような光学的に厚い環境下では，放射される光子の脱出確率にも依存する．図 3.9 は，小山らによって計算された光学的に薄い場合の星間ガスの冷却時間である．この冷却時間は，衝撃波に圧縮されて温度が 1 万 K 程度に加熱された暖かい H I ガスがさまざまな輝線放射によって冷えていき，最終的に分子ガスに進化するまでを追った 1 次元のシミュレーションの結果を用いて算出されたものである．また，比較のために自由落下時間や水素分子の形成時間，電離からの再結合時間も表示している．冷却時間は他の時間スケールに比べて短く，特に分子雲の密度レンジである $n > 100\,\text{cm}^{-3}$ では千年から 1 万年程度以下とかなり短いことがわかる．

第4章 電離ガス

4.1 電離領域の種類

4.1.1 光電離と電離領域

陽子（p）1個と電子（e^-）1個が結びついた水素原子を，中性水素と呼び H^0 と表す．中性水素は，いくつかの原因によって，安定な結合状態から陽子と電子とが分かれて両者の混合状態になったり再び結びついたりする．この反応を次の式で表す．

$$H^0 \rightleftharpoons H^+ + e^- \tag{4.1}$$

このとき結合を破ること（右向きの矢印）を電離といい，その逆過程（左向きの矢印）を再結合という．電離した水素は，H^+ と表記され，自由電子 e^- との混合状態になり，一般に電離ガスまたはプラズマともよばれる．電離水素 H^+ を主成分とする天体を電離領域という．

H^0, H^+ は化学上のイオン表記だが，天文学や分光学では中性水素を HI, 電離した水素を HII と表す（HI については2章で詳しく記述されている）．電離水素領域，つまり HII 領域が，この章の主役である．ただしこの HII 領域中には，中性の原子ガス，分子および固体の粒子（星間微粒子）なども含まれることに留意しておく必要がある．

68 | 第 4 章 電離ガス

中性水素原子を形作る陽子と電子の結合エネルギーは，13.6 eV で，これ以上のエネルギーが外部から加わると，結合状態が破られる．水素の電離過程は，主として恒星内部における熱電離，高エネルギー粒子との衝突による衝突電離，紫外線等による光電離等がある．この章の主役である電離領域は，おもに光電離によって生じたものである．したがって，光のエネルギーを $h\nu$ で表すと，光電離の反応式は次のように表されることになる．

$$H^0 + h\nu \rightleftharpoons H^+ + e^-. \tag{4.2}$$

この $h\nu$ すなわち紫外線の供給源は次のような恒星である．

（a）質量が大きく，比較的年齢の若い高温の恒星，

（b）質量の小さい星が進化した結果，年老いて高温の白色矮星になったもの，がそれである．

前者は，星間物質から星形成過程を経てつくられた星で，これによってオリオン星雲を代表例とする電離領域がつくられる．後者は，恒星からの質量放出現象によって，こと座の環状星雲に代表される惑星状星雲を形成する．このほかに，電離領域は，活動銀河核，超新星残骸（SNR; supernova remnant）や共生星[*1]などの天体でも重要な役割を演ずる．

4.1.2 電離領域の種類と特徴

電離領域は，いくつかのまったく異なる種類の天体に分類される．その代表的存在が，惑星状星雲や電離領域などのガス星雲で，美しく夜空に輝く様は，多くの人々の興味を引き付けてきた．ガス星雲の特徴は，輝線スペクトルを示すことである．ちなみに恒星は，通常，黒体放射に近い連続スペクトルを示すのに対して，ガス星雲のスペクトルは，主として，電離した水素やヘリウムから放射される再結合線（4.8 節参照）が目立っている．これに加えて，電離ガスに特有の禁制線（4.7 節参照）が見られる．このような特徴的スペクトルを手がかりとして，全天探査の努力がなされ，現在では種々の電離水素領域がカタログ化されている（『理科年表』天文部の「銀河系内の星雲」参照）．

天文学では，天体までの距離がもっとも基本的で大切な情報になる．距離の推

[*1] symbiotic star の訳．TiO の帯スペクトルと He^+, O^{++} など高励起スペクトル線が共存する星．M 型巨星と高温矮星とからなる連星系と考えられる．

定がなされれば，大きさ（サイズ）もわかる．こと座の環状星雲の約 0.32 pc が代表例である惑星状星雲や，おおむね 1 pc 以下であるコンパクト H II 領域が小さい部類に属する．これに比べて，銀河系円盤部を突き抜けるほどの，ほぼ 500 pc にも及ぶスーパーシェルと呼ばれる，巨大な電離領域にも近年注目が集まっている．その一例がはくちょう座スーパーシェルであり，きわめて希薄なガスながらその温度は 100 万度にも達する．このスーパーシェルについては，その起源と物理量について次の 5 章で詳しく説明される．さらに，拡散低密度 H II 領域（ELD H II; Extended Low Density H II）とよばれる電離ガス領域も注目されるようになった．ELD 領域の温度は通常の H II 領域と比べ大差はないが，電子密度が低く，0.1–100 cm^{-3} である．一例として南天のエータカリーナ（η Carinae）星雲，NGC 3373 のまわりのこのような領域は 1–2 kpc のひろがりになる．通常のガス星雲である電離領域のサイズは，それらの中間にあって，数 pc から数 10 pc となる．

4.1.3 物理状態と化学組成

一般に，電離ガスの性質は，密度と温度によって表現される．密度については，1 cm^3 の体積中に含まれる自由電子の個数（n_e 個 cm^{-3}）で表される．一方，温度は，自由電子の運動温度（T_e K）で表される．n_e, T_e ともに観測量から求められるが，後者は，エネルギーの収支を推定し算出することもできる．

電離領域は，水素が主成分であることは，すでに述べた．しかし，個数密度が全体の約 1/10 程度のヘリウム He も存在する．さらに，水素とヘリウムのほかにも，ごく少量だが，リチウム Li 以上の元素も存在する．天文学では，リチウム，ベリリウムおよびボロンを軽元素，それよりも重い元素を合わせて重元素と呼ぶ．また，水素，ヘリウムの存在比をそれぞれ X, Y で，炭素以上の重元素の存在比を Z と表すことがある．なお，リチウム，ベリリウム，ボロンは宇宙初期に生成されたごく少量の元素で，質量への寄与は格段に小さい．これらの元素の存在比は化学組成ともいわれている．化学組成は，単位体積当たりの個数比あるいは質量比で表される．これについては，4.9 節で詳述する．

電離領域を，主として，H II 領域と惑星状星雲に分類し，分子とその解離過程が重要な光解離領域（4.4 節），コンパクト H II 領域等を説明しながら，これらに

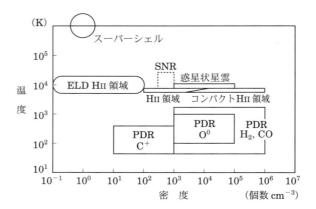

図 4.1　電離領域の種類と密度・温度の関係．破線はこの章で扱わないが比較のため付け加えた天体．○印は一つのデータのみを示し，その大きさは意味がない．斜線は境界があいまいであることを意味する．

関連する重要事項: 紫外線電離，放射スペクトル，光学域禁制線，再結合線，化学組成について，以下の記述をすすめる．種々の電離領域を，密度と温度とによって表される相互の関係を図 4.1 にまとめた．

4.2　H II 領域

4.2.1　H II 領域の形成

　質量の大きな主系列星は，表面温度が十分に高温で，大量の紫外線を放射する．このため，大質量星の周りにある水素ガスは 912 Å より短波長の (13.6 eV より高エネルギーの) 紫外線 (以下，電離光子と呼ぶ) によって電離し，H II 領域 (電離水素領域) を形成する．

　いま，1 個の大質量星の周囲に個数密度 n の一様な水素原子ガスが十分遠くまで分布している場合を考えよう．星間微粒子の存在は無視する．この場合，電離領域は球対称に形成され，内部では，定常ならば電離と再結合とがつり合う．このときの電離領域の半径 R_S は，

$$Q = \frac{4}{3}\pi R_S^3 n_e n_p \alpha \tag{4.3}$$

で決まる．この R_S をストレームグレン（Strömgren）半径と呼ぶ．この式（4.3）で，左辺の Q は，単位時間あたりに大質量星から放射される電離光子の個数であり，右辺は，球内の電子（個数密度 n_e）と陽子（個数密度 n_p）との衝突による再結合の単位時間あたりの回数である．ここで α は，水素イオンのすべての準位に自由電子が再結合する割合の総和で，再結合係数とよぶ．α は温度 T の関数で，$\alpha = 4 \times 10^{-13} \times (10^4\ T^{-1})^{0.73}\ [\mathrm{cm^3\,s^{-1}}]$ という近似式が成り立つことが知られている．

しかし，実際の電離ガス領域では，$n = 1$ の基底状態への再結合の際にでる光子は，13.6 eV 以上のエネルギーをもつので，すぐに近くの中性水素原子を電離してしまい，実質的な再結合係数は基底状態への再結合だけを除いて計算される．この実質再結合係数を α_B と書くと，近似的な式は，

$$\alpha_B = 2.6 \times 10^{-13} \times (10^4\ T^{-1})^{0.85} \tag{4.4}$$

となる．O7 型[*2]の主系列星（電離光子の生成率 $Q = 10^{49}\ \mathrm{s^{-1}}$）を取り巻く，単位体積あたりの陽子と電子の個数密度が $10\ \mathrm{cm^{-3}}$，ガスの温度が $T = 10000\ \mathrm{K}$ の電離領域の大きさを，式（4.3）と（4.4）を用いて計算すると，ストレームグレン半径は 15 pc になることがわかる．

この例のように，星間ガス中の大質量星の周りにできる HII 領域の大きさが，上式で決まるストレームグレン半径の中に限られるような場合，星が供給する電離光子が HII 領域の大きさを決めているという意味で，「電離限界（ionization–bounded）の HII 領域」と呼ぶ．これに対して，大質量星の周囲にあるガスの分布の方が電離光子によって電離できる領域よりも狭い場合には，HII 領域の大きさはガスの分布範囲で決まるので，これを「密度限界（density–bounded）の HII 領域」と呼ぶ．

大質量星は巨大分子雲のコアで形成されると考えられており，生まれたばかりの時点では周囲に多くの物質が残っている．この状況では，むしろ電離限界に近い状況になり，小さい HII 領域であるコンパクト HII 領域などが作られる（4.3節参照）．このような小さな HII 領域は膨張成長する際，周りのガスが，部分的

[*2] 恒星はその有効温度に対応するスペクトル型分類がされている（詳しくは第 7 巻を参照）．高温から低温に向かって O, B, A, F, G, K, M などの型がある．さらに各型の中は，0–9 まで細分化されている．O7 は O 型の中では比較的低温側（有効温度が約 35000 K）である．

図 4.2 オリオン星雲 M 42. トラペジウムと呼ばれる大質量星に電離された H II 領域（NASA 提供）.

に相対的に低い密度の分布となっている場合がある．このような密度勾配中でH II 領域が膨張発達したときには，H II 領域内の高い圧力によって，電離領域外縁（電離波面）が低密度領域に入ったところで膨張速度が急に大きくなり，その方向にのみ特に大きく発達することが起こる．これを，シャンパン流と呼ぶ．有名なオリオン星雲（図 4.2）は，もっともよく知られた H II 領域であるが，これも高密度ガス雲の表面近くに生まれた大質量星が作った H II 領域が低密度側に発達した例と考えられている．

4.2.2 紫外線による電離と各成分の分布

ここでは，種々の元素の電離過程とそれらの電離ガス成分の分布が，どのように星の紫外線放射によって起こるかをみていこう．まず水素原子の場合について考える．準位 i の状態にある電子のエネルギーを E_i とし，i が非常に大きな極限でのエネルギーを E_∞ とすると，$E_\infty - E_i = h\nu_i$ より大きなエネルギーの紫外線光子を吸収すると電離が起こる．したがって，星の周りの中性の水素原子の

個数密度を n_{H^0} とし，ある任意の場所における単位立体角あたりの紫外線の平均放射強度を J_ν とすると，水素の電離の頻度は以下の量で表される．

$$n_{H^0} \times \int_{\nu_i}^\infty \frac{4\pi J_\nu}{h\nu} a_\nu(H_0) d\nu. \qquad (4.5)$$

ここで，$a_\nu(H_0)$ は水素の電離に対する吸収断面積である．なお，$4\pi J_\nu/h\nu$ と表されている部分は単位面積，単位時間，単位周波数（または振動数）あたりの星からの紫外線光子数である．

放射強度が単純に星からの距離 r に依存するとすれば，L_ν を単位周波数あたりの星の光度として，以下の式で表せる．

$$4\pi J_\nu = \frac{L_\nu}{4\pi r^2}. \qquad (4.6)$$

水素類似の重い元素の場合も，式（4.5）に含まれる吸収係数 a_ν に，その元素の値を入れれば電離の頻度を評価することができると考えられる．一般に，原子番号 Z の原子やイオンの吸収断面積は，

$$a_\nu = \frac{64\pi^4 m e^{10} Z^4}{3\sqrt{3} c h^6 i^5} \frac{g(\nu, i, Z)}{\nu^3} \sim 2.8 \times 10^{29} \frac{Z^4}{\nu^3 i^5} g(\nu, i, Z) \qquad (4.7)$$

で与えられることが知られている[*3]．

ここで Z, m, e, i はそれぞれ原子（イオン）の電荷の数，電子質量，素電荷，準位を表し，$g(\nu, i, Z)$ はガウント（Gaunt）因子と呼ばれる補正項である．

図 4.3 には，中性水素（H^0），中性ヘリウム（He^0），1 階電離ヘリウム（He^+）の光電離吸収断面積を示す．

電子の数が多い重元素では，最外殻だけでなく内殻の電子を離脱させる紫外線電離も起こるため，光電離吸収断面積は，水素原子やヘリウムイオンに比べると複雑になる．たとえば，中性酸素原子を 1 階電離する場合，最外殻の電子を離脱させる反応

$$O^0(2s^2 2p^4 \ ^3P) + h\nu \longrightarrow O^+(2s^2 2p^3 \ ^4S) + \varepsilon_s$$

では，閾値が 13.6 eV であるのに対して，内殻の電子を離脱させる次の式のよう

[*3] 水素類似の原子やイオンの吸収断面積は，クラーマース（Kramers）やカルザスとラター（Karzas & Latter）らが求めている．

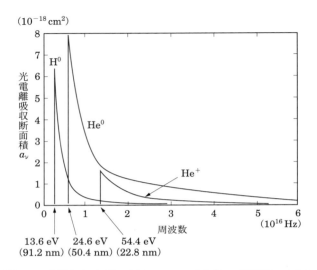

図 4.3 中性水素 (H^0), 中性ヘリウム (He^0), 1 階電離ヘリウム (He^+) の光電離吸収断面積 (D.E. Osterbrock 著, 田村眞一訳『ガス星雲と活動銀河核の天体物理学』, 東北大学出版会, 2001).

な反応

$$O^0(2s^22p^4\ ^3P) + h\nu \longrightarrow O^+(2s2p^4\ ^2D) + \varepsilon_p$$

では，34.0 eV より高いエネルギーの光子が必要である．ここで，$\varepsilon_s, \varepsilon_p$ は離脱した電子の運動エネルギーである（ここに出てくる電子状態の表記については，4.7 節 および 4.8 節の関連する説明が参考になる）．

こうして水素やその他の重元素に関する電離の頻度と，再びもとの状態に戻る再結合の頻度とがつり合う距離 r が決まること，そしてその r を境にして，それぞれの元素の電離領域の大きさが決まることが理解される．

具体的な例として，まず He ガスについて考えよう．H の次に存在量の多い He の電離には 24.6 eV より高エネルギーの紫外線を必要とする．早期 B 型ないし O 型の星では，その紫外線成分をもっているが，星の周囲にできる He^+ ガス球の方が H^+ のそれよりも内側に形成される．また，水素，ヘリウム以外の C, N, O など，高階に電離しうる元素の電離ガス成分も，星からの紫外線放射スペクトルの形と量に応じ生成されていく．その結果，ヘリウムや重元素イオンを含め

たHII領域の構造は，中心星の放射する電離光子の発生個数のみでなく，特に紫外線域のスペクトルの形にも依存する．より高温の星ほど電離光子数が多いだけでなく，波長の短い（高エネルギーの）紫外線が多く放射されるので，HII領域は大きくなり，高階電離の重元素イオンが内部に階層的に分布する構造になる．

4.2.3 HII領域の物理状態

HII領域では，吸収した紫外線のエネルギーのうち，原子核への電子の束縛エネルギー以上の部分は余剰分として自由電子の運動エネルギーとなり，これを介してHII領域のガスが加熱される．HII領域の電子温度は後に述べる電波再結合線や赤外線域の輝線を用いて求められており，その値はどのHII領域でもおよそ5000–10000Kで同程度の値を示す．これはどのタイプのHII領域でも加熱と冷却が同程度にバランスして熱平衡が保たれていることを示している．そのため，HII領域からの放射は，連続波，輝線放射などについて比較的共通の性質を示す．

ここまで星間微粒子の存在は無視してきたが，多くのHII領域では，電離ガスからの放射として予想されるよりも強い赤外線連続放射が観測され，星間微粒子が存在することがわかる．HII領域内に星間微粒子があると，電離光子の一部を吸収するのでHII領域の構造に影響を及ぼす（4.6.1節を参照）．

4.2.4 銀河系内の分布

HII領域までの距離は，測光学的手法ないし，運動学的手法によって求めることができる．前者は電離源である星のみかけ等級と，スペクトル型から決まる絶対等級とを比較することで求める方法である．ただし星間減光を推定して補正する必要がある．

運動学的手法では，HII領域が放射する電波再結合線や，HII領域の背後にある分子ガス放射に対するHII領域の吸収線の観測から，HII領域の視線速度を求める．一方，オールト定数[*4]（第5巻2章参照）で決まる銀河回転速度でHII領域が銀河径内を回転していると仮定すれば，HII領域の銀経と，求められた視線速度から，HII領域までの距離および銀河系中心からの距離が求められる（太

[*4] オールトは銀河系の回転は，銀河系中心周りの円運動で近似できることを示し，その回転速度の中心からの距離による変化をオールト定数と呼ばれる定数を含む近似式で表した．

76 第 4 章 電離ガス

陽よりも内側にある H II 領域では距離は一意には決まらないが，その他の状況証拠もあわせて求める）．このようにして得られた H II 領域の距離と方向から，銀河系内での H II 領域の分布図を作ると，H II 領域が銀河の渦状腕に沿って分布していることがわかる．系外銀河でも，H II 領域からの赤い Hα 輝線が，青白い大質量星集団と同様に渦状腕に分布するのが可視光域の写真でよくわかる．

H II 領域のカタログには，シャープレスカタログ，リンズカタログ，RCW カタログなどがある．

4.3 コンパクト H II 領域

4.3.1 H II 領域の分類とコンパクト H II 領域

H II 領域の観測は，空間分解能の向上の歴史と密接に結び付いている．初期には可視光でも光っているような大きなサイズの H II 領域の観測が盛んだったが，電波干渉計や赤外線観測の発展に伴って，より小さなコンパクト H II 領域が見出されるようになった．H II 領域を主として大きさによって分類したのが表 4.1 である．これらのうち，コンパクトな H II 領域から通常のものにかけては 1 個から数個の電離星によって作られた H II 領域であり，超巨大 H II 領域はほとんどが系外銀河でも観測されているような多数の OB 型星で励起された H II 領域である．

この H II 領域のさまざまな大きさは，単に電離源となっている星の温度や数だけでなく，H II 領域が動的に進化することとも関係している．H II 領域は，大質量星が生まれ紫外線放射を始めた段階で形成される．この段階では，大質量星は密度の高い分子ガス中にあり，H II 領域は小型で高密度なものになる．極超コンパクトおよび超コンパクト H II 領域は，このような，H II 領域の初期段階を見ている可能性がある．後述するようにこれが膨張していって，より大きなコンパクト H II 領域や通常の H II 領域へと進化する．やがて大質量星がその一生を終えて紫外線放射が行われなくなると，H II 領域もまた消失する．

干渉計を用いて電波連続波などでコンパクト H II 領域を観測すると，図 4.4 に示すように，彗星状，コア・ハロー状，シェル状（球殻状），複数のピークを持つもの，球形（あるいは未分解）などさまざまな形が見られる．1980 年代から

表 4.1 H II 領域の分類（Habing & Israel 1979, *Ann. Rev. Astr. Ap.*, 17, 345 および Kurtz 2002, *Astrophys. Space Sci.*, 267, 81 を参考に作成）．

分類	電子密度 (cm^{-3})	サイズ (pc)	エミッションメジャー ($cm^{-6}\,pc$)	ガス質量（電離成分）($M_\odot$)
極超コンパクト	10^6	< 0.05	10^9	10^{-3}
超コンパクト	> 3000	< 0.15	$>10^6$–10^7	10^{-2}
コンパクト	> 1000	0.1–1.0	$> 10^6$	1
高密度	100–3000	0.15–10	1×10^4–3×10^6	10
通常	~ 100	1–30	5×10^2–1×10^5	10–500
巨大	3–50	10–300	$< 5 \times 10^5$	500–5×10^6
超巨大	10	> 100	$< 1 \times 10^5$	10^6–10^8

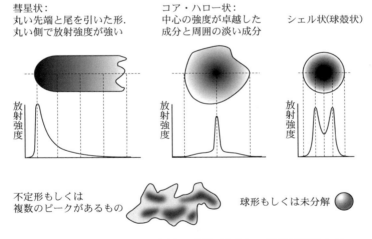

図 4.4 コンパクト H II 領域の形態（主として電波連続波などによる．Wood & Churchwell 1989, *ApJ Suppl.*, 69, 831 の図を改変）．

1990 年代にかけて，これらの形状の成因についての研究が理論・観測両面から進められた．たとえば，彗星状の形態には特に関心が持たれ，シャンパン流が原因であるという考え方や，雲の中を大質量星が移動していることによる弓なり状衝撃波を見ているという考え方などが提案されたが，まだ統一的な理解には至っ

78 | 第 4 章 電離ガス

ていない.

4.3.2 HII 領域の膨張過程

では HII 領域の膨張はどのように起こるのだろうか. いま, 一様に十分な範囲まで広がった数密度 n_{H_2} の水素分子ガスの中に大質量星が生まれ, 紫外線放射を始めたとしよう. このとき, 紫外線はまず水素分子 (H$_2$) の解離に使われ, ついで生じた水素原子の電離に使われる. こうして電離領域を形成する. 最初は, HII 領域はストレームグレン半径よりずっと小さく再結合量が低いので, HII 領域の電離境界 (電離フロント) は, 球形のまま急激に外側に広がっていく. これが HII 領域の膨張の第 1 段階である. ここでは, HII 領域の内外で, 水素の原子数密度がほぼ一定のまま進行するため, 第 1 段階の電離フロントの進行のみで達し得る電離領域の大きさは, 密度 n_H におけるストレームグレン半径 R_1 である.

第 1 の膨張で形成した HII 領域内では, 水素原子数は星間物質のときとあまり変化していないので, 全粒子数密度で見ると HII 領域外部に対し (外部の主成分が中性水素原子ならば) ほぼ倍増している. さらに, HII 領域内部のガスは, 紫外線吸収によって温度が上昇している. このため HII 領域内部の圧力は外側の星間物質に対してずっと高く非平衡状態にあり, HII 領域は圧力増に伴う膨張という第 2 段階を迎える. ここでは電離フロントのすぐ外側に衝撃波面を形成して膨張が進行し, 最終的には, 電離ガスと周りの中性ガスとが圧力平衡に至る. 終状態における HII 領域の半径は, ざっと初期のストレームグレン半径 R_1 の 100 倍まで広がる.

O7 型の主系列星が密度 $5 \times 10^4 \, \mathrm{cm}^{-3}$ の一様水素分子ガス中に形成したとき, 最初の電離フロント膨張のタイムスケールは数十年であり, この膨張で至る半径 R_1 はおよそ 0.03 pc である. これが第 2 段階の膨張で終段階の 2 pc 程度まで広がるのにかかる時間は数百万年程度である. また, 電離領域が超コンパクト HII 領域である ($r \leqq 0.1 \, \mathrm{pc}$) 期間はざっと数万年と見積もられる. この値は, O 型星の寿命の数% に過ぎない.

4.4 光解離領域

4.4.1 光解離領域（PDR）とは

13.6 eV より高エネルギーの電離光子が H II 領域を形成することはすでに述べた．それより低エネルギーの非電離光子（遠紫外線）は H II 領域の外側の中性原子・分子ガス領域まで到達し，分子を励起・解離したり，水素原子より電離エネルギーの小さい原子（炭素など）を電離する．このような H II 領域と分子雲の境界領域を光解離領域（PDR; photo-dissociation region）という．PDR では，非電離光子がエネルギー収支と化学反応において支配的となり，星間ガスの物理・化学状態が大きく影響を受ける．紫外線を豊富に供給する OB 型星は，密度の高い分子雲内で形成されるため，PDR は H II 領域の周辺に一般的に見られる領域である．

分子のエネルギー状態としては，電子，振動，回転の軌道運動の三種類が存在する．基底準位からの励起エネルギーは電子，振動，回転の順番で低くなり，そのスペクトル線は，それぞれ紫外線から可視光，赤外線，ミリ波からサブミリ波の波長帯でおもに見られる．PDR ではこれらの波長帯で水素分子や一酸化炭素を始めとするさまざまな分子からの輝線や吸収線が観測されている．

PDR の物理・化学状態を特徴付ける重要な物理量は，遠紫外線放射の強度 G_0 とガスの個数密度 n である．太陽系近傍での G_0 の値（$1.6 \times 10^{-3} \, \mathrm{erg \, cm^{-2} \, s^{-1}}$）に比べて，大質量の星が生成されている領域の近傍では，この値の 10^4–10^5 倍に達する．そのような星の放射を受けてできる PDR の模式的な構造を図 4.5 に示す．図の横軸は電離波面からの幾何学的な距離ではなく，A_V である．A_V は，可視光（V バンド）に対する吸収量を等級の単位で表したものである（詳しくは 6 章を参照）．PDR のモデルの重要なパラメータである遠紫外線強度の変化は，減光量を使って表される．

4.4.2 PDR の種類

PDR は大きく分けて次の三つに分類される．

（1）高温度の原子ガス領域: PDR の比較的表面付近（$A_\mathrm{V} = 1$–3）では，ガスの温度が 100–1000 K で，重元素の原子（O^0）やイオン（C^+, Si^+, Fe^+ など）

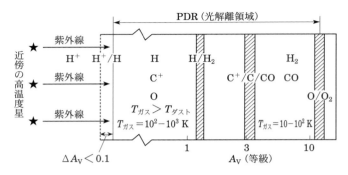

図 4.5 光解離領域の模式図．左側に紫外線放射源，右側に分子ガス雲が存在する．横軸は電離波面から測った V バンドでの減光量 (A_V) で，斜線の帯は左から水素，炭素，酸素の解離・電離領域を示している (Hollenbach & Tielens 1997, *Ann. Rev. Astr. Ap.*, 35, 179)．

が放射エネルギーの主成分である．この領域には水素分子 (H_2) の解離帯が存在する．H_2 は，ライマン–ワーナー (Lyman–Werner) 帯 (波長 91–110 nm) の遠紫外線により，電子励起状態になり，10–15% が解離される．H_2 はおもに星間微粒子の表面上で再生成される．つまり，PDR は H_2 の解離と生成が絶えず起きている領域といえる．

残りの 85–90% の H_2 は電子基底状態に戻り，振動回転遷移および純回転遷移の線スペクトルを赤外域の波長帯で放射する．ただし，分子ガスの密度が $10^4\,\mathrm{cm}^{-3}$ 以上の領域では H や H_2 との衝突逆励起により周辺ガスの加熱過程として重要な役割を果たす．

(2) CO 解離・C^0 電離領域: 分子雲のさらに内部 ($A_V = 3$–4) では，$CO \rightleftharpoons C + O$ の解離と $C + h\nu \rightleftharpoons C^+ + e^-$ の電離が顕著な過程になる．CO の解離と C^0 の電離が同じ領域に存在しているのは，CO の解離エネルギー (11.1 eV) と C^0 の電離エネルギー (11.3 eV) がほぼ同じためである．

(3) 低温分子ガス領域: 分子雲のさらに奥側 ($A_V \geqq 4$) では，ガスの主成分は分子となり温度は 10–100 K まで下がる．酸素は水素や炭素に比べて，$A_V =$ 5–10 まで解離された原子状態にある．これは，O_2 は解離エネルギー (5.1 eV) が低く，また生成反応率が低いためである．

4.4.3 PDR からの放射スペクトル

PDR からの代表的な放射スペクトルとしては，上で述べた近・中間赤外線帯の H_2 輝線のほかに，[C II] $158\,\mu m$, [O I] 63 および $146\,\mu m$, [Si II] $35\,\mu m$, [Fe II] 26 および $35\,\mu m$, [C I] 370 および $609\,\mu m$ の微細構造遷移線や CO の回転遷移輝線などが，遠赤外線からサブミリ波の波長帯に存在する．理論モデルでは，基本パラメータ G_0 と n の違いにより，これらの輝線強度や強度比を計算し，観測結果と比較して PDR の物理・化学状態を解明している．PDR の代表的な領域としては，オリオン大星雲のブライトバー（bright bar）と呼ばれる領域が挙げられる．ブライトバーは PDR をほぼ真横から観ているため，モデル計算結果（図 4.5）と直接比較することができ，理論・観測ともに研究の多い天体である．図 4.6（上）は PDR の断面の観測結果の一例で，図 4.5 のように，電離波面側から分子雲側にかけて，H II 領域からの電波の自由–自由放射（波長 21 cm の電波），H_2 の紫外線蛍光放射および分子雲からの CS 輝線のピーク位置が移動していることがわかる．

またより詳しい理論モデル計算で，非一様な密度構造をもつ分子雲中の PDR の領域の時間変化が調べられている[*5].

PDR の応用として，紫外線の代わりに X 線放射が分子ガスの解離・励起の主因となる領域を X 線解離領域（XDR）という．この領域は活動銀河の中心核から放射される近赤外域の H_2 や [Fe II] 輝線の起源として，衝撃波に伴う衝突励起，紫外線による蛍光放射に次ぐ三つ目の励起機構と考えられている．

4.5 惑星状星雲

4.5.1 歴史

惑星状星雲（planetary nebula, PN; 図 4.7，83 ページ）は 1764 年にメシエ天体として初めて観測され（M 27），1784 年出版のメシエカタログに 4 天体が掲載された．これらの星雲は当時の望遠鏡では緑がかった惑星状に見えたため，ウィリアム・ハーシェルにより「惑星状」星雲の名が与えられた．初めての分光観測は 1864 年にハギンスにより行われ，$H\beta$ 輝線が同定された．星雲の輝線発

[*5] 例: ベルトルディとドレイン（Bertoldi & Draine）.

第 4 章 電離ガス

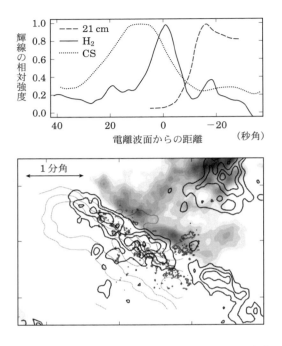

図 4.6 ブライトバーに垂直な線上の 21 cm 連続波，水素分子 H_2 輝線および CS 分子輝線の分布（上）(van der Werf et al. 1996, Astr. Ap., 313, 633)) と，その断面図のもととなる強度分布図（下）(Felli et al. 1993, Astr. Ap. Suppl., 98, 137). 上の断面図は，電離波面からの距離を左下方向が正の値となる座標として表している．各グラフの線は，電波 21 cm（破線），水素分子 H_2（実線），および CS 分子（点線）である．

光エネルギーが近傍星によって与えられるという発想は，1791 年までにはハーシェルによってすでに出されていた．しかし，その証拠が示されたのは，ハッブルによって中心星光度と星雲の大きさに相関関係が確認された 1922 年である．
　その後メンゼル（1926）やザンストラ（1927）によって水素とヘリウムの輝線は星雲が光電離した後の再結合によることが理論的に示された．その後ラッセルら（1927）やボーウェン（1928, 1935）により，その他の輝線は酸素や窒素等の禁制線であることが確認され，また蛍光発光が起きていることもわかった．これらの輝線は星雲の有効な冷却機構として認識され，中心星温度が高くても星

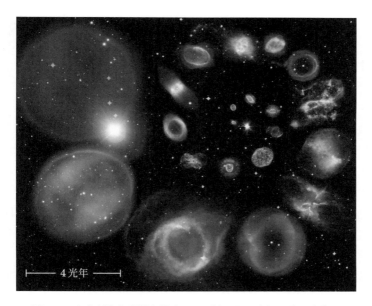

図 **4.7** さまざまな形態を見せる 22 個の PN をほぼその実際の大きさ順に並べたコラージュ．左下のスケールが 4 光年に対応．それぞれの PN に対する距離見積もりは Hα 面輝度–半径関係（フルーら 2016, *MNRAS*, 455, 1459）による（ESA, NASA, & ESO; Ivan Bojičić, David Frew, & Quentin Parker）．

雲電子温度は比較的低く抑えられている（$\lesssim 20000\,\mathrm{K}$）ことが示された．

4.5.2 成因とその特徴

PN は初期質量 $\sim 0.8\text{–}8\,M_\odot$ の小中質量星が進化したものである．主系列でのコア水素燃焼，赤色巨星分枝（red giant branch, RGB）でのシェル水素燃焼，水平分枝でのコアヘリウム燃焼を経た後，漸近巨星分枝（asymptotic giant branch, AGB）において，シェル水素燃焼とシェルヘリウム燃焼が交互に起き，いわゆる熱パルス核燃焼が始まる．すでに巨星として膨張し，重力不安定な星表面で起きる脈動により，表面物質が星の重力場を離れていく．星表面から放出された物質は星から離れていくにつれ冷却が進み，電離ガスは中性・分子ガスになり，最終的に固体微粒子（ダスト）が凝縮する．中心星の放射圧が星周ダストを押し，それによってガスが引きずられると定性的に理解されるダスト恒星風駆動

メカニズムは，いまだ物理機構として定量的に解明されていない．この質量放出により中心星の外層部分が剥ぎ取られ，星周空間にダストに富む星周殻が形成される．また，各巨星分枝期に星内部で起きる対流により，核反応生成物が星内層から外層に汲み上げられ，星表面の金属量が増加する．特に AGB 期には，炭素や遅い中性子捕獲過程（s 過程）により生成される重元素の量が増加する．

　質量放出は中心星の外層がほぼなくなると終了し，縮退した炭素・酸素が主成分のコア部分が残される．中心星コアはその後ほぼ一定光度で収縮しながら表面温度を上げ，やがて白色矮星（white dwarf，WD）となる．この過程において，中心星の放射スペクトルの短波長（特に紫外線）成分が増加するのに伴い，質量放出された星周殻物質が電離されることによって PN が生まれる．WD の平均質量は ~ 0.6–$0.8\,M_\odot$ であると理論と観測の双方で確認されており，小中質量星初期質量の 4 割から 8 割が星周空間へ質量放出されることになる．小中質量星は星間物質の主要な供給源であり，ダスト駆動質量放出は星間物質を生成する重要な物理・化学機構である．したがって，小中質量星の星周殻物質の組成解析により，恒星進化に伴う核反応元素合成と，質量放出を介した星間物質の化学進化の知見を得ることができる．

4.5.3　さまざまな形態

　質量放出は AGB 末期に終了するが，続く原始惑星状星雲（proto-PN，PPN）期においてもダスト星周殻は AGB 恒星風の速度 10–20 km s^{-1} で拡散を続けるため，中空構造が形成される．やがて星周物質の電離とともに PN 期が始まると，低密度で高速（~ 1000 km s^{-1}）な恒星風（fast wind）が駆動され，これが AGB 恒星風と相互作用することでさらなる PN 構造形成を促進する．このメカニズムは相互作用恒星風理論（ISW）として広く認知されている．そもそもは AGB 風に軸対称構造（赤道面上のダスト密度超過）が仮定されていたが，PPN の可視・中間赤外撮像サーベイにより，AGB 末期までに星周殻内に赤道面上のダスト密度超過が発生していることが確認された．しかしながら，その原因はまだ解っていない．とはいえ，AGB 期のダスト駆動恒星風が星周殻を形成し，ISW 相互作用が星周殻の構造発達を促進し，電離前線の伝播とそれに伴う電離ガスの膨張によって星雲構造が動的進化することは球対称 1 次元流体輻射輸送

計算により示されている.

PN の構造は双極, 楕円, 円, 点対称に大別される. 双極構造形成が連星系か磁場によるかの議論が 1990 年代から繰り広げられていたが, 近年連星系によるという認識に収束しつつある. メカニズムはどうあれ, 双極・楕円構造の差は, PN 内にある AGB 恒星風の名残りである赤道面上の密度超過による自己減光の度合いの違いでおおよそ説明できる. また近年の遠赤外線観測により, PN とその周辺の星間物質の相対速度が大きい場合, PN と星間物質の境界に相互作用による衝撃波面のような構造が観測されている. いずれにせよ, PN を拡散しつつある星周殻と考えれば, 電離ガス輝線を観測すればその動的進化をたどることができる. 光学的に薄い PN を充分な波長分解能で観測すれば, 電離ガスの膨張運動はドップラー効果のため我々に近づく部分（青方偏移）と遠ざかる部分（赤方偏移）を 2 つの輝線ピークとして分解でき, その差の半分を膨張速度 $v_{\exp}$ と定義すると, PN はおおよそ $v_{\exp} = 15\text{--}30\,\mathrm{km\,s^{-1}}$ で膨張していることがわかる. 2 次元分光データがあれば, 位置–速度図から電離ガス膨張運動のさらに詳しい示唆が得られる.

形態学的な差はともかく, PN の基本構造は WD である中心星の周りに中空な星雲が拡がり, 動径方向に密度・温度が減少していくという単純な多層構造である. 中心星周りの中空部には低密度高電離ガスが充満し, X 線が検知される例もある. X 線は中心星から点源として受かる事例もあり, その場合は未確認の伴星との相互作用に起因すると解釈されている. 中空部を取り囲む星雲内縁部は電離領域であり, 中心星からの放射強度がその大きさ（電離限界）を決定する. この電離領域が可視輝線撮像で一番明るく輝いて見える部分であり, 一般的に PN と認知される部分である.

しかし PN は電離領域だけではない. 電離限界の外側には中性ガスが主成分の光解離領域が続き, さらにその周りには分子ガス領域が存在する. その外側にはもう一層中性ガスの光解離領域がある. この最外層の光解離は星間放射場が星雲の外側から侵入することによって起きている. この電離限界の外側の領域は, 近・中間赤外の多環芳香族炭化水素（PAH）輝線, 中間赤外の水素分子輝線, シリケイトダストフィーチャー, 遠赤外の微細構造遷移禁制線や CO 分子輝線, さらには赤外全般や電波でのダスト熱放射連続線で探査できる. また, 長時間露光

第 4 章 電離ガス

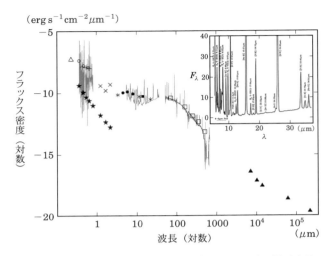

図 4.8 PN の多波長スペクトルの例（NGC 6781）．星雲全域に対して行った広帯域測光（GALEX/白三角，INT/白丸，NTT/十字，UKIRT/×字，WISE/アスタリスク，Spitzer/黒丸，ISO/黒四角，Herschel/白四角，電波/黒三角．中心星/黒星も抽出）と分光（WHT/ISIS, Spitzer/IRS, Herschel/PACS, Herschel/SPIRE．該当波長域を図中に示してある）データをプロット．右上の挿入図は中間赤外波長域の PAH 輝線，水素分子輝線，電離ガス輝線とダスト連続波を拡大したもの（大塚ら 2017, *ApJS*, 231, 22 から引用）．

広視野撮像により，低電離輝線が淡く拡がるハローとして検知される例も増えた．したがって，PN の観測は可視輝線のみではもはや何も完結せず，多波長観測が必須となっている（図 4.8）．いろいろな経路による多波長の放射エネルギーは，中心星の放射と高電離領域からの輝線でおおよそ賄われている．したがって，PN は天文学に出てくる輻射輸送の事例を（超高エネルギーを除いて）ほぼ網羅しているといっても過言ではない．

4.5.4 惑星状星雲の分布

ある見積もりによれば，銀河系には 60000 の PN が存在するといわれている．1918 年にカーティスにより初めて発表された PN に特化したカタログには 78 天体掲載されていた．それが 1967 年のペレクとコホウテクによる銀河系内 PN

カタログでは 1063 天体に増えた．2016 年に編纂された HASH カタログには 3563 天体掲載されている．銀河系内の PN 分布を知るには，距離が必須である．しかし，PN 中心星の距離同定はいまだに困難をきわめる．PN 距離の推定には，PN サイズ，電子密度，温度などと電波強度または可視輝線強度との間に成り立つ関係式に基づいた統計的・経験則的な手法が用いられることが多い．たとえば，5 GHz の電波強度 $S_{5\,\mathrm{GHz}}$ [Jy] と視直径 θ 秒角の観測量から，距離 D [pc] を

$$\log D = a - b \log \theta - c \log S_{5\,\mathrm{GHz}} \tag{4.8}$$

と求めたり，PN の Hα 面輝度と星雲半径の関係を使い，Hα フラックス・見た目のサイズと減光量から距離を推定したりできる．

PN は，銀河系中心から 8 kpc ずれた太陽系からみて，銀河系中心方向（$\ell \simeq 0°$）に集中し，銀河系円盤部（$b \simeq 0°$）におもに分布している．距離を導入して実際の分布を調べると，たしかに銀河系中心方向に集中している．円盤上の分布は，種族 I の星が占める約 300 pc の円盤よりやや厚く，ほぼ 500 pc 程度の厚さである．中心星のコア質量で分けた分布をみると，重い中心星の PN がより銀河面上に集中して分布している．また，双極と楕円構造に分けて見ると，双極 PN がより銀河面上に集中して分布している．これが双極 PN の初期質量は楕円 PN の初期質量よりも重いといわれるゆえんである．さらに，PN 分光から直ちに分かる元素組成を用い，銀河面上における金属量分布を調べることにも利用されている．

4.5.5 銀河系外にある惑星状星雲

PN 期は小中質量星がその一生でもっとも明るくなる期間であり，遠方銀河においても観測に適した天体である．個々の PN の視線速度から，母銀河までの距離指標としてだけでなく，母銀河の恒星空間運動や動力学をも調査可能である．

バーデ（1955）がパロマー天文台分光サーベイによりアンドロメダ星雲（M 31）に 5 つの PN を発見して以来，天の川銀河が属する局所銀河団内の近傍銀河においても天体位置と視線速度，輝線強度比図を使った同定法により数多くの PN が検出され，いて座矮小銀河（26 kpc）には 3 天体（ゼールストラら 2006），大マゼラン星雲（51 kpc）に 760 天体（レイドとパーカー 2010），小マゼラン星雲（61 kpc）に 104 天体（ドラシュコヴィッチら 2015），アンドロメダ

星雲（785 kpc）に 2766 天体（ジャコビーら 2013）が確認されている．また，局所銀河団以外の銀河にも多数の PN が存在しており，たとえば，NGC 5128（3800 kpc）では 1267 天体が確認されている（ウォルシュら 2015）．

　系外 PN を研究することの最大のメリットは，距離の誤差が系内 PN に比べて小さいことである．すなわち，中心星光度とコア質量，年齢，星雲質量など，個々の PN の起源や性質，その進化を知る上で欠かせない物理量を観測データから精度よく見積もることができる．こうした利点から，系外 PN は天の川銀河と異なる金属量環境下における恒星進化理論モデルの構築のみならず，母銀河における金属量分布の時間発展史の理解のために研究されている．近年では，マイクスナーら（2006 と 2010）によるスピッツアー宇宙望遠鏡とハーシェル宇宙天文台を使った大小マゼラン星雲における物質循環サイクルの研究も行われた．

4.6　放射スペクトル

　H II 領域や惑星状星雲などの電離ガス領域から放射されるスペクトルは，連続光と輝線成分に分類され，X 線から電波にわたる幅広い波長帯で観測されている．

4.6.1　連続光成分

　星間ガスからの連続光成分には，非熱的過程によるものと熱的過程によるものがある．前者は，電子が星間磁場中を相対論的速度で運動する際に放射するシンクロトロン放射であり，強い磁場をともなう天体に付随した放射である（7.2 節参照）．

　熱的な過程による連続光成分としては，電離ガスの熱運動によって放射または吸収される過程で起こる以下の四つの寄与が重要である．

（1）　自由–自由および自由–束縛遷移の連続スペクトル

　電離ガス中の自由電子は，陽子やイオンとの間でいわゆるクーロン衝突を繰り返しており，衝突時の電子の加速運動のために電磁波を放出する．この過程で出てくる電磁放射が，自由–自由放射（制動放射）と呼ばれている．このような放射は遠赤外線を除く赤外線から電波の領域にかけて H II 領域の主要な連続光成分となる．

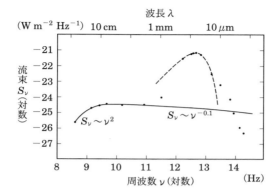

図 **4.9** H II 領域 W3 の電波–赤外線スペクトル (Williams 1974, IAU Symp., 60, 259).

それに対して，自由電子が陽子やイオンのエネルギー準位に落ち込む場合は，中性水素やイオンの電荷が減って再結合が行われる．そのときも自由電子の運動エネルギーと束縛される励起エネルギーの準位との差に相当する光子が放射されるので，連続スペクトル成分をもつ．

電離領域ではこのように再結合した原子やイオンは，その後高いエネルギー準位から基底準位まで落ちていく過程でもいわゆる再結合線を放射する．この再結合線は，多くは赤外線や可視光で照射される（4.8 節参照）．一般に，可視・赤外域では，再結合線などの輝線スペクトルに比べると連続光成分のエネルギー流束は小さい．しかし，高温度星からの強い紫外線によって電離された H II 領域では，可視光領域で自由–束縛遷移の連続光成分も顕著になる．水素原子からのバルマー端波長 364.6 nm より短波長側のバルマー連続光や長波長側のパッシェン連続光成分と中心星の連続光成分が見られる（図 4.11 を参照）．

図 4.9 は，W3 と名付けられた H II 領域の電波から近赤外線波長域にかけて観測されたスペクトルである．このように電波域の連続スペクトルは，電離ガスの自由–自由遷移による連続スペクトル（$\nu^{-0.1}$ に比例する成分）と，H II 領域をつくっている若い星の放射で暖められた星間微粒子の非常に強い熱放射が主となる（星間微粒子の熱放射については次の (3) で説明）．なお，10^9 Hz より低周波数帯の電波域では光学的な厚さが大きくなり，黒体放射に近づくため周波数 ν の 2 乗（ν^2）に比例するようになる．

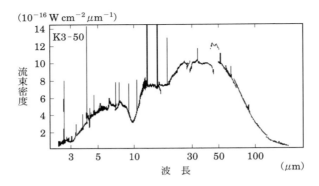

図 4.10 コンパクト H II 領域 K3–50 の赤外線スペクトル (Peeters *et al.* 2002, *Astr. Ap.*, 381, 571).

(2) 2光子連続スペクトル

中性水素原子の準安定準位 $2\,^2S$ から基底状態 $1\,^2S$ への遷移はパウリの排他律により強く禁止されているが,中間準位を介した2光子放出によって遷移が可能になる.この遷移では,中間準位の移動によって連続光が放射される.この遷移確率は $A_{2\,^2S\to 1\,^2S}=8.23\,[\mathrm{s}^{-1}]$ で,水素原子が光電離される確率 (10^{-4}–$10^{-8}\,\mathrm{s}^{-1}$) より十分に高い.この放射は波長 364.6 nm のバルマー端付近での寄与が大きい.

(3) 星間微粒子の熱放射

遠赤外線波長帯では星間微粒子の熱放射スペクトルが支配的になる.星間微粒子の温度としては,300 K 程度の暖かい成分と 50 K 程度の比較的冷たい成分があることが知られている.これは電離ガス中に,大量の低温の星間微粒子が混在していることを示し,H II 領域が生成される際,星間微粒子が蒸発や破壊されることなく残っていることを意味している.しかし,励起星からの強い紫外線により,星間微粒子の蒸発や破壊が進むため,励起星の年齢が若い H II 領域で遠赤外線放射が強い傾向が見られる.図 4.10 は H II 領域 (K3–50) の赤外域スペクトルで,連続的な成分は星間微粒子からの熱放射,細いピークの成分は電離ガスからの許容線と禁制線スペクトルである.

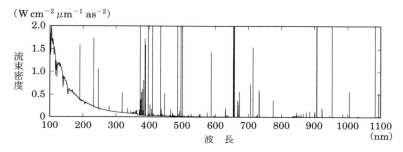

図 4.11 オリオン星雲（M 42）領域の紫外線から可視域にかけてのスペクトル（ハッブル望遠鏡データベース，http://www.stsci.edu/hst/observatory/cdbs/cdbs_galactic.html）．

4.6.2 輝線成分

電離ガスの放射スペクトルとして，輝線成分がもう一つの重要な要素である．輝線成分はさらに許容線と禁制線に分けられる．許容線は，中性原子の電離に続く再結合線として形成され，カスケード的に線スペクトルを放射する．再結合は大部分がエネルギーの低い準位でおこなわれるため，可視光から赤外線域で輝線スペクトルとして観測される．エネルギーの高い準位，つまり主量子数 n が 50 を超える準位では，電波の波長域で再結合線が放射される．

一方，電離ガスで観測される可視域での輝線スペクトルとしては，禁制線が主要成分である．可視域の禁制線は 4.7 節で，また再結合線は 4.8 節でそれぞれ詳しく説明される．

図 4.11 は H II 領域（オリオン星雲）の紫外線から近赤外線の波長域のスペクトルで多数の輝線成分が見られる．

輝線の強度は，視線に沿った単位距離あたりの放射率を積分することで求められ，次の式で表されるエミッションメジャー EM（Emission Measure）と呼ばれる量に比例する．

$$EM = \int_0^L n_e n_p dl. \tag{4.9}$$

ガスの密度が一様な電離ガスの場合，EM は $n^2 L$ [cm^{-6} pc] になる．した

がって，EM の値は，視線に沿った電離領域の広がり L をもちいて，電子密度 n_e を計算することにも利用できる．銀河系の O 型星の周りの H II 領域の場合，典型的な EM は 10^3–$10^4\,[\mathrm{cm^{-6}\,pc}]$ であるので，10 pc 程度の広がりを持つ H II 領域の場合，電子密度は 10–30 $\mathrm{cm^{-3}}$ 程度と計算することができる．

4.7　光学域の禁制線

複数の陽子と中性子とからなる原子核をもつ原子は，陽子の数に対応する電子をもつ．この原子からの放射は，最外殻に配置された複数の電子の励起状態からの遷移によって生ずる．ところが，電子密度がある臨界密度より小さいと，原子の最外殻電子は，自由電子との衝突により，許容エネルギー準位に比べてエネルギー差の小さい準安定状態の準位に励起される．そして，低い電子密度のため衝突逆励起の確率も非常に小さくなり，衝突励起された電子は長い時間準安定準位に停まることになる．次の 4.7.1 節で示す選択則により，この準位からの通常の電気二重極子としての遷移は禁止されるが，確率が非常に小さいものの，磁気二重極子，電気四重極子としての放射性遷移が起こる．この遷移によって生ずるスペクトル線が禁制線である．

4.7.1　量子化と選択則

最外殻軌道に配置された電子によってきまるエネルギー準位は，主量子数 n, 軌道角運動量量子数あるいは方位量子数 ℓ, スピン量子数 s, 全角運動量量子数 $j = \ell + s$ によって量子化され定義されているが，複数の電子が配置されている場合，それぞれの電子について量子数の和をとり，LS 結合によって表すことができる．

複数の電子の場合，$L = \sum \ell$, $S = \sum s$, $J = \sum j$, $J = L + S$, および，多重度 $= (2S + 1)$ と定義される．$L = 0, 1, 2, 3, \cdots$ に応じて，エネルギー準位は，S, P, D, F,$\cdots$ の名称がついている．一般に，次のような場合の例について説明しよう．また，記号の意味を添えておく．

$$2p^3\ {}^4\mathrm{S}^{\mathrm{o}}_{3/2}$$

2	最外殻電子についての量子数
p^3	$l = 1$ の状態にある，3 個の最外殻電子
4	多重度 $= 4$，つまり，スピン量子数 $S = 3/2$
S	軌道角運動量 $L = 0$
3/2	$J = 3/2$，したがって統計的重み $g = 2J + 1 = 4$
°	エネルギー準位が odd（even であれば省略，この例では 1+1+1 で奇）

このような記号で表されるエネルギー準位間の遷移には，以下のような選択則が存在する．

(1) $\Delta J = 0, \pm 1$（ただし，$J = 0$ から $J = 0$ へは禁止）

(2) $\Delta S = 0$

(3) $\Delta L = 0, \pm 1$（ただし，$L = 0$ から $L = 0$ へは禁止）

(4) パリティ（$\sum \ell$ の偶・奇）は変化しなければならない．

この選択則に従わない遷移によって生ずるスペクトル線が禁制線とよばれるものである．イオン記号を [ ] で囲んであるのが，禁制線であることを表す．

4.7.2 禁制線を生じる遷移の例

実際に，電離ガスに関連して，代表的禁制線の例を次の図 4.12 に示しておこう．また，これらの遷移の詳細を次の表 4.2 に示す．赤外域や電波域の例も含まれている[*6]．

最初の 4 種のイオン，[O III], [N II], [O II], [S II] は，H II 領域や惑星状星雲中に観測される代表例である．ガス星雲中で禁制線が重要な役割をはたすのは，一般にそれが光学的に薄く，比較的に星雲深部まで分光診断が可能であることによる．さらに，その輝線強度比から電子密度や電子温度あるいは化学組成についての情報が得られるからである．

次の C III] は，中間結合線（intercombination line）とよばれるもので，紫外域で [C III] 1907 とともに，重要な役割を演ずる輝線スペクトルである．一重項と三重項との間の遷移になり，他の項目は選択則に従うのだが，半禁制線とよば

[*6] もっと詳細な例については，D.E. Osterbrock 著，田村眞一訳『ガス星雲と活動銀河核の天体物理学』，東北大学出版会，2001，等を参照．

第 4 章 電離ガス

表 **4.2** 禁制線を生ずる遷移の例.

電子配置	イオン	遷移	J の変化	波長 [Å]
$2p^2$	[O III]	^1D–^1S	2–0	4363
		^3P–^1D	1–0	4958
		^3P–^1D	2–2	5007
	[N II]	^1D–^1S	2–0	5754
		^3P–^1D	1–2	6548
		^3P–^1D	2–2	6583
$2p^3$	[O II]	$^4S^o$–$^2D^o$	3/2–5/2	3728
		$^4S^o$–$^2D^o$	3/2–3/2	3726
		$^2D^o$–$^2P^o$	5/2–3/2	7319
		$^2D^o$–$^2P^o$	3/2–3/2	7329
$3p^3$	[S II]	$^4S^o$–$^2P^o$	3/2–3/2	4068
		$^4S^o$–$^2P^o$	3/2–1/2	4076
		$^4S^o$–$^2D^o$	3/2–5/2	6716
		$^4S^o$–$^2D^o$	3/2–3/2	6730
半禁制線	C III]	$2s2p\ ^3P$–$1s^22s^2\ ^1S$	1–0	1909
赤外域	[O III]	$^3P_2$–$^3P_1$	2–1	52 μm
		$^3P_1$–$^3P_0$	1–0	88 μm
電波域	H I	$1\ ^2S_{1/2}$		21 cm

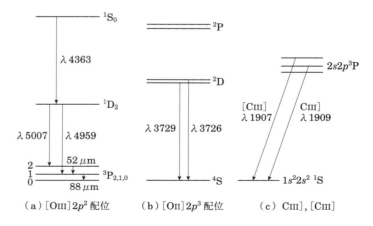

(a) [O III] $2p^2$ 配位　　(b) [O II] $2p^3$ 配位　　(c) C III], [C III]

図 **4.12** 禁制線のエネルギー準位の例.

れる．これらに加えてエネルギー準位差が小さく，赤外域で観測される禁制線もある．[O III] の基底状態，三重項の間の遷移によって生ずるスペクトル線である．

最後に，中性水素領域で重要な H I の 21 cm 線も付け加えておこう．これは，基底状態の超微細構造準位間の遷移によって生ずるもので，電子スピンの向きが変化することによる（2 章参照）．

4.8 再結合線

電離領域内では，電離後のイオンと電子が再結合する際に，基底準位だけでなく励起準位にも電子が入る．高い励起準位へ再結合すると，その後カスケード遷移と呼ばれる遷移が次つぎと起こって，紫外域から電波域までの広い波長範囲に，さまざまな再結合線が放射される（図 4.13 参照）．よく観測されるのが水素の再結合線であり，他にヘリウムなどの再結合線も観測される．たとえば，水素の再結合線は，ライマン α（紫外線），Hα，Hβ などのバルマー線（可視光），Paβ，Brγ などのパッシェン系列，ブラケット系列の輝線（赤外線域），さらに高励起準位間の遷移による電波再結合線（電波領域）などである（第 4 巻 4 章中のコラム「許容線と禁制線」に詳しい記述がある）．

水素原子の場合，電波域に対応する遷移は非常に準位の高いところでの遷移に

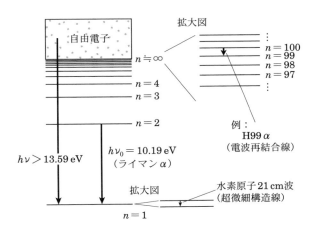

図 **4.13** 水素の再結合のエネルギー準位と遷移．

対応しており，電離領域のように，高励起準位に再結合が起こるような状況では
電波再結合線が観測される．これはヘリウム原子などでも同じである．このため
電離領域は電波再結合線が観測される重要な天体の一つとなっている．

　元素 X の原子ないしイオン内で，電子が主量子数 n_2 の準位より下の n_1 の準
位へ遷移するときに放射される再結合線は，元素名 X，イオン段階の分光学的表
記（II, III, $\cdots$），下位の主量子数 n_1，主量子数の変化 n_2-n_1 の順に並べて書く．
このとき，主量子数の変化 1, 2, 3, $\cdots$ に対して，ギリシャ文字の $\alpha, \beta, \gamma, \cdots$ を
対応させて表記する．また，分光学的表記は，中性原子の場合には付与しないで
よい．たとえば，水素原子の主量子数が 100 から 99 への遷移であれば，H99α，
1 階電離ヘリウムの主量子数が 130 から 128 への遷移であれば，He II 128β など
である．

　再結合線強度は，電子密度（n_e）とイオン密度（n_i）の積の視線方向積分であ
るエミッションメジャー $EM = \displaystyle\int n_e n_i dl$ に比例する．したがって再結合線強
度から エミッションメジャーを推定でき，電子密度の情報などが得られる．ま
た，電波域の再結合線強度は電子温度依存性も強いため，複数の再結合線強度の
比から電離領域の電子温度も推定できる．ただし電子温度の推定の際には実際の
電離領域が熱平衡からずれていることを考慮する必要がある．

　再結合線の利点の一つは，再結合線放射をしている電離ガスの運動に関する情
報が得られる点である．たとえば，電波再結合線の視線速度が観測できれば，銀
河系の回転運動を仮定することで電離領域までの運動学的な距離を求めるのに応
用できる．

　もう一つの利点は電離領域の減光を求める手法への応用である．すでに述べた
ように，再結合線は電波から紫外までの広い範囲に現れ，電子とイオンの再結合
とそれに続くカスケード遷移という共通の放射機構に起因する．そのため，各再
結合線強度は遷移確率などを通じて関係しあっている．また，その強度はすでに
見たようにエミッションメジャーと関連している．そこで，電波連続波や電波再
結合線の観測からエミッションメジャーを求め，電子温度を仮定できれば，赤外
線域の再結合線の強度を推定することできる．実際には，近赤外線域の再結合線
は星間物質などによる減光を受けて弱まっているので，逆にこのことを利用して
減光を推定できる．また，赤外線域の複数の輝線の観測された強度比を理論値と
比較することで，赤外線域のみで減光を推定することもできる．

4.9 化学組成

4.9.1 輝線強度と元素の組成比

電離ガス中の大部分の重元素は，恒星内部における核反応によって生成された
ものが恒星表面に運ばれ，星の不安定性に起因するガスの放出過程や超新星爆発
のような大規模な質量放出により星間空間に供給されたものである．その結果と
して電離ガス中の元素の存在量が決まってきたと考えられる．電離ガスの化学組
成または元素組成は，単位体積 [cm³] 中の原子・イオン等の個数や質量を水素の
値に対する割合として表し，水素 H やヘリウム He 等の再結合線スペクトル，炭
素 C，窒素 N，酸素 O，硫黄 S 等の禁制線スペクトルなどの観測から決定される．
一般に再結合線強度 I_r および禁制線強度 I_f は次のように表すことができる．

$$I_r = \int n_{\rm i} n_{\rm e} \alpha_r h\nu dl, \tag{4.10}$$

$$I_f = \int n_j A_{ji} h\nu_{ij} dl. \tag{4.11}$$

ここで，$n_{\rm i}$ はイオンの個数密度，$n_{\rm e}$ は電子の個数密度，α_r は再結合係数，$h\nu$
は再結合する準位間のエネルギー差，n_j は上の準位 j と下の準位 i の間の禁制
線遷移を生ずるとき，上の準位 j に停在するイオンの個数密度，A_{ji} は上の準位
j から下の準位 i への放射性遷移確率，$h\nu_{ij}$ は 2 準位間のエネルギー差である．
n_j は，放射性および衝突遷移過程を含む準位間の詳細平衡によって決まるが，
基底状態に停在するイオンの数 n_i に依存する．すなわち，

$$n_{\rm e} n_{\rm i} q_{ij} = n_{\rm e} n_j q_{ji} + n_j A_{ji}$$

によって求めればよい．ただし，q_{ij} は準位 i から j への（準位 i の粒子・衝突
粒子・単位体積・単位時間当たりの）衝突遷移割合である．

ヘリウムの化学組成は，電離領域では H がすべて H^+ になっている一方，He
は通常 He^0 ないし He^+ として存在することから，式

$$n(\text{He})/n(\text{H}) = n(\text{He}^0)/n(\text{H}^+) + n(\text{He}^+)/n(\text{H}^+) \tag{4.12}$$

から求めることができる．このとき，右辺の第 1 項と第 2 項は，上述の再結合
線を利用して，$I(\text{He\,I}\ 5876)/I(\text{H}\beta)$ や $I(\text{He\,II}\ 4686)/I(\text{H}\beta)$ 等の輝線強度比か

98　第 4 章　電離ガス

ら得られる.

　一方, 酸素 O の例を取り上げ, 禁制線を用いる場合を説明する. 酸素の化学組成は, 電離領域中での O の存在形態が主として O^0, O^+, O^{++} ゆえ, 次式によって求めることができる.

$$n(O)/n(H) = n(O^0)/n(H^+) + n(O^+)/n(H^+) + n(O^{++})/n(H^+). \quad (4.13)$$

ただし, 右辺の各項は, それぞれ酸素の禁制線輝線強度比, $I([O\,\textsc{i}]\,6300)/I(H^+)$, $I([O\,\textsc{ii}]\,3727)/I(H^+)$, $I([O\,\textsc{iii}]\,5007)/I(H^+)$ から算出される. 禁制線は再結合線とは異なり, 電離領域の中を通過する際にほとんど吸収を受けない (光学的に透明) ので, 比較的正確な化学組成を与えることができる.

4.9.2　電離ガス中の化学組成

　表 4.3 にこれまでの結果をまとめておく. 水素の個数密度の対数を 12.0 として, これと相対的に, ヘリウムその他の元素の個数密度を対数で表している. 最初の欄は, 元素記号, 第 2 欄は, 複数個の惑星状星雲サンプルについての平均値, 第 3 欄は, H\,\textsc{ii} 領域の代表例としてのオリオン星雲 (M 42 / NGC 1976) の化学組成である. 最後の欄に, 比較のために太陽の結果を併記した.

　まずはじめにヘリウムの結果について述べる. ヘリウムは比較的強い再結合輝線で, しかもほとんどの電離領域で観測されるため精度良くその化学組成を決定できる. ただし自己吸収が存在する場合, 複雑な電離構造を考慮しなければならず, 電離ガス模型を導入して他の輝線の観測結果を説明できるようにパラメータを変え, 繰り返し計算の結果を用いることになる.

　表 4.3 の結果は, 惑星状星雲, オリオン星雲, 太陽の間に, それほど目立った差はなく, $n(He)/n(H) = 0.10$ になっている.

　ヘリウム元素は恒星内部での核反応生成物であるから, 恒星が誕生と死を何世代か繰り返した後, 現在の値となっていると考えられる. 星がはじめて誕生した頃, つまり宇宙の初期における原始ヘリウム組成に比べて, どのような変化をしたのだろうか. 我々の銀河系内の H\,\textsc{ii} 領域や大小マゼラン雲中のヘリウム組成と酸素組成との関係から, 原始ヘリウム組成は, $n(He)/n(H) = 0.069 \pm 0.006$ と推定されている[7]. これに比べると表 4.3 によりヘリウムは増加したことがわ

---

[7] D.E. Osterbrock 著, 田村眞一訳『ガス星雲と活動銀河核の天体物理学』(東北大学出版会, 2001), p.235 から引用.

表 **4.3**　ガス星雲中の化学組成.

元素	相対組成の対数表示		
	惑星状星雲 （平均値）	オリオン星雲	太陽
H	12.00	12.00	12.00
He	11.04	11.00	10.99
C	8.85	8.52	8.56
N	8.11	7.76	8.05
O	8.62	8.75	8.93
F	4.6:	—	4.56
Ne	8.02	7.90	8.09
Na	6.05	—	6.33
S	6.99	7.41	7.21
Cl	5.19	5.15	5.5
Ar	6.40	6.7	6.56
K	4.85	—	5.12
Ca	4.92	—	6.36

かる．惑星状星雲の中心星の場合，ヘリウムは主系列，赤色巨星，AGB 星段階での核反応で生成される．これが対流によって星の表面まで汲み上げられて運ばれ，質量放出によって電離ガスとなったものである．このようなヘリウム元素量の増加は，高濃度化（enrichment）とよばれる．著しいヘリウムの高濃度化は，超新星残骸 SNR において見出されている．特にそのフィラメントと呼ばれる縞状の領域内では $n(\mathrm{He})/n(\mathrm{H}) = 0.47$[8]という値が導かれている．

　電離ガス領域，特に H II 領域のような大きな視直径をもつ天体に関しては，分光観測の際のスリット位置の選び方で輝線強度比の測定値が変化する場合がある．各位置での電離段階の違うヘリウム輝線の強度が異なることがあるためである．したがって，ヘリウム組成が H II 領域で違った値をもつと解釈するのではなく，ヘリウムの電離構造に起因して輝線強度が変化するためと解釈すべきと考えられる．このような効果のために，ヘリウム組成の測定値には数% 程度の誤差が含まれる．

---

[8] 同上，p.291.

最後に重元素，特に C, N, O の組成について述べておこう．太陽に比べて，惑星状星雲でもオリオン星雲でも，これらの元素組成には大きな差はないようにみえる．しかし惑星状星雲では，C, N がわずかに増加し，O は減少している．惑星状星雲の中心星は進化段階に対応して，その内部で CNO サイクル（第 7 巻参照）が起こっており，その生成物が対流によって星表面に汲み上げられる．第 1 段階の汲み上げは赤色巨星時代に起こり，He や C, N の増加をもたらす．第 2 段階の汲み上げは AGB 星の早期段階に起こり，特に He と N の増加をもたらす．しかし，これは比較的初期質量が大きい星（$\geqq 3M_\odot$）に限られる．第 3 段階の汲み上げはヘリウムフラッシュ後の AGB 星時（第 7 巻参照）におこり，He, C の増加につながる．

可視域では C の強いスペクトル線は存在しないため，人工飛翔体による大気圏外での紫外線域の観測が可能になるまで，C に関してその重要性は話題にならなかった．しかし現在では，紫外線域の観測から C 組成の結果は電離ガス領域の性質について大切な診断結果を与えている．$C/O \geqq 1$ となっている惑星状星雲の結果は，炭素 C の高濃度化が起こったことを示している．そして第 2 段階の汲み上げ効果がそれほど目立っていないことは，中心星の質量として小質量星が多数を占めることを物語っている．

第5章

超新星残骸と高温ガス

2章から4章では星間気体のうちで，低温の分子ガスと原子ガス，暖かい電離ガスについて学んだ．我々の銀河系の星間空間にはより高温（$\gtrsim 10^5\,$K）のガスが存在する．ここでは高温ガスについて学ぶとともに，それを産み出していると考えられている超新星残骸について論じる．

5.1 高温ガス

銀河系内には，超新星爆発によって加熱された高温の領域である超新星残骸（5.2節以下に詳述）以外に，広く分布した高温ガスが存在する．これは1960年代のロケット観測による宇宙X線背景放射の発見によって，初めて認識された．

5.1.1 軟X線背景放射

図5.1はROSAT（Röntgen Satellite）衛星（1990年打ち上げ）により観測された1/4 keVバンド（上），3/4 keVバンド（中）のX線の全天分布である．1/4 keVバンドでは銀河の極方向に，3/4 keVバンドでは銀河中心方向に集中した強度分布が見える．H I ガスの分布に比例していると考えられる IRAS（Infrared Astronomical Satellite）衛星による波長 $100\,\mu$m 放射の分布（下）は銀河面に沿っているが，1/4 keVバンド軟X線強度分布と負の相関を持って

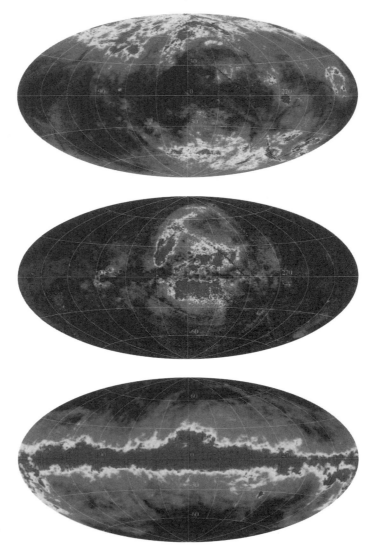

図 **5.1** ROSAT 衛星による軟 X 線背景放射の観測.（上）1/4 keV バンド,（中）3/4 keV バンド. なお（下）は, IRAS 衛星による波長 100 μm の全天マップで星間微粒子からの放射を見ているが, H I などの冷たいガスの分布を表していると考えられる (Snowden *et al.* 1997, *ApJ*, 485, 125).

いる．1/4 keV の X 線の吸収に対する光学的厚みが 1 となる柱密度が $N_H \sim 10^{20}\,\mathrm{cm}^{-2}$ であるので[*1]，銀河円盤方向にはおよそ 100 pc しか見通せず（$n_0 = 0.5\,\mathrm{cm}^{-3}$），銀河系の z 方向にも H I ガスの柱密度は $N_H \sim 5 \times 10^{19}\,\mathrm{cm}^{-2}$ 程度はあるので，銀河系外からの X 線だとしてもかなり吸収されてしまうことになる．このため，現在では少なくともこの 1/4 keV バンドについては太陽近傍起源が想定されている．すなわち太陽系周辺に $T \sim 10^6\,\mathrm{K}$ 程度の高温ガスが取り巻いていると考えられている．

5.1.2　太陽近傍の星間ガス

太陽近傍の星間ガスがどのような構造をしているかは我々がその内部にいるために解析が困難である．図 5.2[*2]は 3 次元星間ダストマッピングという方法で得られた太陽近傍の星間ダスト分布（中性水素分布も比例）である．これは，天文位置観測衛星等で得た背景星までの距離と背景星の光が星間ダストで減光されることを使って得た星までの柱密度を多数の背景星について組み合わせることによって，3 次元的な密度分布を得たものである．その結果，銀河面に垂直方向には柱密度が小さく，銀河面内でも方向によって違いがあることがわかっている．銀河面に垂直に切った断面（図 5.2（下））では低密度領域が銀河面から太陽から見て上下方向に広がっていることがわかる．5.1.1 節で述べた軟 X 線背景放射を出す高温低密度のガスは，中性水素原子の壁の手前，図 5.2 の黒い部分に分布していると考えられている．言い換えれば太陽系は軟 X 線背景放射から期待される高温の領域に取り囲まれていることがこの観測によっても再確認されたことになる．この高温領域は近傍高温バブル（local hot bubble）と呼ばれる．その領域は，銀河面方向のもっとも狭いところでも半径 50–100 pc（図 5.2（上）），広いところは半径 200 pc まで，また銀河面に垂直方向にはそれ以上に広がっている（図 5.2（下））と予想されている．

[*1] X 線を吸収するのは炭素や酸素などの重元素であるが，吸収量から推定された重元素量の柱密度に，重元素に対する水素の存在比（太陽組成）をかけて水素の柱密度に換算したもの．

[*2] 以下の URL で，この 3 次元構造をインタラクティブに見ることができる（https://static-content.springer.com/esm/art%3A10.1038%2Fs41586-021-04286-5/MediaObjects/41586_2021_4286_MOESM2_ESM.html（上と 3 次元構造 Zucker *et al.* 2023, *Protostars and Planets VII*, pp.43–82, 下 Pilgrims *et al.* 2020, *Astron. Astrophys.*, 636, A17））．

104　第5章　超新星残骸と高温ガス

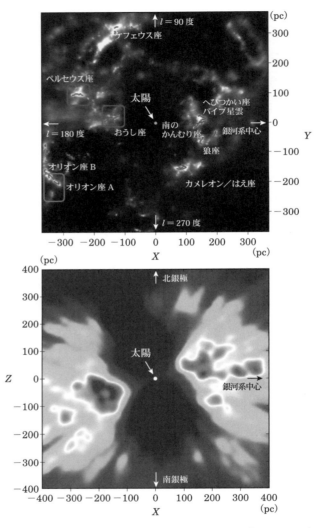

図 **5.2**　天文位置観測衛星 Gaia などで得られる背景星の 3 次元位置と背景星から手前側の星間吸収量から推定される太陽近傍の星間ダストの空間分布．（上）銀河面方向の分布で，波状の実線で示されるよく知られた近傍分子雲が星間ダスト雲にうずもれていること，太陽近傍は低密度のガスに覆われていることがわかる．（下）銀河面に垂直方向の構造．軸の数値の単位は pc. 原点が太陽の位置．

この図 5.2 には，他に太陽近傍の著名な天体の予想される位置も同時に記されている．へびつかい座，おうし座などの暗黒星雲（分子雲）が近傍高温バブルを取り囲む壁の部分に位置していることが理解できるだろう．銀河円盤内部の星間空間には最低 1 割程度の体積の近傍高温バブルのような（$T \gtrsim 10^6$ K）ガスが分布していると考えられている．

5.1.3 紫外星間吸収線

C IV（1548.2, 1550.8 Å），N V（1242.8, 1238.8 Å），O VI（1031.93, 1037.62 Å）などの紫外領域の吸収線は $T \sim 10^5$ K 程度のガスによって生じる．我々の銀河系内の大質量星を背景光として用いることで，その天体までの高温ガスの柱密度を求めることができる．また大小マゼラン雲の大質量星や活動銀河核を背景光として用いれば，我々の銀河系の銀河円盤内の高温ガスの全柱密度のさまざまな方向に沿う値を求めることができる．

銀緯 b の背景星の銀河面からの高さを z_* とする．観測されるイオン（X としよう）の数密度分布が $n_X(z) = n_0(X) \exp(-z/H_X)$ で表される（$n_0(X)$ は X イオンの $z = 0$ での数密度，H_X はスケールハイトを表す）とすると，観測される柱密度は $N_X = \displaystyle\int_0^{z_*} n_X(z)dz/\sin(b)$ となるから，

$$n_0(X)H_X\left[1 - \exp(-z_*/H_X)\right] = N_X \sin(b) \tag{5.1}$$

となる．ここで銀河系外の天体を背景光に用いる場合は，$z_* = \infty$ とすればよい．

図 5.3 は「コペルニクス」（Copernicus）（1972 年打ち上げ），IUE（1978 年），FUSE（1999 年）などの紫外線観測衛星による分光観測をもとに，O VI の柱密度を z_* に対して描いたものである．これから，O VI イオンは，円盤の中央（$z = 0$）で数密度が n_0（O VI）$= 2 \times 10^{-8}$ cm^{-3} 程度であり，ほぼ ~ 2 kpc のスケールハイトで分布していることがわかる．同様にして C IV，N V についてもそれぞれ $H_{CIV} \sim 4$ kpc，$H_{NV} \sim 3$ kpc の同程度のスケールハイトが得られている．すなわち，ここからわかることは，星間ガスには z 方向に厚い分布をした $T \sim 10^5$ K 程度のガスが，広範に存在するということである．

これらの高温ガスの起源としてもっとも有力なものは次節に述べる超新星残骸（SNR）である．超新星爆発のエネルギー $E_0 \sim 10^{51}$ erg が半径 $R \sim 30$ pc の球状

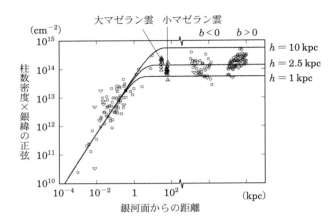

図 **5.3** 吸収線の観測から得られる O VI イオンの柱数密度と銀緯の sin の積（縦軸）と背景星の銀河面からの距離（横軸）との関係．銀河系内の背景に対しては背景星の z_* まで積分した柱密度が，銀河系外の背景に対しては銀河ガス円盤全体を積分した柱密度が得られる（Savage *et al.* 2003, *ApJS*, 146, 125）．

に広がった密度 $n_0 \sim 1\,\mathrm{cm}^{-3}$ のガスの熱エネルギーに変わったとすると，超新星残骸の衝撃波付近の温度は $T \sim 10^6\,\mathrm{K}\ (E_0/10^{51}\,\mathrm{erg})\ (n_0/1\,\mathrm{cm}^{-3})^{-1}(R/30\,\mathrm{pc})^{-3}$ 程度になると推定される．

　超新星残骸は $\tau \sim 100$ 万年くらいかかって，$\ell \sim 100\,\mathrm{pc}$ くらいまで膨張し，その体積は $V \sim 10^6\,\mathrm{pc}^3$ に達する．一方，銀河系全体で超新星爆発が 30 年に 1 回起こるとすると，年齢 100 万年級の超新星残骸は，$N \sim 100$ 万年/30 年 $= 10^{4.5}$ 個存在し，さらに，銀河系円盤部の体積を $V_\mathrm{G} \sim \pi(10\,\mathrm{kpc})^2 \times 0.1\,\mathrm{kpc} \sim 10^{10.5}\,\mathrm{pc}^3$ と見積もると，銀河系円盤部のいたるところが，100 万年に 1 回は超新星残骸内部に含まれることがわかる．

5.2　超新星残骸

　恒星が超新星爆発を起こすと，超音速で飛び出した恒星の外層が周囲の星間物質の中に衝撃波を生じ，超新星残骸とよばれる天体が形成される．その内部には衝撃波によって加熱された高温のガスを含む．超新星残骸は電波からガンマ線に至る非熱的放射，衝撃波起源の Hα，[O III], S II 等の可視光帯域の輝線スペクトル

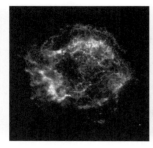  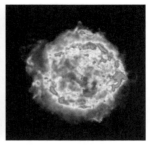

図 **5.4** シェル型超新星残骸 Cas A の観測（口絵 2 参照）.（左）X 線（チャンドラ衛星），（中）光学（MDM 天文台の口径 2.4 m 望遠鏡，R バンド，R.A. Fesen ら），（右）電波（NRAO/AUI），(http://chandra.harvard.edu/photo/1999/0237/index.html). 三つの画像は同じ縮尺にそろえてある.

の放射，衝撃波で加熱された高温のガスからの熱的 X 線放射などで輝いている.

SN 1006（1006 年に出現した超新星），かに星雲，ティコの SNR（Tycho Brahe; 1572 年），ケプラーの SNR（Johannes Kepler; 1604 年），カシオペア A（Cas A）（1680 年？[*3]）など記録に残されている歴史的超新星と結びつけられている超新星残骸も存在するが，超新星残骸の多くはもっと歳を取ったものと考えられている. 超新星自身の爆発機構などについては第 7 巻 7 章を参照していただきたい.

超新星残骸は，形状によってシェル型，中心集中型，複合型に分けられる[*4]. シェル型超新星残骸は図 5.4 の Cas A のようにほぼ円周形の部分が放射を出しているように見えるもので，球殻に物質が集められていることを表している. そのほかに，中心にパルサーが観測され，放射の出方が中心集中している中心集中型とよばれる超新星残骸がある. かに星雲はこの型の代表的な天体で，1 秒間に約 30 回転するパルサーが，星雲を光らせていると考えられている. 図 5.5（左）に別の典型例である 3C 58 の X 線画像を示した. 超新星残骸の中には，電波で

[*3] Joho Flamsteed により観測された記録が 1980 年に発見されたが，超新星としては記録されていなかった. 爆発時期には異論もあり，まだ定説とはなっていない.

[*4] http://www.mrao.cam.ac.uk/surveys/snrs/からオンラインカタログが得られる. ここにはグリーン（D.A. Green）により 2022 年 12 月現在で我々の銀河系に属する 303 個の超新星残骸がまとめられている.

第 5 章 超新星残骸と高温ガス

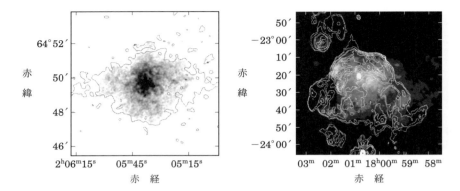

図 5.5 （左）中心集中型超新星残骸 3C58 の X 線画像（チャンドラ衛星，Slane *et al.* 2002, *ApJ*, 571, L45）．（右）複合型超新星残骸 W28．等高線で示したシェル型の電波画像（VLA 328 MHz: Dubner *et al.* 2000, *AJ*, 120, 1933）とグレイスケールで示した中心集中した X 線画像（ROSAT 衛星：Rho & Borkowski 2002, *ApJ*, 575, 201）が複合型超新星であることを物語る．

はシェル型であるのに，X 線では中心集中している．複合型と呼ばれるものも存在する．図 5.5（右）が複合型超新星残骸 W 28 の X 線と電波の画像である．

5.3 超新星残骸の進化

超新星残骸の進化について見てみよう．超新星爆発ではその恒星の大気のほとんど（$M_{\rm ej} \sim 1$–$10 M_\odot$）が $V_{\rm ej} \sim 10^4\,{\rm km\,s^{-1}}$ におよぶ速度で星間空間に放出される．そのエネルギーは $(1/2) M_{\rm ej} V_{\rm ej}^2 \sim 10^{51}$ erg になる．この放出速度 $V_{\rm ej}$ は，星間空間の音速 $c_s \simeq 15\,{\rm km\,s^{-1}}\,(T/10^4\,{\rm K})^{1/2}$ に比べて十分速いので，星間空間に強い衝撃波を生む．

1 次元球対称の制限の下で数値計算によって現実的な解が得られるようになったのは 1970 年代になってからである．超新星残骸の進化は以下の三つに分けられる．

自由膨張期

初期には，放出された物質は星間気体にじゃまされず自由に膨張する．放出された物質の前方の星間気体には外側に伝搬する衝撃波を，放出された物質内には

内側に伝搬する衝撃波を生ずる。初期にかき集められる量は外層の質量に比べて非常に少ないので，星の外層の膨張は外の星間気体には影響されずに初期の速度，運動エネルギーを保って膨張する。

断熱膨張期

かき集められた外側の星間気体の質量が，爆発した星の外層のそれを上回るようになると，星の外層の持っていた運動エネルギーは，かき集められた星間気体に渡され，はじめの爆発の詳細によらず，衝撃波が星間気体の中へ膨張し，取り込まれたガスは加熱されるという状態に移行する。このとき，取り込まれた星間ガスからの放射冷却によってエネルギーが失われない（エネルギーが保存している）段階は断熱膨張期と呼ばれる。

この進化は爆発のエネルギー E_0，周りの星間物質の密度 ρ_0 と，爆発後の時間 t のみで決まっていることが知られている。このときは 5.4 節で詳しく見るように自己相似的な解が存在し，衝撃波の内側の高温気体の密度，圧力，温度などの熱力学的量や膨張速度の半径分布はセドフとテイラーによる自己相似解（5.4 節参照）でよく表されることが知られている。図 5.6 は 1 次元球対称流体力学シミュレーションによって得た超新星残骸の進化の様子を表している。初めから三つめまでの時刻（図 5.6 の 1–3）は，断熱膨張期の解を表し，時刻が違っても拡大・縮小すれば重ね合わせることができるような構造（これを自己相似的という）になっていることがわかる。

等温膨張期

衝撃波の速度は時間とともに減少する。その結果，さらに膨張が進むと，衝撃波の後面で放射冷却が効き始める。それは単位時間当たり単位体積あたりの放射冷却によって失われるエネルギー（放射冷却率）が温度の低下（衝撃波の減速）とともに大きくなるからである。放射冷却によって，ガスが冷却する時間が超新星残骸が膨張する時間に比べて短くなると，もはや，断熱の仮定は成り立たなくなり，自己相似的な進化から外れる。このときは，衝撃波の後ろには放射冷却によって冷えた星間気体がシェル（球殻）状に分布し，その内側にはなお高温な希薄な気体が満ちている構造をとるようになる。このような時期の超新星残骸を等温膨張期と呼ぶ。図 5.6 の後半の三つの時刻（図中の 4,5,6）がこれにあたる。

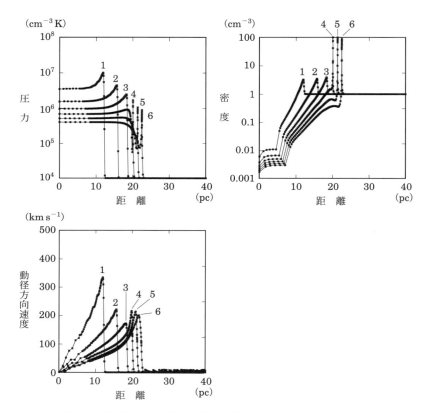

図 5.6 放射による冷却を考慮した数値シミュレーションによって得た超新星残骸の構造. 一様密度 $n_0 = 1\,\mathrm{cm}^{-3}$, 一様温度 $T_0 = 10^4\,\mathrm{K}$ の星間物質中で, $0.4 \times 10^{51}\,\mathrm{erg}$ の爆発が生じた例. 横軸は pc 単位の中心からの距離. 圧力 (左上), 密度 (右上), および動径方向速度 (下) の分布を示している. 1–6 で示したそれぞれのカーブは, $t = 10^4$ 年から, 10^4 年おき, $t = 6 \times 10^4$ 年までの構造を表し, 1–3 が自己相似性を示す.

もはやエネルギー保存はなりたたず，むしろ，シェル（球殻）状の冷えて密度の高まった星間気体の運動量が保存するように膨張が進む．このときは脚注5にあるようにシェルの半径は爆発後の時間の 1/4 乗に比例して膨張することが知られている[*5]．

5.4 自己相似解

すでに図5.6で見たように，断熱の間の超新星残骸の進化は「自己相似的」である．

超新星爆発のエネルギー E_0 と，それが起こる星間気体の密度 ρ_0 の二つが，系を記述するパラメータである．E_0 と ρ_0 の次元は，$[E_0] = \mathrm{ML^2/T^2}$, $[\rho_0] = \mathrm{M/L^3}$ である（M を質量，L を長さ，T を時間の次元を表すとした）．この系では，これ以外に中心からの距離 r, 爆発後の時間 t という次元を持った量しかないから，先の E_0, ρ_0 と組み合わせて無次元の量を作ろうとすると，それは $E_0 t^2 / \rho_0 r^5 = \xi$ しかない．超新星残骸の解はこの変数 ξ のみで記述されるのではないか（この解を縦や横に適当な倍数引き延ばしたものが物理的な解に当たる）と期待される．

同様にして，星間気体の密度が $\rho_0(r) = B r^{-m}$ のように変化する場合を考えると，B, E_0, r, t を用いてできる無次元量は $\xi = r(E_0/B)^{-1/(5-m)} t^{-2/(5-m)}$ となる．$\xi = 0$ が中心を，$\xi = \xi_0 = $ 一定 が衝撃波面を表すので，この式は衝撃波面が

$$R_s = \xi_0 (E_0/B)^{1/(5-m)} t^{2/(5-m)} \tag{5.2}$$

で膨張することを意味している．t のベキ指数から，$m < 3$ の一様に近い密度分布の中では衝撃波は時間とともに膨張速度が減速され，$m > 3$ の密度が急激に減少するような分布の場合は外に広がる衝撃波は時間とともに膨張速度が加速されることがわかる．連続的に単位時間あたり L_0 のエネルギーが放出されている

[*5] ガスは衝撃波のすぐ後ろのシェル内で冷却され，そこへすべてが集まっていると近似できるとする．一様な星間ガスの密度を ρ_0，シェルの半径を R とすると，シェルがその運動量を保存して膨張するときは，$\dfrac{d}{dt}\left(\dfrac{4\pi}{3}\rho_0 R^3 \dot{R}\right) = 0$ という運動方程式が成り立つ．このとき，この方程式は，$R^4 - R_0^4 = 4R_0^3 \dot{R}_0(t - t_0)$ という解を持つ．ここで，R_0 は，$t = t_0$ のときの半径，$\dot{R}_0$ は，$t = t_0$ のときの膨張速度を表す．

場合は，

$$R_s' = \xi_0' \, (L_0/B)^{1/(5-m)} \, t^{3/(5-m)} \tag{5.3}$$

となるので，$m < 2$ が減速，$m > 2$ が加速となる．

　自己相似性を仮定すると，双曲型の偏微分方程式である断熱の流体力学の基礎
方程式は，ξ を独立変数とする連立常微分方程式系に書き直すことができる．さ
らに運動エネルギーと熱エネルギーの合計が爆発エネルギーと等しいというエネ
ルギー保存を用いると，ξ_0 の値を決めることができる（$\gamma = 5/3$ のとき $\xi_0 = 1.15$．これらのくわしい式の導出は巻末の参考文献（福江 純・和田桂一・梅村雅
之 2022, Sedov 1993）を参照せよ）．これを解くと，数値計算で得た（図 5.6）
のとほぼ同じ解が得られる．また，衝撃波の伝搬は，一様密度の場合 $m = 0$ と
した式（5.2）から，

$$R_s(t) = 12.5 \, \mathrm{pc} \left(\frac{t}{10^4 \, \mathrm{yr}} \right)^{2/5} \left(\frac{E_0}{10^{51} \, \mathrm{erg}} \right)^{1/5} \left(\frac{n_0}{1 \, \mathrm{cm}^{-3}} \right)^{-1/5}. \tag{5.4}$$

（ただし n_0 は星間ガスの個数密度）のように与えられる．温度と衝撃波の膨張
速度は以下のように与えられる．

$$T_s = 3.34 \times 10^6 \, \mathrm{K} \left(\frac{t}{10^4 \, \mathrm{yr}} \right)^{-6/5} \left(\frac{E_0}{10^{51} \, \mathrm{erg}} \right)^{2/5} \left(\frac{n_0}{1 \, \mathrm{cm}^{-3}} \right)^{-2/5}, \tag{5.5}$$

$$V_s \equiv \frac{dR_s}{dt} = 490 \, \mathrm{km \, s^{-1}} \left(\frac{t}{10^4 \, \mathrm{yr}} \right)^{-3/5} \left(\frac{E_0}{10^{51} \, \mathrm{erg}} \right)^{1/5} \left(\frac{n_0}{1 \, \mathrm{cm}^{-3}} \right)^{-1/5}. \tag{5.6}$$

5.5　熱的放射とプラズマ診断

　式（5.5）に従うと，年齢 1000 年前後の若い超新星残骸では，衝撃波後方の温
度が $\sim 5 \times 10^7 \, \mathrm{K}$ と概算される．このような高温ガス中では，自由電子の運動エ
ネルギーが数キロ電子ボルト（keV）に達し，ほとんどの重元素は電子を 1–2 個
しか持たない多価イオンへと電離する．自由電子と多価イオンはクーロン散乱を
通じて，制動放射や特性 X 線（輝線）などの熱的 X 線を放射する．本節では，
超新星残骸における衝撃波加熱と，熱的プラズマの物理的性質について述べる．

5.5.1 無衝突プラズマと無衝突衝撃波

若い超新星残骸は粒子の個数密度が $\sim 1\,\mathrm{cm}^{-3}$ という希薄なプラズマで構成される。このように低密度のプラズマにおける荷電粒子間の相互作用は，粒子同士の直接衝突に相当するクーロン散乱よりも，粒子の集団運動によって生じる電磁的な波動を介した散逸過程が支配的となる。これを，クーロン衝突がほとんど効かないという意味をこめて，無衝突プラズマと呼ぶ（第 12 巻 2 章）。

無衝突プラズマにおいても衝撃波が存在することは，地球近傍におけるプラズマ粒子と磁場の「その場」（in situ）観測で直接的に実証されている。これを無衝突衝撃波と呼ぶ。X 線観測で明らかになったように，若い超新星残骸には高温プラズマが存在する。これは，衝撃波前後における無衝突過程によってガスが熱化されていることを示す。しかし，実際にどのような物理過程で熱化されるかは完全には理解されていないのが現状である。また，粒子間の相互作用は完全に熱平衡にはならない程度の強さであり，非熱的な成分が存在する。超新星残骸にある無衝突衝撃波のまわりのプラズマからの放射は，光学的に薄い熱的成分と非熱的成分が混在し，バラエティー豊かなものとなっている。

なお，無衝突衝撃波ではその性質上，荷電粒子のみが熱化を受けるので，上流（星間空間）の中性水素原子は減速することなく衝撃波面を通過する。この水素原子は下流のプラズマ中で衝突励起を受けて幅の狭い $\mathrm{H}\alpha$ 輝線を放射する。さらに，熱化された陽子と電荷交換（charge exchange）を起こすので，電荷交換後の高温水素原子から幅の広い $\mathrm{H}\alpha$ 輝線が放射される。電荷交換の反応断面積は非常に大きいため，$\mathrm{H}\alpha$ 放射は衝撃波下流のごく狭い範囲でしか起こらない。したがって衝撃波の場所を同定する際に便利である。

5.5.2 衝撃波加熱

衝撃波が速度 V_s で伝播するとき，質量 m_i をもつ粒子の衝撃波下流（超新星残骸の内側）における温度 T_i は，衝撃波の接続（ランキン–ユゴニオ）条件より，

$$k_\mathrm{B} T_i = \frac{3}{16} m_i V_s^2 \tag{5.7}$$

で与えられる。ここで衝撃波の圧縮率（上流に対する下流の密度比）は，強い断熱衝撃波の極限に対する値（$r = 4$）を仮定した。若い超新星残骸では $V_s \gtrsim$

$1000\,\mathrm{km\,s^{-1}}$ であるから，衝撃波の下流は数 keV 以上の高温プラズマとなる．ただし，無衝突の条件下では式（5.7）が粒子種ごとに成り立つため，異種粒子間（たとえば陽子と電子）の温度が異なることが予想される．陽子の温度は可視光で観測される $\mathrm{H}\alpha$ 輝線から，電子の温度は X 線スペクトルから測定できる．年齢が異なるさまざまな超新星残骸の観測から，衝撃波直後の電子温度-陽子温度比（T_e/T_p）は粒子の質量比だけでなく衝撃波速度にも依存する（つまり式（5.7）とおりではない）ことが判明しており，電磁場を介した熱エネルギーの再分配が実際に起こっていると考えられる．

　また，重元素イオンの温度は X 線輝線のドップラー広がり幅から測定できる．XMM–Newton 衛星に搭載された反射型回折分光器（RGS: 第 17 巻）の観測により，典型的な若い超新星残骸である SN 1006（年齢およそ 1000 年）の局所領域において，電子温度が $k_B T_e \sim 1.5\,\mathrm{keV}$ であるのに対し，酸素イオンの温度は $k_B T_O \sim 300\,\mathrm{keV}$ であることが確認されている．しかし RGS のような分散型分光器は，本来，超新星残骸のように空間的な広がりを持つ天体の観測には適さない．より正確なイオン温度の測定には，非分散型の撮像分光検出器である X 線マイクロカロリメータ（第 17 巻）が不可欠であり，近い将来これを搭載した XRISM 衛星の登場によって，超新星残骸におけるエネルギー分配過程の理解が大きく進むことが期待される．

5.5.3　電離非平衡プラズマ

　若い超新星残骸では，粒子種ごとに温度が異なることに加えて，電離非平衡状態も実現する．電離非平衡とは，任意の重元素の電離度が異なるイオンの間で，電離過程（$\mathrm{X}^{z+} \to \mathrm{X}^{(z+1)+} + \mathrm{e}^-$）と再結合過程（$\mathrm{X}^{(z+1)+} + \mathrm{e}^- \to \mathrm{X}^{z+}$）の反応率がつり合わない状態である．

　先述のように，超新星残骸の無衝突衝撃波は数 10–100 K の星間ガスやイジェクタを一気に数千万度まで加熱できる．一方，重元素は高温プラズマ中の自由電子と直接衝突を繰り返すことで，ゆっくりと電離が進む．したがって電離の進み具合は電子密度 n_e とプラズマができてからの年齢 t の積で表され，$n_e t \approx 10^{12}\,\mathrm{cm^{-3}\,s}$ で平衡に達することが知られる．$1\,\mathrm{cm^{-3}}$ 程度の希薄プラズマだと，電離平衡に達するタイムスケールは約 3 万年となり，X 線で観測される典型的

な超新星残骸の年齢と比べて十分大きい．これが，多数の超新星残骸から電離度の低いプラズマが観測される理由である．

一方，電子温度に対して電離が進みすぎた状態にある「過電離プラズマ」も，いくつかの超新星残骸から見つかっている．過電離プラズマでは，電離過程に対して再結合過程が卓越するため，放射性再結合による連続X線（radiative recombination continuum; RRC）が顕著なスペクトル構造として現れる．超新星残骸のプラズマにおいて過電離状態が実現する原因については諸説あるが，熱伝導や断熱膨張による電子温度の急降下が有力視されている．興味深いことに，過電離プラズマを伴う超新星残骸は，いずれも図 5.5（右）の「複合型」に形態分類される．つまり，超新星残骸の電離状態と形態の成因は密接に関連し合っているのだろう．複合型超新星残骸は，非熱的電波放射がシェル状に分布するのに対し，X線は中心集中かつ熱的プラズマからの放射が卓越するという特徴を持つ．これらの天体はいずれも高密度の分子雲と相互作用していることから，衝撃波が急減速してシェル領域がX線を放射できない温度にまで低下した，あるいは低温プラズマから放射された軟X線が分子雲による強い吸収を受けたためにシェルからのX線が見えないと解釈される．

5.5.4 イジェクタからのX線放射

超新星残骸の内部は放出された星の外層（イジェクタ; ejecta）起源の高温プラズマで満たされている．したがって，プラズマ診断を通して重元素が超新星残骸内部のどこにどのくらい存在するかを調べることができる．これにより，超新星爆発の様子や爆発前の星の状態も推測することができる．図 5.4（左）は年齢 350 年程度の超新星残骸である Cas A の X線イメージである．輝線強度比から求めた組成比と熱制動放射の強度から，放出物質の質量は太陽質量の2倍と見積もられている．また，同じX線でも，図 5.7 のように，特定の金属の出す特性 X線の帯域だけに注目して強度分布をつくると，その空間分布は非球対称であることがわかる．このことは，超新星からの重元素放出が等方でないことを示唆しており，たとえば爆発が非球対称またはジェット状であったのではないかと推測される．このように，場所ごとに空間分解したスペクトルを取得できるX線観測によって，超新星残骸の電離状態や重元素分布などが詳しく調べられている．

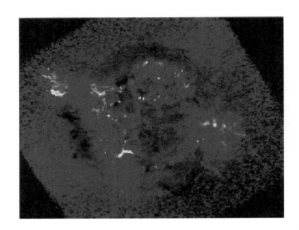

図 **5.7** 超新星残骸 Cas A の 1.78–2.0 keV と 1.3–1.6 keV との強度比マップ．明るい部分が強度比が大きく，マグネシウムや鉄よりもケイ素の方が相対的に存在比が大きいことを示す．左右方向に Si の多いガスが飛び出しているように見える（Hwang et al. 2004, *Astrophysical Journal*, 615, L117）．

　超新星残骸の年齢が数万年と古くなると，衝撃波下流の温度は低くなる．放射冷却が無視できないような状況下では衝撃波下流の密度が上がる．そのため，衝撃波下流からは明るい可視光や紫外線が放射される．超新星残骸の中心部では，まだ冷えずに残存している高温プラズマがあり，熱的 X 線を放射するが，これも数十万年たつと次第に暗くなるであろう．

5.6　非熱的放射と宇宙線加速

　第 8 巻 4.3 節にあるように，超新星残骸の衝撃波は地球にやってくる宇宙線のうち，スペクトルの約 $10^{15.5}$ eV の折れ曲がり（いわゆる「ニー（ひざ）・エネルギー」）までの生成源であると考えられている．衝撃波における粒子加速は第 8 巻 4.2 節にあるように，衝撃波近傍で運動する粒子の一部が，乱流磁場の影響を受けて散乱されるために起こる（フェルミ加速）．つまり宇宙線粒子は衝撃波の上流では磁場の波との正面衝突によりエネルギーを増し，下流においては追突によりエネルギーを失う．しかし磁場の波の速度は上流の方が下流よりも速いために，上流と下流の間を一往復すると必ずエネルギーを得る．実際には大部分の粒

子は背景プラズマの流れにのって下流方向へ流されエネルギーを得ることはないが，ごく一部の粒子だけが衝撃波の上流と下流を何度も往復し加速される．これをフェルミ加速と呼ぶ．

衝撃波で加速された非熱的な電子は磁場中でシンクロトロン放射を行う．特に，$1\text{--}10\,\mu\text{G}$ の星間磁場中では，GeV 程度のエネルギーを持つ電子は電波を，$10\text{--}100\,\text{TeV}$ 程度のエネルギーをもつ電子は硬 X 線を放射する（第 8 巻 4.2--4.3 節）．電波領域のシンクロトロン放射はほとんどの超新星残骸で観測されているが，いくつかの若い超新星残骸からはシンクロトロン硬 X 線も発見され，若い超新星残骸の衝撃波で数 10 TeV の高エネルギー電子が存在することも実証されている．シンクロトロン放射以外にも，非熱的な高エネルギー電子は非熱的制動放射，逆コンプトン散乱によるガンマ線放射を行う．

一方で，加速された非熱的陽子は周囲にある星間ガスの陽子と衝突して π^0 粒子が生成され，それが崩壊（$\pi^0 \to 2\gamma$）すると，GeV から TeV ガンマ線が放射される．このような放射は，ターゲットとなる星間ガスの密度の高い分子雲などが超新星残骸の周囲にあると強度が増す．実際，コンプトン衛星に搭載されている EGRET 検出器により，いくつかの超新星残骸の周囲から GeV ガンマ線が検出されている．高エネルギー陽子と星間ガス中の陽子の反応では，同時に $\pi^{\pm}$ 粒子も生成され，これらが崩壊するとニュートリノ放射も行う．同時に，2 次的な電子もできるのでそれらがシンクロトロン放射を行う過程も考えられるが，若い超新星残骸では 1 次電子のシンクロトロン放射成分の方が明るいので，実際に観測されるのは難しいと思われる．また，非熱的高エネルギー陽子が中性金属元素を衝突励起させ，特性 X 線を放射する過程も考えられる．

現在では，複数の超新星残骸から TeV ガンマ線が検出されている．図 5.8 は RX J1713.7−3946 からの TeV ガンマ線の放射強度を表す．シンクロトロン X 線と同じシェル状の領域で強くなっていることがわかる．TeV ガンマ線の放射機構については，高エネルギー陽子の引き起こす π^0 粒子崩壊による陽子起源と，高エネルギー電子による宇宙マイクロ波背景放射光の逆コンプトン散乱による電子起源が，ほぼ同程度にガンマ線強度に寄与していることが導かれた．これによって，地球にふりそそぐ宇宙線核子の生成現場が超新星残骸である可能性が強まっている．

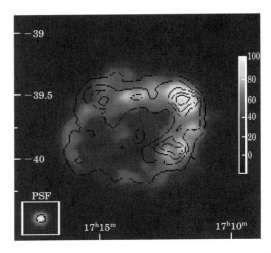

図 5.8 RX J1713.7−3946 のガンマ線イメージ（白黒の濃淡）と ASCA 衛星で測定された 1–3 keV の X 線強度（等高線）．X 線は高エネルギー電子からのシンクロトロン放射で光っている (Aharonian et al. 2006, A & Ap, 464, 235–243).

5.7 超新星残骸における非線形粒子加速機構

　高エネルギー陽子（核子宇宙線）の量が衝撃波近傍である程度まで大きくなると，それらの持つ運動量フラックスが熱的プラズマの圧力に対して無視できなくなり，衝撃波の構造が変成を受ける．高エネルギー粒子が衝撃波からどんどんエネルギーを奪っていくために下流の流体は温度が下がり，密度が上昇する．つまり，衝撃波前後の流体の圧縮比がさらに大きくなり，加速効率が増す．したがって，高エネルギー宇宙線はそれ自身が宇宙線加速に対して正のフィードバック効果を与える．このような効果は宇宙線の及ぼす非線形効果と呼ばれ，従来の穏やかな加速の描像とは著しく異なる激しいものである．

　宇宙線の非線形効果の決定的証拠はまだ得られていないが，可能性の一例として超新星残骸 1E 0102.2−7219 が挙げられる．というのは，この超新星残骸の下流の電子温度は，単純に衝撃波速度と接続条件から予想されるものよりも極端に低くなっているからである．また，宇宙線の非線形効果が大きくなると，加速された宇宙線のスペクトルは単純なベキ乗則からずれることが予想されているが，

これを確かめるためには多波長にわたる精度の良いスペクトルをとることが必要である.

宇宙線の非線形効果が現れるようになるには,宇宙線加速の効率がよく,さらに衝撃波近傍の宇宙線密度が大きくなければならない.そのためには衝撃波近傍では,かなり強い磁気乱流状態が存在し,星間空間の典型的なものの数倍から数十倍の強い磁場が必要である.また,加速できる陽子の最高エネルギーは第8巻4.2節にあるように磁場に比例するが,数 $100\,\mu$G の乱流磁場のある場合,およそ 10^{15} eV 程度になり,「ニー・エネルギー」(スペクトルの折れ曲がりのところのエネルギー)の宇宙線まで,超新星残骸の衝撃波における加速で説明することが可能になる.衝撃波付近で,磁場を増幅する機構については明らかになっていないが,一例として,加速された陽子自身が周囲のプラズマと二流体不安定を引き起こす際に磁場が増幅される機構が提唱されている(第8巻4.2節参照).

シンクロトロン X 線放射の詳細な空間分布を調べることで,加速現場での磁場についての情報が得られる.第8巻4.3節にあるように,シンクロトロン X 線は衝撃波近傍の約 0.2 pc 以内の幅に集中していることがわかっている.このこととシンクロトロン放射のスペクトルから,衝撃波近傍における磁場は,配位が宇宙線加速の非線形効果が現れる条件に近く,そのエネルギー密度は衝撃波下流の熱エネルギー密度の 1% 程度であることが明らかになっている.

5.8　複合型超新星残骸の物理的意味

図 5.6 で見たように,標準的な超新星残骸は球殻に物質が集まった形状をしており,Cas A で見えるようなシェル型の超新星残骸はこうしてできた断熱膨張期,等温膨張期の超新星残骸を観測しているのだといえる.また,中心集中型の超新星残骸には強い磁場を持ち回転する中性子星であるパルサー(第8巻1章)が見つかっているものが多いので,それが超新星残骸を光らせていると考えれば,中心集中していることも理屈が通っている.

それでは,図 5.5(右)の複合型超新星残骸は,どのような原因でシェル型と中心集中型が同居しているのだろうか.シェル状に分布する非熱的電波は,球状に広がる衝撃波で加速された高エネルギー電子の出すシンクロトロン放射と考えられ,シェル型の超新星残骸で見えるものと同じだとすれば,熱的な X 線を出

している高温ガスの分布がシェル状とは異なっているのだと考えられる．その成因については，取り込まれた星間雲が超新星残骸の高温のガスからの熱伝導や衝撃波加熱によって暖かいガスを超新星残骸内部に供給することによって，衝撃波面から離れた内側で熱的 X 線が輝いているのではないかと考えられている．

5.9 超新星残骸と星間物質の相互作用

超新星残骸の持つ運動エネルギーは大きく，周囲の星間物質に影響を与え，長期的には銀河スケールで星間物質の運動の原因となる．また，超新星爆発に伴って生まれる放射性同位元素の放つガンマ線等も，周囲の化学組成を変化させる．さらに，超新星残骸は宇宙線加速の現場と見られることから，加速された宇宙線が周囲の星間物質に照射し，ガンマ線の発生につながると考えられる．このように，超新星残骸が星間空間に与える効果は重要である．

5.9.1 星間物質の圧縮

もっとも典型的な例は，超新星残骸 IC 443, W 28, W 44 などに見られる星間ガスの加速である．図 5.9 に IC 443 で観測されるスペクトルを示した．超新星残骸の縁の方向（IC 443C1 と IC 443C2）で，分子ガス中の音速を大きくこえる速度幅（約 40 km s^{-1}）が見いだされている．これは，分子雲中に衝撃波が生じていること，ひいては，超新星残骸の爆風が星間ガスを加速することが，実証されているといえる．水素分子の振動回転遷移も検出されることからも，衝撃波の存在が支持される．

これ以外に，高速度ガスは見られないが，周囲の物質との相互作用により超新星が特異な形状をしている例がある．図 5.10（122 ページ）に示した G 109.1–1.0 は，半月形の超新星残骸であり，その欠けた部分には分子雲が付随することが知られている．衝撃波は，高密度の分子雲内では減速することを考慮すると，相互作用が，超新星残骸の半月状形状の原因となったと考えられる．相互作用している部分では，超新星残骸が分子雲を圧縮することは確かであり，それが引き金になって星形成を誘発するという考えも提案されている．

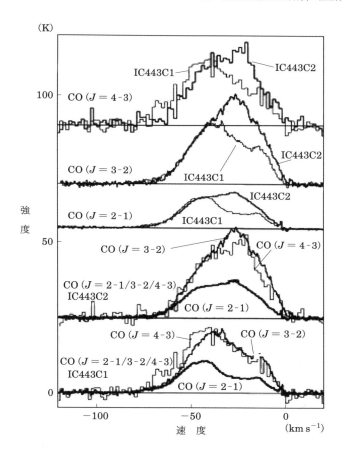

図 5.9　超新星残骸 IC 443 に隣接する分子雲の二つの強度ピーク C1, C2 方向の CO ($J=2$–1), CO ($J=3$–2), CO ($J=4$–3) スペクトル (White 1994, *A&A*, 283, L25–L28).

5.9.2　ガンマ線の発生

5.6 節でふれた超新星残骸からの非熱的放射についても超新星残骸と星間ガスの相互作用が重要な役割を果たしているとの示唆がある.

図 5.11 に，5.6 節でも取り上げた超新星残骸 RX J1713.7−3946 の CO ($J=1$–0) の積分強度 (分子ガスの柱密度) の等高線をガンマ線の強度に重ねて示し

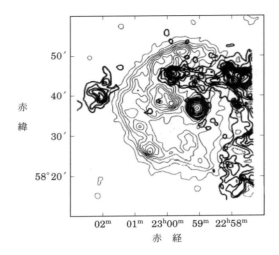

図 **5.10** 超新星残骸 G 109.1–1.0 のアインシュタイン衛星による 0.5–4.5 keV X 線イメージに野辺山 45 m 電波望遠鏡による CO ($J = 1$–0)（太線）を重ねたもの（Tatematsu *et al.* 1990, *ApJ*, 351, 157）.

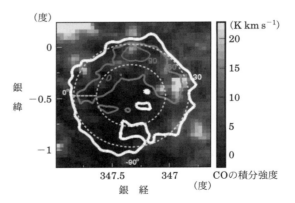

図 **5.11** RX J1713.7–3946 の超高エネルギーガンマ線望遠鏡 H.E.S.S. によるガンマ線の強度分布（等高線，下から 30,60,90 カウント）に，なんてん望遠鏡による CO ($J = 1$–0) の積分強度のイメージ（グレースケール）を重ねたもの（Aharonian *et al.* 2006, *A&A*, 449, 223）.

た．この超新星残骸は，TeV 領域のガンマ線源として知られるのみならず，分子雲と強く相互作用しているという特徴も持っている．ガンマ線の分布と分子雲 CO 積分強度の分布はよく類似しており，分子雲の密度と宇宙線陽子の相関，すなわち，陽子起源（$p + p \rightarrow \pi^0 \rightarrow 2\gamma$）を示唆する．今後，さらに高い空間分解能でガンマ線の測定を行うことにより，さらに検証が進むものと思われる．

5.10 スーパーバブル

超新星残骸はその膨張速度が星間ガスの無秩序速度程度（$\sim 10\,\mathrm{km\,s^{-1}}$）になるまで膨張を続ける．その最終的な半径は等温期の膨張を流体シミュレーションで解いて，この最終的な半径を求めてみると，$84.5\,\mathrm{pc}\,(E_0/10^{51}\,\mathrm{erg})^{0.32}(n_0/1\,\mathrm{cm^{-3}})^{-0.36}$ 程度であることがわかる．超新星残骸の内部には高温低密度のガスが閉じ込められているので，超新星残骸起源の高温のガスの塊の大きさはこの程度であるといえる．しかし，銀河系には，この大きさを超えているような広がった高温のガスの塊も見つかっている．

図 5.2 の太陽近傍高温バブルもそのような存在ではないかと思われるし，図 5.12 のオリオン座からエリダヌス座の領域には差し渡し 300 pc にわたる高温ガスの領域が見つかっている．図 5.2 や図 5.12 に見られるように，これらの高温ガスは周囲に中性水素 H_I の球殻（シェル）を伴って見つかる場合が多い．これらは上で述べた超新星残骸で想定される大きさよりもかなり大きい．言い換えれば超新星残骸で説明するには爆発エネルギーが通常の値（$E_0 \sim 10^{51}\,\mathrm{erg}$）よりかなり大きなものが必要なため，このような高温ガスはスーパーバブル（superbubble）と呼ばれる．また，中性水素原子 H_I や CO 分子で見いだされる球殻や球状の低密度領域はスーパーシェル（supershell）と呼ばれる．

超新星残骸の大きさは銀河円盤 H_I ガスの z 方向の密度スケール長 $H \equiv (d\log\rho(z)/dz)^{-1} \sim 100\text{–}200\,\mathrm{pc}$ に比べて小さく，銀河円盤内で気体密度が上方に向かって減少する密度成層の効果は小さいと考えられる．しかし，大質量星を起源とする II 型超新星は OB アソシエーション（1 章参照）に集まって発生するため[*6]，ある超新星残骸の内部で次の超新星爆発が起こる可能性は非常に高

[*6] 一つの OB アソシエーションあたりでは大ざっぱには $\sim 10^6$ 年ごとに 1 回の超新星爆発が期待される．

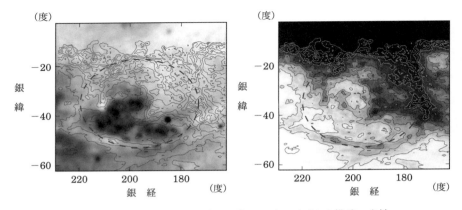

図 5.12 オリオン–エリダヌス座スーパーバブルの構造．中性水素 H I，軟 X 線で見たオリオン–エリダヌス座領域には，差し渡し 300 pc におよぶ高温低密度の領域（スーパーバブル，左図のグレースケールで示したイメージ）とそれを取り囲む H I の壁（スーパーシェル，右図のグレースケールイメージと等高線および左図の等高線）が広がっている．

い．そのような場所では，引き続く超新星爆発によって，さらに大きな体積の高温領域が形成される．これがスーパーバブルの成因と考えられている．

$\Delta t = 10^6$ 年おきに，$E_0 = 10^{51}$ erg の超新星が爆発したとすると単位時間あたり $L_0 = 3 \times 10^{37}$ erg s^{-1} のエネルギーが放出されることになる．連続的なエネルギー放出で形成されるバブルの自己相似解が使えるとすると，式 (5.3) から，外へ向いた衝撃波面の半径は

$$R_s = 350\,\mathrm{pc}\,\xi_0' \left(\frac{L_0}{3 \times 10^{37}\,\mathrm{erg\,s^{-1}}}\right)^{1/5} \left(\frac{\rho_0}{6 \times 10^{-25}\,\mathrm{g\,cm^{-3}}}\right)^{-1/5} \left(\frac{t}{10^7\,\mathrm{yr}}\right)^{3/5} \tag{5.8}$$

で与えられ，大きな半径まで広がることがわかる．

式 (5.3) より，衝撃波が加速されるのは $m \equiv -d\log\rho/d\log r > 2$ のときである．そこで，z 方向に密度成層しているときの $m = 2$ となる銀河面からの高さを求めてみる．ただしここでは便宜的に r での微分を z での微分に置き換えて考える．$\rho(z) = \rho_0 \exp(-z/H)$ のときは，$m = z/H$ であるから，$z = 2H \sim$ 200–400 pc 程度になる．つまり，z 方向の密度分布のスケール長の 2 倍くらい

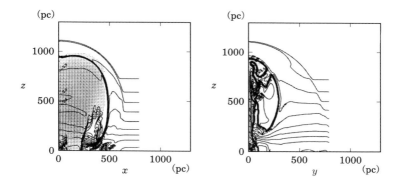

図 **5.13** 磁場を持った星間空間の中で広がるスーパーバブルの構造. $\Delta t = 10^6$ 年おきに, $E_0 = 10^{51}$ erg の超新星が爆発した場合に相当する単位時間あたり $L_0 = 3 \times 10^{37}$ erg s^{-1} のエネルギーを, 銀河面上 $z = 0$ に注入した場合の 3000 万年後の構造. (左) $x = 0$ 面, (右) $y = 0$ 面での圧力の等高線を示す. 初期に磁場は x 方向に走っており, $B \propto \rho^{1/2}$ に従って上空で磁場の強度が減ると仮定されている (Tomisaka 1998, *MNRAS*, 298, 797).

まで伝搬すると, 低密度方向に衝撃波が加速されることにより, スーパーバブルは z 方向に伸びた構造を取ることが予想される. 近傍高温バブルやオリオン–エリダヌス・スーパーバブルはまさにそのような構造を示している.

図 5.13 は, $L_0 = 3 \times 10^{37}$ erg s^{-1} の連鎖的な超新星爆発によって駆動されるスーパーバブルの 3000 万年後の構造 (超新星爆発は 30 回) である. 星間物質の密度は銀河面上で $n_0(z = 0) = 0.3$ cm^{-3} であり, $H \simeq 180$ pc で減少すると仮定している. 図から, 根元の $z = 0$ の部分は, 星間ガス密度が高く, 磁場のローレンツ力も y 方向に内向きに働くため, バブルの大きさは限定されているが, 密度が下がり磁場が弱くなる上方へは, $z \simeq 1$ kpc 程度にまでスーパーバブルが膨張していることがわかる. このようにして形成されたスーパーバブルは, 銀河円盤からハローへ高温ガスを吹き上げていると予想されている.

5.10.1 銀河からのガスの流出

銀河系中心部には巨大なスーパーバブルが存在する. 銀河系中心 200 pc 以内での局所的超新星出現率は約 10^{-3} 年$^{-1}$ 程度と大きい. これらの超新星爆発の

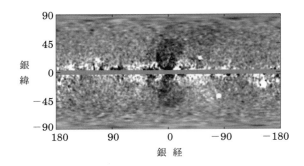

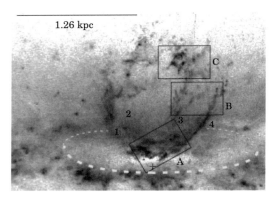

図 5.14 （上）銀河系中心部にあるガンマ線で輝くフェルミ・バブルガンマ線天文衛星フェルミの大面積望遠鏡（LAT）の 2–5 GeV で見た銀河系中心（Su *et al.* 2010, *ApJ*, 724, 1044）．（下）スターバースト銀河 NGC 3079 からの Hα 放射（HST）の分布（Cecil *et al.* 2002, *ApJ*, 576, 745）．

エネルギーや銀河系中心にある大質量ブラックホールに落下したガスの解放する重力エネルギーによって巨大なスーパーバブルが形成され，やがて加熱されたガスは銀河面から垂直方向に流れ出す．超新星残骸と同様にバブル外縁部の衝撃波やバブル内部の磁気乱流などによって加速された高エネルギー粒子がガンマ線を放射しており，発見した衛星の名を冠してフェルミ・バブルと呼ばれる（図 5.14 上）．ガンマ線と同様の巨大構造は X 線や電波でも見られる．

　銀河の中にはスターバースト銀河と呼ばれる銀河中心部だけで銀河全体に相当するくらいの活発な星形成を行っている銀河もある（第 4 巻 4 章参照）．例

として代表的なスターバースト銀河 M 82 の中心部（数 100 pc）では，局所的超新星出現率は 0.01–0.1 年 $^{-1}$ に達し，銀河系の OB アソシエーションに比べて 10^4–10^5 倍の超新星出現率にあたる．図 5.14（下）は，スターバースト銀河 NGC 3079 の中心から吹く銀河風の例で，銀河面に垂直に立った煙突状に熱いガスが流れている．恒星の内部で合成されたさまざまな重元素は超新星爆発によって星間空間に放出されるが，スーパーバブルは重元素を銀河間空間にも運んでいると考えられている．

第6章

星間微粒子

　星間空間には，星間ガスとともに $10^{-3}\,\mathrm{mm}$（$1\,\mu\mathrm{m}$）以下の大きさの固体の微粒子が多数存在し，星からの光を散乱，吸収していることが知られている．この固体微粒子を星間微粒子あるいは星間ダストと呼ぶ．星間微粒子は星の光を吸収して赤外線を放射するほか，紫外線の吸収に伴い放出する電子によって星間ガスを暖めたり，星間微粒子の表面での触媒反応により星間分子の生成を促進するなど，星間物質のさまざまな過程に関わっており，銀河の物質進化に大きな役割を果たしている．ここでは，星間微粒子に関係する基本的な観測量と，星間微粒子の性質，組成について解説する．

6.1 星間減光

　星間微粒子のもっとも基本的な観測量は，可視から紫外線にかけての星間減光（interstellar extinction）である．減光とは，星からの光をどのくらい微粒子がさえぎっているかを表す指標で，散乱と吸収の成分からなる．散乱は，星からの光を反射や回折して，光の方向を変える現象であり，吸収は，光子を吸収することを指す（詳細は 6.5 節参照）．これらにより，星からの光は，星間微粒子にさえぎられ，減光 $A(\lambda)$ 等級分暗くなる．ここで λ は光の波長を表す．星の絶対等級を $M(\lambda)$ とすると，星間減光を考慮した見かけの等級 $m(\lambda)$ は以下の式で表される．

$$m(\lambda) = M(\lambda) + 5\log d - 5 + A(\lambda). \tag{6.1}$$

ここで d は星までの距離（pc）である.

星間減光 $A(\lambda)$ の絶対量は星までの距離とその間にある星間微粒子の量に依存するため，直接求めることは難しいが，相対的な波長依存性は，以下のような観測から求めることができる．まず，十分地球に近く，星間減光が十分に小さい星と，星間減光を受けている同じスペクトル型，同じ光度階級の星の組み合わせを選ぶ．波長依存性と絶対等級はどちらも二つの星で同じと考えられるため，ある波長 λ で観測した二つの星の等級の差 $\Delta m(\lambda)$ は，以下のように表される.

$$\Delta m(\lambda) = 5\log(d/d_0) + A(\lambda). \tag{6.2}$$

ここで d, d_0 はそれぞれ減光を受けている星と受けていない星までの距離（pc）である．この波長 λ における等級の差を，V バンド（中心波長 $0.55\,\mu\mathrm{m}$）での等級の差に対して相対的に表した量を $E(\lambda - V)$ とする．この量は，式 (6.2) より，

$$E(\lambda - V) = \Delta m(\lambda) - \Delta m(V) = A(\lambda) - A(V) \tag{6.3}$$

となる．$E(\lambda - V)$ は，相対的な減光のスペクトルで，選択減光とも呼ばれる．この減光のスペクトル $E(\lambda - V)$ を B バンド（中心波長 $0.44\,\mu\mathrm{m}$）の値 $E(B - V)$ で規格化した量 $E(\lambda - V)/E(B - V)$ が歴史的に用いられている．このようにして求められた，一般の星間空間での規格化された選択減光のスペクトル（星間減光曲線）を図 6.1 に示す（横軸が波長の逆数 $[\mu\mathrm{m}^{-1}]$ で示されていることに注意）.

図 6.1 にはいくつかの重要な特徴がある．まず，可視領域（$1/\lambda \sim 1\text{--}3\,\mu\mathrm{m}^{-1}$）では，ほぼ $1/\lambda$ に比例している．これは，波長と同じ程度の微粒子による減光の特徴を示している（6.5 節参照）．したがって，可視域で減光に寄与している星間微粒子の典型的な大きさは $100\,\mathrm{nm}$ 程度と考えられる．紫外線域（$1/\lambda > 8\,\mu\mathrm{m}^{-1}$）に向かっても，減光曲線は増加を続ける傾向が見られるため，$100\,\mathrm{nm}$ よりもさらに微小な微粒子も存在していることが推定される．このような可視域から紫外線域までの減光曲線の特徴から，星間微粒子はそのサイズには幅広い分布があることが示唆される．古典的な描像では，球形粒子を仮定し，その半径 a の分布は，$f(a) \propto a^{-\alpha}$ のような指数関数で近似され，そのベキ α はほぼ 3.5 で

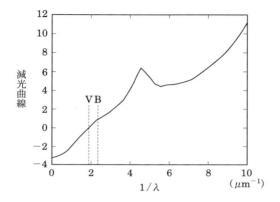

図 6.1 規格化された選択減光曲線.

あると考えられてきた．密度の高い分子雲のような領域では，べきが 3.5 より小さくなっていることも明らかになりつつある．これは，分子雲において星間微粒子が付着成長をした結果と推測される．実際，分子雲コア中の星間微粒子からの散乱光は，星間微粒子が付着成長をしている証しだと考えられている．また，減光曲線には，$1/\lambda = 4.6\,\mu\text{m}^{-1}$ に特徴的なこぶが見られる．これは現在までのところ，以下に述べる炭素系の星間微粒子によるものと推定されている．

選択減光から星間減光 $A(\lambda)$ は，以下のように導かれる．減光は波長が長くなると 0 に近づくと考えられる．したがって，波長無限大の極限では，$E(\lambda - V)$ は $-A(V)$ となり，規格化された選択減光 $-R = -A(V)/E(B-V)$ となる．すなわち図 6.1 の縦軸の切片である．この比 R を波長の長い赤外線域の選択減光から見積もることにより，$E(B-V)$ から $A(V)$ が得られるのである．

星間減光曲線は観測方向により変化していることが知られている．一般的な星間空間では R は 3.1 程度の値をとる．密度の高い領域ではこれより大きな値をとることが知られている．R は星間微粒子の平均サイズと関連しており，密度の高い領域では，平均サイズが大きくなっているためと考えられている．また選択減光 $E(B-V)$ は，以下の式 (6.4) で表されるように，視線方向上の水素原子の量 (N_H) と非常によい相関があることが知られており，星間微粒子が星間ガスとよく共存していることがわかる．

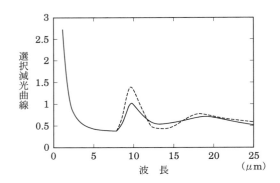

図 **6.2** 2.2 μm で規格化した赤外線域の減光曲線．実線は一般の星間空間，破線は銀河中心方向の減光曲線を示す．

$$N_\mathrm{H}/E(B-V) = 5.8 \times 10^{21}\,\mathrm{cm}^{-2}\,\mathrm{mag}^{-1} \tag{6.4}$$

次に，図 6.1 では充分に表現されていない赤外線域（1 μm 以上の波長）での星間減光について述べる．図 6.2 に 2.2 μm で規格化した赤外線域での減光曲線を示す．波長 5 μm まではほぼ波長のベキ乗に反比例して減光が減少することが観測的に知られている．さらに，図に示されるように，10 μm および 18 μm 付近にこぶが見られる．これらは，ケイ酸塩微粒子のケイ素と酸素の結合の格子振動に起因するバンドと考えられており，ケイ酸塩が星間微粒子の構成物質の一つであることの観測的証拠となっている．図に見られるように，このバンドの強度は，銀河系中心方向と一般の星間空間では異なることも知られている．また星間空間で観測されるこれらの赤外線バンドには，微細なスペクトルの構造が見られないことから，星間ケイ酸塩微粒子は結晶質なものは少なく，おもに非晶質な成分からなっていると推定されている．

6.2 星間ガスの欠乏と星間微粒子の元素組成

星間微粒子の元素組成を推定する有効な手段として，星間空間中に存在する星間ガス中の元素量から見積もる方法がある．すなわち，予想される量よりガス中の存在量が少ない元素は，星間微粒子に取り込まれていると推定する．この予想より少ない存在量を星間ガスの欠乏 D と呼び，以下の式で定義する．

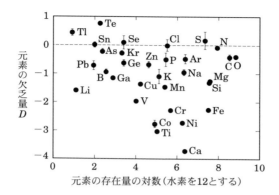

図 6.3 元素の存在量に対する星間ガスの欠乏量 D. 破線は欠乏がない場合（太陽組成）に対応する．

$$D = \log(\text{星間ガス中の元素量}/\text{参照組成}) \quad (6.5)$$

ここで，参照組成とは，元素がすべてガスになっている場合の組成で，通常，太陽組成が用いられる．微粒子に取り込まれていない元素の D は，ほぼ 0 である．一方，D が負で，絶対値が大きな元素は，微粒子に取り込まれていると考えられる．星間ガス中の元素量は，おもに紫外域の吸収線から求められる．図 6.3 に，このようにして求めた欠乏量を存在比（水素を 12 とした対数値）に対して示す．

図 6.3 で明らかなように，星間微粒子の主要な元素としては，存在量の大きなものから，酸素（O），炭素（C），マグネシウム（Mg），ケイ素（Si），鉄（Fe）が考えられる．元素のガス中の欠乏と，6.1 節の減光のスペクトルを考慮した古典的な星間微粒子のモデルでは，星間微粒子の主要な成分は，グラファイトとマグネシウムや鉄を含むケイ酸塩の微粒子と考えていた．最近の探査機によるその場測定やサンプルリターンにより，炭素系のものはグラファイトではなく窒素や酸素を含む難揮発性有機物が有力で，ケイ酸塩鉱物はマグネシウムに富み，鉄に乏しく，金属鉄や硫化物を含有することが示唆される．採集されたサンプルは，星間微粒子の研究に非常に有用なものであるが，図 6.3 に示されるように，窒素や硫黄は星間微粒子にはあまり取り込まれていないことも示されている．これらのサンプルがどこまで星間微粒子を代表しているかは今後の詳しい研究が待たれるところである．

6.3 星間微粒子からの赤外線放射

星間微粒子は，吸収した星の光のエネルギーを，赤外線で放射する．星間空間の平均的な放射場強度を F_λ とすると，1個の星間微粒子が吸収するエネルギーは単位時間あたりで

$$\int_0^\infty \sigma_{\mathrm{abs}}(\lambda)F_\lambda d\lambda \tag{6.6}$$

となる．一方その微粒子が単位時間あたりに熱放射で失うエネルギーは

$$4\pi \int_0^\infty \sigma_{\mathrm{em}}(\lambda)B_\lambda(T)d\lambda \tag{6.7}$$

で与えられる．ここで，$\sigma_{\mathrm{abs}}, \sigma_{\mathrm{em}}$ はそれぞれ，微粒子の吸収，放射の断面積であって，微粒子の大きさに依存する因子であり（詳しくは 6.5 節参照），$B_\lambda(T)$ は温度 T のプランク関数（2.2.1 節参照）である．

平均的な星間空間の放射強度 F_λ を代入し，星間微粒子のモデルから予想される，$\sigma_{\mathrm{abs}}, \sigma_{\mathrm{em}}$ を用いると，式（6.6）と式（6.7）を等しいと置いたときの平衡温度としてだいたい 16–18 K 程度の温度が得られる．したがって，星間微粒子の熱放射は遠赤外線（100–150 μm）にピークを持つことが予想される．

星間微粒子の大きさより十分長い波長の遠赤外線での熱放射の場合には，表面放射の有効な断面積は，サイズを波長で割った量（すなわち，a/λ）を幾何学的な断面積にかけたものに比例する．つまり，微粒子の放射する強度はその体積，すなわち微粒子の質量に比例することになる．したがって，距離が d にある天体からの遠赤外線の強度 $f_\lambda(\lambda)$ を観測すると，放射している微粒子の全体の質量 M_d を以下の式で見積もることができる．ただし，ここでは微粒子の質量あたりの放射率を $\kappa(\lambda)$ と表している．

$$M_d = f_\lambda(\lambda)\ d^2/\kappa(\lambda)B_\lambda(T). \tag{6.8}$$

図 6.4 に，我々の銀河面上の星間微粒子からの赤外線放射による銀河面の表面輝度スペクトルを示す．点線でつながれた黒丸は COBE 衛星に搭載された DIRBE のデータ[*1]，実線は日本初の衛星搭載赤外線観測装置 IRTS の MIRS の

[*1] COBE は 1989 年に NASA が打ち上げた宇宙背景放射探査衛星の略称（COsmic Background Explorer），DIRBE は COBE 搭載の拡散赤外線放射計である．

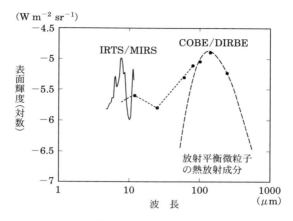

図 **6.4** 銀河面の表面輝度スペクトル．破線は，放射平衡にある温度 18 K の微粒子からの熱放射成分．点線でつながれた黒丸は COBE/DIRBE, 実線は IRTS/MIRS のそれぞれの衛星搭載観測装置のデータを示す．

データである[*2]．式（6.6）と式（6.7）を等しいとした場合に予想される放射を破線で示す．図から明らかなように，破線で示される予想される熱放射成分よりはるかに強い放射が 10–$60\,\mu$m 帯に見られる．また，実線で示されるように 6–$14\,\mu$m の放射には細かいでこぼこした構造（バンド構造）があることがわかっている．これらの超過成分はどこから来ているのであろうか？これまでの研究から，この超過成分は，10 nm 以下の非常に微小な超微粒子に起因するものと考えられている．すなわち，このような超微粒子は，内部自由度が少ないため，星からの光子のエネルギーに比べて，小さな熱容量を持つ[*3]．このため，一つの光子を吸収するごとに，一時的に，式（6.6）と式（6.7）を等しいとした場合に予想される温度をはるかに越えた高い温度までゆらぐことになる．10–$60\,\mu$m の超過

[*2] IRTS は 1995 年に日本が打ち上げた赤外線サーベイ観測衛星の略称（InfraRed Telescope in Space），MIRS は IRTS 搭載の中間赤外線分光器である．

[*3] たとえば，N 個の原子から微粒子を考え，比熱を簡単に $3Nk_B$ とする．ここで k_B はボルツマン定数である．$N = 100$ とすると，粒子の半径はだいたい 0.5 nm で，比熱はおおよそ $4 \times 10^{-14}\,\mathrm{erg\,K^{-1}}$ となる．300 nm の紫外線の持つエネルギーは約 6.6×10^{-12} erg なので，この光子を吸収すると，微粒子の温度は 160 K 近く高くなることになり，放射平衡から予想される温度 16–18 K よりはるかに高くなる．実際は，低温での比熱が $3Nk_B$ より小さいため，この効果は 100 nm 程度の大きさの微粒子まで現れる．

放射は，この温度ゆらぎの高温状態からの熱放射を観測していると推定される．

一方，6–14 μm 帯に見られるいくつかの放射ピークからなるスペクトル（バンド構造を示すスペクトル）は，ベンゼン環を多数持つ，多環式芳香族炭化水素（Polycyclic Aromatic Hydrocarbon; PAH）と呼ばれる一群の分子のスペクトルの特徴と類似性がある．観測されるバンドにはあまり細かい構造が見られないことから，いろいろな PAH の構造を含む微粒子が星間空間に存在することが推定される．バンド構造を持つ物質を地上の実験室で合成する試みも行われている．たとえば，メタンプラズマを急冷して合成された急冷炭素質物質（Quenched Carbonaceous Composite; QCC）と呼ばれる物質は，観測されるバンド構造をよく再現することが知られている（6.8 節参照）．

このように，紫外・可視の減光を引き起こしている星間微粒子には，遠赤外線で熱放射している 10–100 nm 程度の大きさの微粒子と，15–60 μm の赤外線に超過成分を持つ 10 nm 以下の超微粒子，さらに 6–14 μm のバンド構造を担う PAH を含む微粒子が存在すると考えられる．PAH は炭素系の微粒子であるが，超微粒子の組成を決める手がかりは現在のところ少ない．10–100 nm の微粒子はケイ酸塩系および炭素系のものからなると考えられている．

6.4　星間微粒子の分布

我々の銀河系（天の川）や系外銀河では，恒星や惑星の間の空間に星間ガスと星間微粒子が含まれている．平均密度は，ガスが水素原子換算で 1 cm^3 あたり 1 個程度，星間微粒子（大きさ 100 nm 程度のもの）が一辺 100 m の立方体空間に 1 個程度という希薄さである．しかしながら宇宙空間の広大さゆえに，たとえば天の川方向ではこの星間微粒子が背後の恒星の光をさえぎることによって，暗黒星雲として見えてくる．またこれらの星間物質が材料となって新しい恒星や惑星が誕生している．この星間微粒子の分布はおもに，遠赤外線や中間赤外線放射の輝度分布の観測によって明らかになってきた．

図 6.5 に表示されている全天の遠赤外線輝度分布図は，銀河系内の星間微粒子の分布を反映したものである．この図は銀河座標で描かれており，中心が銀河系の中心方向に対応する．この輝度分布から次のような特徴が見て取れる．まず，恒星の分布を反映した中心付近の楕円状分布（バルジ）に相当する構造が星間微

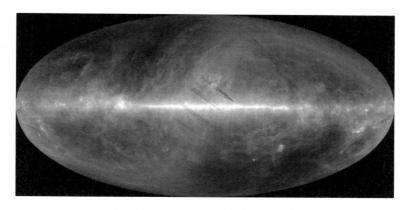

図 6.5 「あかり」衛星によって得られた全天の遠赤外線強度分布図（波長 90, 140 μm の強度から合成）．およその星間微粒子の分布を表す．なお，銀河円盤を斜めに横切り，大きく S 字状に拡がった淡い成分は，太陽系内の惑星間ダスト放射に対応する（JAXA 提供）．

粒子の分布図では見られない．一方，銀河円盤に沿った薄い円盤状の分布が卓越しており，星間分子雲の分布と類似している．バルジを構成する恒星が年老いた種族（種族 II）であるのに対して円盤を構成する恒星が比較的若い星（種族 I）であることと考え合わせると，円盤部では現在でも星間ガスや星間微粒子を材料として，星が形成され続けていると考えられる．

さらに星間微粒子の分布には，銀河円盤から離れたもやもやした特徴が見られる．これはシラス（巻雲）と呼ばれ，水素原子雲の分布と似ている．銀河円盤部よりは赤外線輝度が低いため密度は薄い．これらのことから，星間微粒子は原子雲，分子雲の両方に含まれ，よく混在していると考えられている．一方，銀河系円盤部の各所では OB 型星近傍に電離ガス領域が形成されている（コンパクト H II 領域，4 章参照）．この H II 領域中あるいはその周囲の空間では星間微粒子が強い紫外線にさらされるため，暖められた星間微粒子によって中間赤外線が強く放射される．特に強い紫外線にさらされる領域では，星間微粒子の変性，蒸発などが起きていることが明らかになっている．星間衝撃波によってガスが高温になっている領域でも，同様の現象がおきている．

星間微粒子が吸収した紫外線や可視光線などのエネルギーは，微粒子自身の内

部エネルギーになる．その結果，星間微粒子の温度が上昇し，その温度に応じた赤外線が放射される．しかしながら個々の星間微粒子では必ずしも定常状態に達しているわけではない．大きいサイズ（> 10 nm）の微粒子は熱容量が大きいため，1 個の光子による温度変化は小さい．一方，小さい（1–10 nm）微粒子は 1 個の光子の吸収で温度が 100–1000 K まで上昇し，熱容量と放射効率できまる時定数で温度が低下する．これを「星間微粒子の一時的加熱現象」という．

一方，星間微粒子が紫外線を吸収するときに，10%程度の確率で光電子放出現象が起きる．この場合，エネルギーは星間微粒子の内部エネルギーとして蓄積されずに，電子が固体中の束縛エネルギー（数 eV）を乗り越える部分と，電子の運動エネルギーとに変換される．放出された電子の運動エネルギーは数千度の温度に対応するため，電子が周辺の星間ガス分子との衝突を繰り返すことによって，ガスを加熱する．この過程を「光電子加熱」と呼び，中性星間ガスの支配的加熱過程である．この現象は「光解離領域モデル」で詳細に研究されている（4 章参照）．それによれば，水素原子領域や分子領域のような中性の星間物質にみられるさまざまな現象は，入射する紫外線・可視光の放射場の強度によって特徴付けられることが多い．放射強度は太陽近傍の放射場強度 $1.6 \times 10^{-3} \, \mathrm{erg \, s^{-1} \, cm^{-2}}$ を単位として記述される．この単位で 1000 を越えると，放射場に曝される星間微粒子は光電子放出によって多数の電子を奪われて「正」に帯電し，その結果，光電子放出およびそれによるガス加熱効率が抑制されると考えられている．

図 6.6 に散光星雲 IC 1396 の可視，および「あかり」衛星による中間赤外線の像を示す．可視光線では背後にある恒星の光をさえぎる暗黒星雲として見えるのに対し，中間赤外ではまるで白黒を反転したように，暗黒星雲の部分が明るく輝いて見えている．このように，星間微粒子は可視光や紫外線をさえぎってそのエネルギーを吸収し，赤外線として放射していることが明らかである．

6.5 星間微粒子による光の散乱と吸収

6.1 節では，星間微粒子の存在によって引き起こされる星間減光と観測の関係について述べたが，ここでは微粒子による散乱や吸収の過程を定量的に記述しよう．星間微粒子に入射する単一波長からなる電磁波（単色波）を，その進行方向前方から観測することを考える．ただし観測者は粒子から十分離れているとす

6.5 星間微粒子による光の散乱と吸収　139

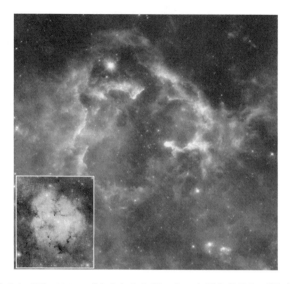

図 **6.6**　IC 1396 の「あかり」衛星による中間赤外線と可視（左下の差込図）の強度分布図（口絵 3 参照．「あかり」画像は JAXA 提供．可視図は ESA/ESO/NASA FITS Liberator & Digitized Sky Survey より）．

る．電磁波が粒子にあたると，電磁波のエネルギーの一部が星間微粒子によって取り除かれ，前方から観測している観測者には到達しなくなる．これを減光（extinction）とよぶ．減光の原因は粒子による電磁波の吸収（absorption）と散乱（scattering）である．すなわち

$$減光 = 吸収 + 散乱. \tag{6.9}$$

吸収された電磁波は熱として散逸したのち，熱放射として種々の方向に再放出される．粒子の内部に入射した電磁波は粒子中の電子や分子を振動させる．これらの振動は新たな電磁波を種々の方向に放出する．粒子表面付近での反射，粒子の内部を通過して再び出てくるときに生じる屈折，粒子の表面付近を通過する電磁波が粒子の裏側に回り込む現象——回折——も散乱とみなす．吸収，散乱ともに電磁波の進行方向を曲げる．このため前方で観測したとき，粒子がない場合と比べて，到達する電磁波のエネルギーが減少し，減光が生じる．散乱ではふつう電磁波の振動数は変化しないのに対し，吸収の結果生じる熱放射では種々の振動数

の電磁波が放出される.

吸収や散乱の効率は断面積という量で表される. いま星間微粒子に一定の強度で入射する単色平面電磁波を考える. 入射波の強度を, その進行方向に垂直な平面の単位面積を単位時間に通過するエネルギー（フラックス）F_0 で表す. 粒子に入射した電磁波のうち, 単位時間あたりに吸収されるエネルギーを P_{abs} とすると, 吸収断面積は

$$\sigma_{abs} = P_{abs}/F_0 \tag{6.10}$$

で定義される. σ_{abs} は面積の次元をもっている. この式を $P_{abs} = F_0 \sigma_{abs}$ と書き換えると吸収断面積の意味がわかりやすい. F_0 は単位時間あたりに単位面積に入射する電磁波のエネルギーであるから, $F_0 \sigma_{abs}$ は面積 σ_{abs} に単位時間あたりに入射するエネルギーである. これが単位時間あたりに吸収されるエネルギー P_{abs} に等しい. つまり σ_{abs} は電磁波の吸収に対する粒子の実効的な面積に等しい. 同様に, 単位時間あたりに粒子によって散乱される電磁波のエネルギーを P_{sca} とするとき, 散乱断面積は

$$\sigma_{sca} = P_{sca}/F_0 \tag{6.11}$$

で定義される.（6.9）より減光断面積は

$$\sigma_{ext} = \sigma_{abs} + \sigma_{sca} \tag{6.12}$$

である.

球粒子に対しては, これらの断面積をその幾何学的断面積 πa^2 で規格化した無次元量がよく用いられる:

$$Q_{ext} = \sigma_{ext}/\pi a^2, \quad Q_{abs} = \sigma_{abs}/\pi a^2, \quad Q_{sca} = \sigma_{sca}/\pi a^2. \tag{6.13}$$

これらはそれぞれ, 減光効率（extinction coefficient）, 吸収効率（absorption coefficient）, 散乱効率（scattering coefficient）と呼ばれる.

$Q_{ext}, Q_{abs}, Q_{sca}$ は粒子半径 a と入射電磁波の波長 λ の比で定義されるサイズ・パラメータ $x = 2\pi a/\lambda$, および粒子の複素屈折率 $m = n + ik$ の関数である. m の実部 n は粒子を構成する物質の屈折率である. 虚部 k は粒子による電磁波の吸収を表す. 一般には, n, k ともに電磁波の波長により変化する. 粒子に入射した電磁波の電場が粒子内に電流を生じさせ, その電流がジュール散逸す

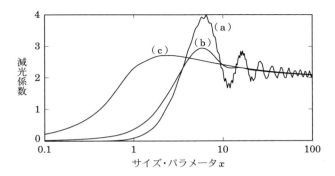

図 **6.7** 氷球粒子（a）$m = 1.3$, および「汚れた」氷粒子（b）$m = 1.3 + 0.1i$, (c) $m = 1.3 + i$ の減光係数 Q_ext. 横軸は $x = 2\pi a/\lambda$（a: 粒子半径，λ: 入射電磁波の波長）でサイズ・パラメータと呼ぶ．

ることによって吸収が生じる．このため，粒子を構成する物質の電気伝導度が大きいほど k は大きい．完全な誘電体では $k = 0$ であり，金属では k は n と同程度の大きさである．星間微粒子の多くの候補物質について，複素屈折率 m のデータセットが波長の関数として実験室で測定されている．

球粒子，微粒子凝集体，不規則形状粒子に対して，サイズ・パラメータ x と複素屈折率 $m(\lambda)$ が与えられると，$Q_\text{ext}, Q_\text{abs}, Q_\text{sca}$ をそれぞれミー理論（Mie theory）[*4]，Tマトリックス法，離散双極子法などから計算することができる．図 6.7 に Q_ext（球粒子）の一例を示した．サイズ・パラメータ x が小さいところでは Q_ext も小さく，x がゼロに近づくと Q_ext もゼロに近づく．これは，粒子半径と比べて波長が長い電磁波ほど減光をうけにくいことを示している．x が大きくなるにつれて Q_ext は増加し波打つ．k が小さい誘電体粒子ほど激しく波打つ．一方，k の大きい（吸収が大きい）粒子では波打ちは少ない．$x \gg 1$ では Q_ext は 2 に漸近する．

粒子半径と比べて波長が十分短い（つまり $x \gg 1$）ときは，電磁波は「光線」とみなしてよいだろう．光線の場合は減光断面積 σ_ext は粒子の幾何学的断面積 πa^2 であり，よって $Q_\text{ext} = 1$ となる．しかし実際には $Q_\text{ext} = 2$ となっている．

[*4] ミー理論は球形粒子による光の散乱に関する厳密な理論であり，1908 年に出版されたミー（G. Mie）の論文で定式化されたもの．

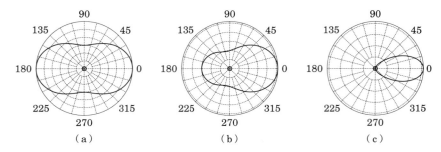

図 **6.8** サイズ・パラメータが $x \ll 1$ (a), 0.8 (b), 3 (c) の氷球粒子 ($m = 1.3$) の散乱波強度の方向分布. 極座標表示で表してある. $\theta = 0°$ が入射波の進行方向. 原点の円は散乱粒子を表す.

これは一見パラドックスのように感じられる. 実際には電磁波は光線の集まりのみとして取り扱ってしまうことはできない. 粒子半径と比べて波長が十分短いときも波動の性質によって, 縁を回り込んだり方向を曲げられて進む回折光の成分があり, その寄与を足し合わせると全体として減光量が幾何学的断面積だけの場合の 2 倍になるのである.

粒子によって種々の方向に散乱される電磁波の強度分布について次に考えよう. 粒子の真ん中を原点にとり, 入射電磁波の進行方向を z 軸とする. 入射電磁波のフラックスが F_0 のとき, 原点からみた立体角 $d\Omega$ の方向に散乱される電磁波の強度を dP_{sca} とすると,

$$dP_{\mathrm{sca}} = F_0 \frac{d\sigma_{\mathrm{sca}}}{d\Omega} d\Omega \tag{6.14}$$

と書ける. $d\sigma_{\mathrm{sca}}/d\Omega$ を微分散乱断面積と呼ぶ. 微分散乱断面積は散乱波の強度の方向分布, つまり入射波がどの方向にどれだけ散乱されるかを表す量である. σ_{sca} と同様に, これも面積の次元をもっている. 微分散乱断面積を全散乱断面積で割った無次元量 $(d\sigma_{\mathrm{sca}}/d\Omega)/\sigma_{\mathrm{sca}}$ は位相関数 (phase function) と呼ばれる.

誘電体球粒子による散乱波の強度分布の一例を図 6.8 に示した. 球粒子のように対称性のある場合, あるいは微粒子凝集体や不規則形状粒子のように対称性のない形状でも方向平均をとった場合には, 散乱波の強度分布は入射波の進行方向 z 軸まわりに対称であり, 強度分布は散乱角 θ のみの関数である. ここで θ は z

軸と散乱波の進行方向とのなす角である．サイズ・パラメータ $x = 2\pi a/\lambda \ll 1$,
つまり波長に比べて小さい粒子では，散乱波の強度分布は，球の中心をとおり z
軸と直交する面に対して対称である．前方（$\theta = 0°$）と後方（$\theta = 180°$）で散乱
強度は最大になり，それと直交する方向（$\theta = 90°$）で最小となる．$x \ll 1$ の散
乱はレイリー散乱（Rayleigh scattering）と呼ばれる．x が大きくなるにつれ
て，前方散乱が強くなる．$x > 1$ では前方散乱が卓越する．この傾向は金属粒子
（k が大きい）ではさらに著しくなる．

6.6 磁場による星間微粒子の整列と星の光の偏光

星間空間を伝わってくる遠方の星からの光は偏光していることが観測から知ら
れている．観測によると星からの光の電場ベクトルは，星間磁場に平行な成分が
垂直な成分より大きい．星から出たばかりの光の電場ベクトルは，平均すると，
どの方向にも偏りはない．星からの光は星間空間を伝わってくるあいだに偏光す
る．上述の観測事実は，星からの光が星間空間を伝わってくるあいだに，磁場に
垂直な電場ベクトルの成分が星間微粒子によって吸収をより多くうけていること
を示している．

星からの光をその進行方向前方から観測するとき，球粒子では偏光は生じな
い．観測されている偏光を説明するためには，非球粒子，たとえば回転楕円体粒
子や微粒子凝集体の存在が必要である．さらに回転楕円体粒子の短軸が磁場と平
行になるように整列する必要がある．

デイビス（L. Davis）とグリーンシュタイン（J.L. Greenstein）は整列メカニ
ズムとして，常磁性体の回転楕円体粒子による常磁性緩和を提案した．図 6.9 で
そのアイデアを定性的に説明しよう．

まず磁場がないとして，回転楕円体形の粒子がガス分子の衝突によって回転し
ている状況を想定しよう（a）．回転楕円体はパンケーキ型（oblate）とする．回
転楕円体の三つの主軸のまわりの慣性モーメントをそれぞれ I_x, I_y, I_z とする．
短軸を z 軸とすると

$$I_z > I_x, I_y \tag{6.15}$$

である．ガス分子と熱平衡にあって回転している回転楕円体では，エネルギー等

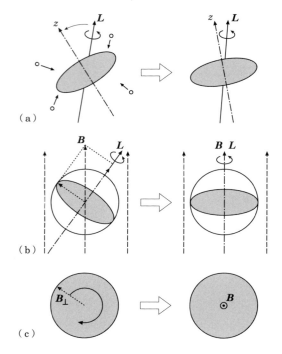

図 **6.9** 磁場による星間微粒子の整列機構.

分配則が成り立ち,それぞれの軸まわりの回転エネルギーは等しい.すなわち

$$\frac{L_x^2}{2I_x} = \frac{L_y^2}{2I_y} = \frac{L_z^2}{2I_z}. \tag{6.16}$$

ここで L_x^2, L_y^2, L_z^2 は,回転楕円体の回転の角運動量の成分の 2 乗平均である.よって (6.15) より

$$L_z > L_x, L_y. \tag{6.17}$$

つまり角運動量ベクトルの成分のうち,短軸（z 軸）に平行な成分が大きい.すなわち,ガス中で回転楕円体粒子が回転していると,その角運動量の向きは短軸に平行となる傾向がある.回転が非熱的な原因,たとえば粒子表面で形成された分子が飛び出すときの反跳であっても,統計的にみたとき反跳が等方的であれば,この傾向は変わらない.

一方，球粒子が磁場中で回転している状況を想定しよう（(b)，(c)）．初期には各微粒子の回転の向きはランダムな分布であったとする．角運動量ベクトルLをもつ粒子は，自分が静止している座標系からみると，Lに垂直な平面に射影した磁場成分はこの面内で回転しているように見える．したがって，時間的に変化する磁場によって内部の磁化が時間的に変化させられるので，エネルギーの散逸（磁場のエネルギーが熱的なエネルギーに変換されること）が起こる．微粒子が電気伝導度をもつときは，粒子内に誘導電流が生じ，その電流が粒子自身のもつ電気抵抗のため熱となることによってもエネルギー散逸が起こる．

これに対して，LがBと平行なときは，回転速度がきわめて速くない限り，粒子に固定した座標系からみても磁場は変化しないから，エネルギー散逸はない．現象はエネルギー散逸が少ない方向にすすむから，磁場中で回転する粒子は，その角運動量ベクトルが磁場と平行になる傾向がある．

（a）と（b），（c）とを考えあわせると，次のことが予測される．すなわち，磁場中で回転する回転楕円体粒子は，その短軸が回転軸になり，それはまた磁場とも平行になるように整列する傾向がある．このように整列した多数の回転楕円体粒子群はあたかも，磁場に垂直な電場ベクトル成分を選択的に吸収するスリットの役割をはたす．遠方の星からきた光が，まばらに分布した回転楕円体粒子群を通過するとき，光の電場ベクトルのうち，磁場に平行な成分の方が吸収されにくい．つまり，磁場に平行な偏光を生じる．これは観測と一致する結果を与える．もちろん，ガス分子の衝突は粒子が完全に整列することを妨げるため，完全な偏光は期待できない．

ここで説明した整列メカニズムは星間偏光の特徴を定性的には説明するものの，その整列の程度を定量的に説明するうえで問題が残されている．このため，これ以外にもいくつかの整列メカニズムが提案されている．

最も大きな問題は，一般の星間空間では，ガス分子による衝突により整列が乱される割合が，常磁性緩和より大きいことが予想され，十分な整列が起こることが難しいと考えられることである．そのため，粒子の表面が不均一で，その上で形成された分子が飛び出す方向に非等方性があり，粒子が熱平衡より速く回転すれば（超熱的回転），ガス分子の衝突による乱れが低減し，整列が促進される過程などが提案された．しかし，表面の不均一性は時間とともに変化することが予想

されるため，定常的に同じ方向に超熱的回転が持続するかが自明ではない．近年では，非球対称な微粒子に方向性がある光が当たると，そのトルクにより扇風機の逆のような過程で，超熱的回転が持続的に起こることが提案された．単純な解析モデルを用いてこの過程は詳細に調べられて，効率的に働くことが示されている．現在では，このように入射光トルクが働き，星間微粒子の整列が起こるモデル（放射トルク整列機構）が広く受け入れられている．特に，微粒子に微量の金属鉄が含まれていると，ほぼ完全に磁場の方向に整列することが示されている．

星間空間の磁場構造は，この星間微粒子の整列を利用した可視光や近赤外線の偏光観測で詳しく調べられているが，近年では遠赤外線からサブミリメートルの長い波長帯でも偏光観測が行われている．この波長帯では，可視光・近赤外線での吸収による偏光ではなく，星間微粒子の熱放射の偏光が観測される．したがって，可視光・近赤外線とは偏光の方向が垂直になる．長い波長での偏光観測は，可視光・近赤外線では観測の難しい分子雲など密度の高い領域の磁場構造の研究に重要な情報を与えている．

6.7　星間微粒子の形成

図 6.10 に銀河系における星間微粒子の生成とその循環を示した．星間微粒子は進化した星から放出されるガス中で形成される．赤色巨星，AGB 星，新星，超新星などから多量に放出されるガスが周りの空間中を膨張しながら 1000 K 程度まで冷えたとき，ガス中の重元素が星間微粒子として凝縮する．ケイ素（Si），マグネシウム（Mg），鉄（Fe），炭素（C），およびそれらと結合する酸素（O），水素（H）が星間微粒子を構成するおもな元素である．実際，これらの元素は星間ガスから欠乏している（6.2 節参照）．これらの元素からケイ酸塩（たとえば Mg_2SiO_4）あるいは炭素系の微粒子が形成される．

また，星間微粒子を多量に含む星間分子雲のような 100 K 以下の低温環境では H, C, N, O 原子からなるガス成分も，ケイ酸塩粒子や炭素粒子の表面に H_2O, CO, CO_2 などの氷として固化する．そして星間分子雲内では星やその周りに原始惑星系円盤が形成される．原始惑星系円盤内の星間微粒子から，蒸発や再凝縮等を経て惑星系が形成される．さらに，その中心星はいずれ赤色巨星に進化し，その周りに星間微粒子を形成する．

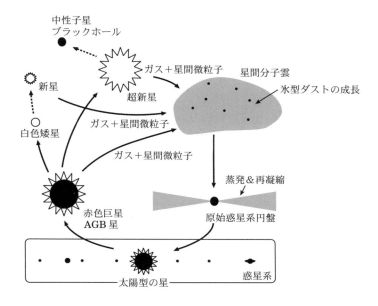

図 **6.10** 宇宙における星間微粒子の形成と循環.

このように星間微粒子は銀河系において星や惑星の形成・進化と関わりながら，種々の生成過程を経て循環している．

6.7.1 星間微粒子の組成をきめる要因

ある元素組成をもったガスから星間微粒子が形成されるとき，その組成を決定するもっとも重要な因子はガスの元素組成のうち，炭素原子 C と酸素原子 O の個数比 C/O である．

図 6.11 に C, O 以外の元素組成が太陽系元素組成と等しい組成をもつガスから凝縮する固体の組成とその平衡温度を示した．平衡温度とは，ガスと凝縮した固体とが化学平衡に達する温度である．ガスがきわめてゆっくり冷える場合には，平衡温度でガスと固体（の塊）が共存する．

図から C/O = 1 ($\log_{10}$ C/O = 0) で凝縮する固体の組成が著しく変わることに注意しよう．C/O < 1 ではコランダム（Cor.）Al_2O_3，ペロブスカイト（Per.）$CaTiO_3$，スピネル（Sp.）$MgAl_2O_4$ といった酸化鉱物やゲーレナイト

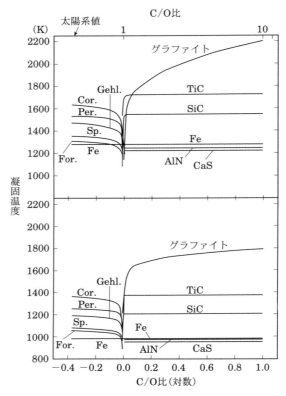

図 6.11 太陽系元素組成のガスが高温からゆっくり冷えたとき凝縮する固体の組成とその平衡温度．ただしガスの元素組成のうち，炭素と酸素の比（C/O 比）のみは変数として太陽系 C/O 比とは異なる種々の値をとっている．それぞれの組成の固体について，ガス温度が平衡温度より低温になると，ガスからその固体が凝縮できる．図中の記号は凝縮する固体の組成を示している．Cor.: Al_2O_3, Per.: $CaTiO_3$, Gehl.: $Ca_2Al(AlSi)O_7$, Sp.: $MgAl_2O_4$, For: Mg_2SiO_4．その他は化学式である．上図はガスの全圧が 10^{-5} bar，下図はガスの全圧が 10^{-10} bar（1 bar $\simeq$ 1 気圧）の場合の平衡温度を示している．これらの値はそれぞれ，原始太陽系円盤において地球型惑星が形成される領域で想定されるガスの全圧と赤色巨星の周りで星間微粒子が凝縮する領域のガスの全圧の典型値である．ガスの全圧が大きく異なってもそれぞれの固体の平衡温度の高さの順序は変わらないことに注意（Lodders & Fegley 1995, *Meteoritics*, 30, 661）．

（Gehl.）$Ca_2Al(AlSi)O_7$ のようなカルシウム・アルミニウムケイ酸塩が高温で
凝縮する．さらにガス温度が低下すると，フォーステライト（For.）Mg_2SiO_4
のようなマグネシウムケイ酸塩や鉄 Fe が凝縮する．太陽系元素組成では，Mg
や Fe は Ca, Al, Ti と比べて 1 桁以上多いことから，$C/O < 1$ のときは，マグ
ネシウムケイ酸塩と鉄が主成分固体である．平たくいえば，ケイ酸塩は「石」あ
るいは「砂」のことである．太陽系組成では $C/O < 1$ であることから，太陽系
の固体の主成分は「石」と鉄である．その結果，太陽に近い軌道で生成された地
球型惑星は「石」と鉄からできている．それに対して低温度環境の木星より外側
の領域では氷を主成分とする固体でできている．

　一方，$C/O > 1$ になると固体組成は一変する．高温域では炭素固体 C（グラ
ファイト）やチタン・カーバイド TiC, シリコン・カーバイド SiC といった炭
素系の固体が形成される．温度が低下すると鉄 Fe, AlN, CaS が固体として凝縮
する．これらのうちの主成分固体は C, SiC, Fe である．$C/O > 1$ の状況は炭
素星や超新星で放出されるガス殻で実現される．

6.7.2　星間微粒子生成の素過程

　ガスから固体微粒子が生成する過程は，基本的には空気中の水蒸気から水滴ま
たは氷粒子に凝結する過程と同じである．つまり過飽和になった蒸気から粒子が
析出する．しかし水蒸気の凝縮では H_2O の蒸気が H_2O の液滴や氷粒子になる
だけでその化学組成は変わらない．これに対して，宇宙でのケイ酸塩，たとえば
Mg_2SiO_4 の凝縮では，Mg_2SiO_4 といった蒸気分子はなく Mg, SiO, H_2O のよう
な蒸気分子から Mg_2SiO_4 の固体粒子が凝縮する．星間分子雲のような低温環境
における星間微粒子表面での H_2O 氷や CO_2「氷」の形成においても同様である．
つまり，化学反応を通じて，もとの蒸気の組成と異なる組成の粒子が生成される．

　地球大気中での水蒸気の凝縮では「たね」となる塵が存在し，その表面に水蒸
気が凝縮する．これに対して，星から放出されたガスのように，高温ガスから固
体粒子が形成される場合には「たね」になる塵は存在しない．さらにこの場合に
は，ガス中の種々の分子やイオンも固体粒子の形成に関与する（6.8 節参照）．

　このように，宇宙における固体粒子の形成とその変成の過程はかなりこみいっ
ている．以下では化学反応やもともと存在する「たね」はしばらく忘れ，星間微

150　第 6 章　星間微粒子

粒子形成の基礎的な描像をまず明確にしよう．以下では，星間微粒子生成の一般
論として，固体微粒子生成について議論する．

　星から放出されたガスが冷えてある温度 T_e に達したとき，ガス中の重元素か
らなる蒸気の分圧が飽和蒸気圧に達する．この温度が 6.7.1 節で述べた平衡温度
である．しかし実際には $T = T_e$ では凝縮は起こらない．さらに温度が低下して
蒸気が過飽和になることが必要である．過飽和蒸気中では，蒸気分子同士の衝突
によって蒸気分子が何個か集まったクラスターができる．その大きさは時間とと
もに変動する．小さいクラスターでは，それを構成している分子の離脱確率（蒸
発率）の方が蒸気分子の付着確率（成長率）より大きい．しかしクラスターの大
きさがたまたまある臨界サイズをこえると，固体内の分子同士の結合力が効くよ
うになり，成長率の方が蒸発率より大きくなる．そのクラスターは蒸気分子をつ
ぎつぎと付着させて固体微粒子へと成長する．臨界サイズのクラスターはいわば
固体微粒子の「たね」であり，凝縮核と呼ばれる．そして，過飽和蒸気中で凝縮
核がつくられる現象を核生成（nucleation）とよぶ．

　凝縮核の大きさと核生成率とは，凝縮する物質の表面張力の大きさと，蒸気の
過飽和比すなわち蒸気の分圧と飽和蒸気圧との比によってきまる．表面張力が小
さく，また過飽和比が大きいほど，凝縮核のサイズは小さく，核生成率は大き
い．つまり固体微粒子はできやすい．蒸気の温度とともに過飽和比が増加し，あ
る臨界値に達すると，核生成率は急速に増加する．ここで生成された凝縮核はま
わりの蒸気分子を付着させて固体粒子へと成長する．

　図 6.12 にその過程を示した．時刻 $t = 0$ で飽和に達した蒸気がさらに冷却す
ると過飽和になる．過飽和度が臨界値に達すると，顕著な凝縮核生成が起こる．
これが実際に凝縮がおこる温度，凝縮温度 T_c である．顕著な核生成は凝縮温度
T_c に達した時刻 $t = t_J$ を中心とする短時間に起こる．ここで生成された核は蒸
気分子を吸着して成長し，ガス中の蒸気分子が消費し尽くされた時点で粒子の成
長は完了する．

　このように，冷却しつつある蒸気からの固体微粒子の生成は，（1）平衡温度
T_e に達してから顕著な核生成が起こるまでの待ち時間，（2）核生成，（3）核
から固体微粒子への成長，という 3 段階を経る．各段階の継続時間の比は 1 :
1/100 : 1/10 の桁である．

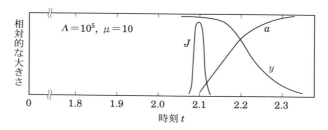

図 6.12 過飽和状態の蒸気からの固体微粒子の生成過程．横軸は時刻 t である．冷却しつつある蒸気が飽和に達した時刻を $t=0$ ととってある．このときの温度が平衡温度 T_e である．J は核生成率，a は固体粒子の半径，y は固体粒子の原料となる蒸気分子の量を表す．核生成は J がピークに達する時刻 t_J 付近の短時間に起こる．このときの温度が凝縮温度 T_c である．$t=t_J$ 付近で生成された粒子の「たね」は原料の蒸気分子を消費しながら成長し，蒸気分子がなくなった時点で最終半径に達する．Λ, μ については本文を参照（Yamamoto & Hasegawa 1977, Prog. Theor. Phys., 58, 816）.

固体微粒子の生成過程は二つのパラメータのみで特徴づけられる．第 1 のパラメータ Λ は微粒子が形成される環境の物理条件できまり，蒸気の数密度に比例し，その冷却速度に反比例する．これに対して，凝縮する微粒子の種類の違いは，その表面張力に比例する第 2 のパラメータ μ に反映される．

$$\Lambda \propto \frac{\text{蒸気分子の数密度}}{\text{ガスの冷却速度}}, \quad \mu \propto \text{粒子の表面張力}. \tag{6.18}$$

星間微粒子が生成される天体が異なっても二つのパラメータ Λ と μ が等しい条件下では，微粒子の生成過程は相似となる．その結果，生成される微粒子のサイズや個数も Λ と μ のみできまる．粒子サイズおよび単位体積あたりに生成された粒子の個数（粒子数密度）と Λ, μ の間には，ほぼ

$$\text{粒子サイズ} \propto \Lambda, \quad \frac{\text{粒子数密度}}{\text{蒸気分子の数密度}} \propto \Lambda^{-3} \tag{6.19}$$

の関係が成り立つ．つまり蒸気分子の数密度が小さくガスが速く冷えるほど，小さい粒子が多数できる．逆も同様である．粒子サイズと数密度は第 2 のパラメータ μ にはあまり依存しない．粒子のサイズはそれが形成された環境の物理状態

を反映していることに注意しよう. 一方, 過冷却の度合 $\Delta T = T_\mathrm{e} - T_\mathrm{c}$ は Λ にはあまり依らず, 粒子の表面張力に比例する第 2 のパラメータ μ できまり, ほぼ

$$\Delta T \propto \mu^{3/2} \tag{6.20}$$

の関係が成り立つ. つまり表面張力の大きい物質ほど, その粒子が凝縮するためには大きい過冷却が必要である.

6.8 星間微粒子のシミュレーション実験

星間微粒子はおもに死にゆく星がその質量を大量に失う際の放出ガスから作られる (星周微粒子). 続いて, この固体微粒子の上に氷が堆積し, 反応場として使われる (星間微粒子). また, 新しい星が生まれる過程においては, 星間微粒子同士の衝突破壊, 星からの光の照射, 加熱による結晶化や蒸発, 再凝縮等によって, その多くが変成を受ける. 星, 惑星, 彗星等の形成過程を知るためには, 星間微粒子の生い立ちを知ることが必要である. 近年はサンプルリターンによる微粒子の調査が可能になったが, 宇宙のさまざまな環境に存在する星間微粒子を直接手に取り調べることは容易ではない. そこで, 星間微粒子の類似物が実験室でつくられ, さまざまなステージにおける星間微粒子の振る舞いが調べられている.

6.8.1 実験室における星間微粒子の類似物の生成

天体に似せた環境中でさまざまな微粒子を合成する実験が行われている. ガスバーナーのように混合ガスから生成する方法では, 星からの放出ガスの主成分である水素やヘリウムガス中で反応性のガスを混合し, 燃焼させ, 微粒子を生成している. たとえば, 酸素とモノシアン (SiH_4) ガスを混合させ数百度に加熱すると, ガスバーナーのように燃焼し, このガスが冷える過程で微粒子ができる. ここに鉄, マグネシウム, アルミニウム, カルシウム等を導入することで, 6.7.1 節で述べられているような種々の酸化物および主に非晶質のケイ酸塩微粒子が星間微粒子類似物として生成される (図 6.13). このときのガス分子の反応過程に対応する, 星間微粒子形成領域での反応経路探しも行われている.

また, 燃焼過程に代わってプラズマ化したガスから微粒子を生成する実験も行われている. 宇宙にはプラズマ化されたガスが広く存在しており, プラズマ中で

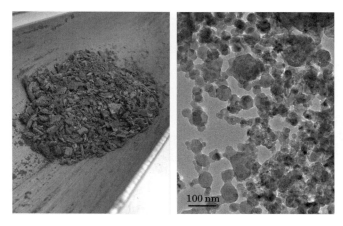

図 **6.13** 混合ガスから生成した星間微粒子の類似物（ケイ酸塩）とその透過型電子顕微鏡写真.

生成したケイ酸塩微粒子では酸素同位体の存在比が隕石中にみられるような異常を示すことが報告されている（第 9 巻 5.2 節参照）．6.3 節で述べられたように，赤外線放射の細かいバンド構造をよく再現する QCC（Quenched Carbonaceous Composite; 急冷炭素質物質）もプラズマを用いて生成されている．メタンを原料とし，赤色巨星の表面温度（3000 K）程度に加熱されてプラズマ状態となったガスを真空中へ放出し，基板上へ吹き付けることによって急冷された炭素質物質，QCC が作られる．この QCC は，グラファイトが巻いたタマネギ状の構造をしている直径 10 nm 程度の微粒子であり，その可視・紫外スペクトルは図 6.1 に示す星間減光曲線も良く再現している．図 6.14 に QCC 生成実験の様子と電子顕微鏡写真を示す．

　赤外線放射のバンド構造を説明する他の物質として PAH が盛んに研究されている（6.3 節参照）．アルゴンガスとさまざまな PAH のガスを同時に冷却基板上に堆積させ，アルゴン氷中の PAH 分子の赤外線スペクトルが測定されている．また，紫外線の照射でイオン化した PAH のスペクトルを同時に測定して，星周での電離環境（6.4 節を参照）と合わせて星間空間に漂う PAH 分子の化学進化が議論されている．また，エチレンとベンゼンをレーザーによって熱分解させて生成した炭素質微粒子から，PAH を抽出して星間微粒子を構成する分子の生成

154 | 第 6 章 星間微粒子

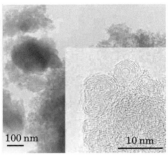

図 **6.14** プラズマからの QCC の生成実験（左）．中央で明るく光っているところがプラズマガスである．（右）生成された QCC の透過型電子顕微鏡写真（和田節子氏提供）．

条件を見出す研究も行われている．さらに最近，以下に述べるガス中蒸発法を用いた PAH クラスター（PAH からなる微粒子）の生成実験とスペクトル測定も行われている．

　日本で生まれたガス中蒸発法と呼ばれる手法では，物質をさまざまなガス中で加熱蒸発させることで，金属，酸化物，炭化物，硫化物など多種類の微粒子をその成長をコントロールして生成させることができる．また，近年は星間微粒子の生成環境等に制限を加えるために，成長過程に加えて形成初期過程に注目した実験も行われている．たとえば，鉄の板を成長させる地上実験で，鉄原子は鉄の板に衝突するとほぼ必ず取り込まれる（付着確率〜100%）ために，金属鉄ダストは効率よく形成すると考えられてきた．これに対し，ロケットを用いた微小重力実験で気相から金属鉄ダストが形成する初期過程の効率が調べられ，付着確率はわずか 0.002% 程度であることが分かった．これは，鉄粒子はいったん形成すれば効率よく成長するのに対して，その結晶核の形成（核生成）はきわめて起こりにくいことを示している．星間空間にはダストは豊富に存在しているので，その形成は効率よく進むと考えられてきたが，この結果はダストの形成環境を反映したさらなる確認実験とモデルの再考を求めている．

　実験室で星間微粒子類似物を生成するためにさまざまな手法が考案されているが，どの手法も自然の星間微粒子の生成環境を十分に満足してはいない．これらの手法では，微粒子は実験装置内の圧力が 10^3–10^4 Pa 程度のところで生成され

ている．これは，実際に星間微粒子が作られる環境と比べると 3–9 桁も高い圧力である．短い平均自由行程と急な温度勾配のため，粒子の成長は蒸発源から数 mm，時間にして 10^{-2}–10^{-1} 秒ほどの短いタイムスケールで起こる．実際には，より低い圧力下でかつ非常に長いタイムスケールの中で星間微粒子は生成されるため，シミュレーション実験の結果を実際の環境と比較して考察することが重要である．また，微粒子の電場，磁場，プラズマ場中での生成実験も行われており，微粒子の成長が生成環境に大きく依存することがわかってきている．したがって，実験条件を正確に把握し，理論計算や隕石の分析，天体観測といった多方面からの研究と合わせて議論を行う必要がある．

6.8.2 微粒子の分析と展開

もっとも頻繁に行われている微粒子の分析手法は光学スペクトル測定である．進化のさまざまな段階における天体と，星間微粒子類似物とのスペクトル（おもに赤外線域）の特徴を比較し，観測天体周辺に存在する物質が同定される．物質のスペクトルは，結晶構造，サイズ，形，構造欠陥などに敏感であるため，星間微粒子形成の条件と環境が議論できる．気相から微粒子が形成する過程の赤外線スペクトルを取得する実験も行われており，星周環境との時空間的な比較研究が進みつつある．さらに，星間微粒子類似物を触媒として用いた粒子表面での有機物の生成実験も行われている．また，熱変成実験においては，星間微粒子類似物の結晶化とスペクトル変化の結果から，星間微粒子が受けた熱履歴が予測され，原始太陽系星雲の形成過程が議論されている．そのほかにも，蒸気圧測定，無重力下での生成実験，蒸発過程の解明，同位体分別機構の探求など多くの実験が行われている．

6.8.3 微粒子の特徴

星間微粒子の大きさは小さい物では数 nm しかなく，この大きさになると普段我々の生活の中で目にする大きさの状態とは異なる特性を持つようになる．その代表的な例に融点降下と構造変化がある．一般的に物質は nm サイズまで小さくなると，その状態図における融点が 7 割程度に下がることが知られており，安定な構造も異なることがある．融点降下は，固体微粒子の成長を考えるときに重要

となり，構造変化はスペクトルの変化を引き起こす．実際に隕石中でのみ見つかっているテトラテーナイト（鉄ニッケル合金）粒子は，ナノ領域特有の性質によって初めて合成が説明された．また，炭化シリコンや硫化鉄などは数十種類以上の多形を持ち，生成環境や温度によって異なる相が出現し，そのスペクトルも大きく変化する．したがって，電子顕微鏡等を用いて，生成した粒子を直接観察し，生成物質と構造を特定して，スペクトルと合わせて生成環境の議論をすることが必要である．

第 7 章

星間磁場

　星間磁場は星間物質の物理において本質的な役割をもつ．銀河のような大きなスケールにおいては，たとえば銀河系円盤では磁場に捕えられた高エネルギー荷電粒子の圧力と磁気圧が粒子の運動によるガス圧に加わり，これが重力とバランスをとることによって円盤の鉛直方向の物質分布を決めている．

　銀河系では太陽系近傍において平均数 μG 程度の磁場が貫いているが，中性水素原子雲（H I 雲），分子雲，分子雲コア，星周領域などの星間物質においてもさまざまな大きさの磁場が存在する．たとえば，密度が 10^3–10^4 cm^{-3} 程度の分子雲では 10–100 μG 程度の磁場が，密度が 10^8 cm^{-3} 程度のメーザー領域では 10 mG 程度の磁場が存在することが知られている．

　磁場 $\boldsymbol{B}$ のある空間を電荷 q を持つ荷電粒子が速度 $\boldsymbol{v}$ で動いているとローレンツ力 $\boldsymbol{F} = q\boldsymbol{v} \times \boldsymbol{B}$ を受けて荷電粒子は磁場のまわりを回転し，磁場と荷電粒子は深く結びつく．ここに中性の粒子（原子，分子）があって動き回っており荷電粒子と頻繁に衝突して運動量の交換をしているとすると，中性粒子は荷電粒子と深く結びつき，一体となって動くことになる．結果として中性粒子も磁場と深く結びつくことになる．これをガスと磁場の「凍結」という．この状態でガスの塊が動くと磁場もそれに引きずられて動き，逆にガスは磁場の圧力も受けることになる．星間空間中においては，非常に高密度な領域を除いては，このように星間物質は磁場に凍結している（8.2.4 節参照）．したがって，星間磁場はガスの回

転，圧力，乱流と同様に，星間分子雲や分子雲コアなど小さなスケールの構造を重力収縮に抗して支える上でも重要な役割を果たしている．分子雲の収縮に伴うガスの密度 n の増加とともに磁束密度 B も増大する．後述のゼーマン効果の観測などから，$B \propto n^{0.5}$ の関係が示唆されている．

磁場はベクトル量であり，観測的には視線に垂直な成分 $B_\perp$ と視線に平行な成分 $B_{/\!/}$ に分けられる．磁場の影響によって電磁波の振動面の偏りが生じる．電磁波の振動面の偏りは，X 線，紫外線，可視光，赤外線など短い波長では偏光と呼び，サブミリ波，ミリ波，電波など長い波長域では偏波と呼ぶ．

代表的な偏光あるいは偏波の測定法としては，視線に垂直な成分 $B_\perp$ を観測するもの（星間微粒子による星間偏光，シンクロトロン放射，チャンドラセカール–フェルミの方法）と，視線に平行な成分 $B_{/\!/}$ を観測するもの（ゼーマン効果，ファラデー回転）がある．近年，星間偏光およびゼーマン効果による星形成領域の観測に大きな進展がみられた．本章ではこの二つを中心に解説するが，他の手法についても簡単に述べる．

7.1 星間偏光観測

星間偏光は，星間物質中にある星間微粒子（星間ダスト）が何らかの原因で整列を受けて，背景にある天体からの光がその媒質中を通過する際に選択的吸収を受けるために生じる（6.6 節参照）．選択的吸収を起こすためには，星間微粒子は光学的に非等方的（たとえば，非球形など）でなければならない．星間微粒子に整列を生じさせる原因としては磁場がもっとも有力である（したがって，星間偏光は磁場を調べる手段（トレーサー）となりうる）が，領域によっては磁場を必要としない整列機構が卓越する場合も予想されている．磁場による星間微粒子の整列機構の理論としてはデービス–グリーンシュタイン機構（Davis & Greenstein 1951）や，放射トルクによる整列機構（Lazarian & Hoang 2007）などが用いられている（詳細は 6 章参照）．整列機構についてはまだ議論が収束していないため，以下ではデービス–グリーンシュタイン機構に基づいて記述する．

原子・分子との衝突によってスピンを受けた非球形星間微粒子は，その常磁性に伴う磁気モーメントと磁場との相互作用によって，星間微粒子の長軸が磁場に垂直になるような整列を受ける．このような整列を受けた星間微粒子を含む媒質

中を光が通過すると星間微粒子の長軸に沿う選択的吸収が大きいため，透過した光は星間微粒子の長軸に垂直，したがって，整列を起こす磁場に平行な方向に偏光する．すなわち，観測された偏光ベクトルの方向がそのまま天球上に射影した磁場の方向を表す．

弱い磁場中あるいは擾乱の大きい媒質中でも偏光が観測されているため，整列効率を向上させるさまざまな提案がある．星間磁場は，1949年にヒルトナー（W.A. Hiltner）とホール（J.S. Hall）によって独立に発見されたが，現在は可視光・近赤外線・中間赤外線波長で検出されており，銀河磁場から分子雲コアの規模までの磁場構造の測定に使われている．また最近は，遠赤外線・サブミリ波・ミリ波の波長域で，星間微粒子の選択的熱放射による偏光（偏波）も検出されており，同じく磁場のトレーサーとして用いられている．これによって，分子雲コアや星周構造などの高密度領域の磁場構造に迫ることが可能になった．

7.1.1 可視光による星間偏光観測

我々の銀河磁場の広域構造を示すものとしては，マシューソンとフォード（D.S. Mathewson & V.I. Ford）による約7000個の星の偏光のカタログや，最近のハイレス（C. Heiles）の星間偏光カタログが有名である（図7.1）．大局的には銀河面に平行に走る磁場構造が顕著だが，局所的（100–600 pcの距離）にはそれにしたがわない特徴的な構造（磁場が螺旋的に渦を巻いているような構造）も見られる．

可視光波長では，分子雲中の微粒子による吸収のため内部を見通すことはできないが，周辺部を通して見える吸収が比較的小さい背景星を観測することにより，分子雲の周辺部の磁場構造を明らかにすることができる．以前は光電子測光管を用いた観測が主だったが，現在はCCDを用いた偏光撮像装置により多数の背景星を同時に観測する．しかし，偏光測定精度の点では，必ずしも以前より高精度の星間偏光のデータが得られているわけではないことに注意すべきである．

バーバ（F.J. Vrba）たちの観測は，星形成領域・分子雲における磁場の役割解明を目的とした最初の例である．写真乾板から選択した背景星をサンプルとして，2–4 m望遠鏡を用いて0.2%程度の精度をもつ可視光偏光観測を，暗黒星雲 B 42（へびつかい座），L 1630（オリオン座），L 1450（ペルセウス座），みなみの

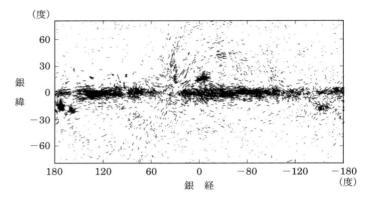

図 7.1 銀河座標で表示した可視光星間偏光データ．各ベクトルの長さと方向が，その位置にある星の偏光の大きさと方向を表している（Whittet 2003, *Dust in the Galactic Environment*, IoP Publishing, London）．

かんむり座 R, L 1551（おうし座）に対して行い，分子雲の周辺部の磁場構造を描き出した．分子雲によって，そろった磁場が見られるものとランダムな磁場が支配するものとが存在する．特に，B 42 における細長く伸びた構造（ストリーマー）にそろった磁場の存在と，それ以外の乱れた成分の存在は興味深い．

おうし座分子雲の周辺部の観測については，もっとも詳しい星間偏光データが存在する．おうし座分子雲複合体の周辺部の可視光星間偏光観測によると，局所的には磁場の方向はよくそろっており，磁場は分子雲全体にわたってスムーズにつながっている（図 7.2（上））．この結果から，おうし座分子雲の収縮において磁場が重要な役割を果たした可能性が示唆されている．

7.1.2 近赤外線による星間偏光観測

分子雲は，暗黒星雲の名のとおり可視光で見通すことができないので，可視光の星間偏光観測では暗黒星雲内部の磁場のようすを描き出すことができない．近赤外波長（1–2.5 μm）では星間減光が小さいので，分子雲の内部を見通すことが可能である．これを活用したものが近赤外偏光観測である．実際，同じ星の星間偏光を可視光と近赤外波長で観測すると，同じ偏光角を示しており，近赤外波長における星間偏光のメカニズムは可視光の星間偏光と同じ機構と考えられる．

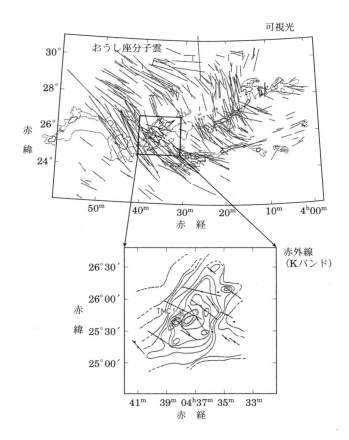

図 7.2 おうし座分子雲複合体の可視光星間偏光およびその一部のハイレス分子雲（Heiles Cloud）2 の赤外線星間偏光 (Tamura & Sato 1989, *AJ*, 98, 1368; Tamura *et al.* 1987, *MNRAS*, 224, 413).

初期の近赤外線による星間偏光観測としては，前述のバーバらにも一部データが含まれているが，系統的な近傍分子雲の近赤外線星間偏光サーベイは京都グループによって行われた（図7.2（下））．これまでの赤外線サーベイで発見された分子雲（おうし座，へびつかい座，ペルセウス座）の内部の方向の背景星もしくは内部の（若い）星をサンプルとする．偏光の方向からみた三つのパターンは，近赤外偏光と可視光偏光とがほぼ一致する場合と，近赤外偏光でのみ別成分

がある場合に分類できる．各分子雲ごとに個性があるが，各分子雲中のもっとも濃いコアの領域では「コアの長軸 ⊥ 磁場の方向」の関係が示唆される．これは，磁場が重要な場合の分子雲コアの収縮の描像と合っている．

　その後，近赤外線による星間偏光観測は本当に分子雲内部の磁場を示しているのかという問題が提起された．その理由は，可視光での星間偏光の方向と近赤外での星間偏光の方向があまりにもよく一致していることと，近赤外星間偏光の大きさが A_V に比例せず，偏光効率が A_V の大きなところでは小さくなるということであった．しかし，へびつかい座 ρ 分子雲コア B（ρ Oph B）領域のように，赤外星間偏光でのみ観測される A_V の大きな領域で，可視光から求められた分子雲周辺部の磁場の方向と明らかに異なる成分が見られる．さらに，おうし座分子雲のもっとも濃い領域を通して見えている背景星 Elias 16 に対して，氷の吸収に伴う偏光の増加が見られ，その方向は近赤外の他の波長と同じである．これは氷マントルが形成されているような分子雲の内部で磁場が存在し，かつ，整列を受けている証拠である．さらに最近では，熱放射の偏光から，低温度の分子雲コアの磁場が直接観測されており，へびつかい座ではその方向は近赤外偏光と垂直で，磁場による整列から期待される方向と一致している．

7.1.3　遠赤外線・サブミリ波による偏光観測

　分子雲中あるいは星形成領域中に，整列した非球形星間微粒子が存在し熱放射しているならば，その熱放射は偏光[*1]することが予測されていた．これらの領域において，遠赤外線，サブミリ波，およびミリ波の一部の放射は，星間微粒子からの熱放射が卓越している．天体からの熱放射の偏光測定の最初の試みはコーネル大学のグループによって飛行機搭載望遠鏡で行われていたが，オリオン KL 天体[*2]に対して上限値が得られていただけであった．しかし，1980 年代初めに，ロンドン大学のグループが気球搭載望遠鏡によって波長 40–350 μm において，またシカゴ大学のグループがカイパー飛行機搭載望遠鏡（KAO）によって波長 270 μm において，どちらもオリオン領域に対して最初に有意な偏光を検出した．

[*1] 電磁波の偏りは赤外線では偏光，サブミリ波では偏波と呼ぶことが多いが，両波長における熱放射による偏光を議論するこの節では，用語を「偏光」と統一して用いる．

[*2] クライマン–ロウ天体．オリオン大星雲の中心にある赤外線源（8.1.2 節参照）．

偏光度はわずか2%程度であるが、遠赤外からサブミリ波の波長域の熱放射は実際に偏光していることが実証された。

　その後もKAOを用いた遠赤外偏光観測が継続され、銀河系中心でも偏光の検出に成功したが、偏光度が数%程度と小さいこともあり、星形成領域ではあまり進展が見られなかった。ところがサブミリ波あるいはミリ波専用大口径望遠鏡における高解像度（約10–数10秒角）の偏光観測が可能になることによって、星形成領域の磁場の観測が急速に進み始めた（JCMT 15 m鏡、NRAO 12 m鏡、FCRAO 14 m鏡[*3]など）。さらに、これらの波長における2次元検出器（サブミリ波・ミリ波カメラ）の登場によって感度が著しく向上し、磁場のマップも描けるようになった（JCMT 15 m鏡のSCUBA偏光器[*4]およびSCUBA2偏光器、CSO 10 m鏡のHertzおよびSHARP偏光器[*5]、SOFIA飛行機搭載2.5 m望遠鏡のHAWC+、南極のSPARO、Planck2.5 m宇宙望遠鏡の偏光器など）。

　サブミリ波・遠赤外偏光観測の意義は、可視光はおろか近赤外波長でも見通すことができないような分子雲の内部や若い星の星周構造（ディスク、エンベロープ）の磁場構造を直接に調べることができることにある。また前景や背景の星間偏光の影響が無視でき、星周構造における散乱に伴う偏光成分もほぼ無視できるという利点がある。吸収による星間偏光観測と異なり光源は連続分布しているので、原理的には解像度の高い観測も可能である。一方、中間赤外でも熱放射を検出できるが、星周構造による散乱の影響と、手前の領域の吸収による偏光の影響が無視できないと考えられる。

　サブミリ波・ミリ波における磁場の観測は、干渉計によってさらに解像度を高めることができる。限られた解像度では偏光が平均化され小さくて観測できていないような領域も、高解像度では偏光が検出されるようになるだろ

　[*3] JCMT 15 m鏡 = James Clerk Maxwell（ジェームス・クラーク・マクスウェル）望遠鏡、NRAO = National Radio Astronomical Observatory（アメリカ国立電波天文台）、FCRAO = Five College Radio Astronomy Observatory（5大学（マサチューセッツ大学、アマースト・カレッジ、ハンプシャー・カレッジ、マウント・ホリオーク・カレッジ、スミス・カレッジ））電波天文台、第16巻参照。

　[*4] SCUBA = Submillimetre Common-User Bolometer Array; SPARO = Submillimeter Polarimeter for Antarctic Remote Observing.

　[*5] CSO = Caltech Submillimeter Observatory（カルテクサブミリ波天文台）、SHARP = second generation Submillimeter High Angular Resolution Camera Polarimeter.

う．すでに，BIMA（Berkeley Illinois Maryland Association）干渉計や SMA（Submillimeter Array）干渉計を用いて数秒角の解像度の偏光観測が行われてきた．さらに，ALMA（Atacama Large Millimeter/Submillimeter Array）の観測によって，0.1 秒角の偏光が可能になり，さまざまな星形成領域や星周構造の磁場構造が明らかにされている．

低質量星形成領域のサブミリ波偏光観測としては，田村元秀ほかの先駆的観測がある．これによってクラス I 天体の星周構造の磁場構造，クラス II 天体（10.2.2 節参照）の円盤の磁場構造，および，その周辺の分子雲の磁場構造との比較などが初めて行われた．一方，星周円盤内ではかなり大きな（ミリメートルないしそれ以上の大きさの）星間微粒子の存在が明らかになっている．このような大きな星間微粒子ではサブミリ波においても散乱の効果が無視できないことが考えられるので注意が必要である．

へびつかい座分子雲コアに関しては，詳細な 800 μm の磁場マップが得られている（図 7.3）．コア全体にわたって比較的よくそろった磁場構造が見られ，近赤外星間偏光からもとめた磁場構造とよく一致している．

最近，グロビュール（3.1.2 節参照）のサブミリ波偏光観測も進みつつある．低温度のため，内部では磁場は整列しないという示唆も以前にはあったが，実際に有意な偏光が検出され，グロビュールの磁場マップも描かれている（神鳥ほか 2017 など参照）．分子雲中の原始星からのアウトフローの方向と磁場の方向との比較によると，両者は平行な場合と垂直な場合の二つに分かれる傾向があることも指摘されている．

また，近年 JCMT 望遠鏡の SCUBA2 偏光器を用いた大規模偏光サーベイプロジェクト BISTRO（B-fields In STar-forming Region Observations）により，星形成領域の高密度領域の磁場の方向と強度を求める観測が数多くの成果を挙げている（例：Ward–Thompson ら 2017）．大質量星形成領域に関しては，サブミリ波・遠赤外線の双方で多数の偏光マッピング観測が行われている．ここではオリオン領域の多波長観測の結果のみを紹介する．図 7.4 に示すように，オリオン領域の偏光マップは波長 100–1300 μm で非常によく一致している．また，これら熱放射から求めた磁場構造は近赤外星間偏光観測による磁場構造ともよく似ている．OMC–1 領域における磁場は，尾根状の分子雲の長軸に垂直

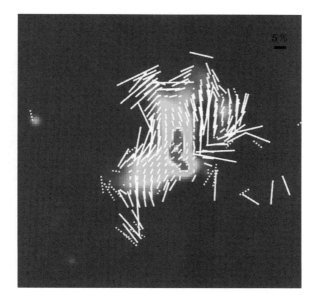

図 7.3　JCMT/SCUBA2 を用いた BISTRO プロジェクトで得られた分子雲コア ρ Oph A の 850 μm 偏光で表した図 (Kwon *et al.* 2018, *ApJ*, 859, 4). ベクトルは磁場の方向を示す.

になっている. 細かく見ると，砂時計状に磁場の曲がりがあるので，OMC–1 分子雲はもっぱら磁場に沿って収縮し，かつ，中心で生まれている大質量星の BN/KL–IRc 2 方向に向かって曲げられたとも考えられる. 大質量原始星（星団）IRc 2 領域からの大規模分子流は磁場の方向に沿っている. 一方，ブライトバーの部分では磁場が乱れており，トラペジウム[*6]が作る H II 領域による分子雲の圧縮の影響と思われる.

7.2　シンクロトロン放射の観測

　星間空間にある磁場のまわりを自由電子が高速で回転すると，荷電粒子が加速度運動をすることになるので電磁波を放射する（図 7.5, 167 ページ）. これをシ

[*6] オリオン大星雲の中心部にある若い大質量星の集団. 四つが特に明るく，不等辺四辺形を形づくるため，この名がついた.

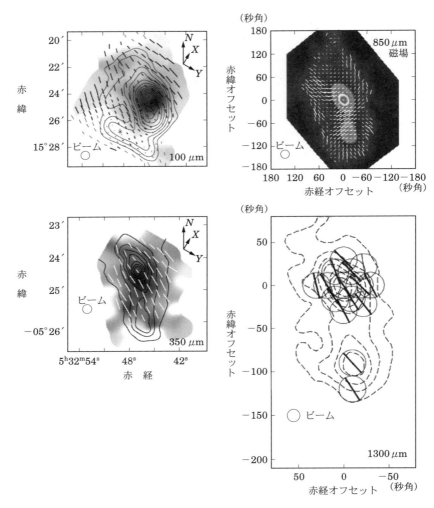

図 7.4 オリオン分子雲 OMC–1 の遠赤外線・サブミリ波・ミリ波の偏光している電場ベクトルの分布．波長 100 μm（左上）は KAO, 350 μm（左下）は CSO, 850 μm（右上）は SMT, 1300 μm（右下）は NRAO で得られたもの．850 μm の図のみが電場に垂直な磁場の方向を示す（Schleung 1998, *ApJ*, 493, 811; Siringo *et al.* 2004, *A&Ap*, 422, 751; Leach *et al.* 1991, *ApJ*, 370, 257）．

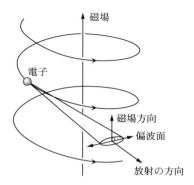

図 **7.5** 磁場のまわりを高速に回転する電子によるシンクロトロン放射.

ンクロトロン放射と呼ぶ．この放射は磁場が強いほどまた電子の数とそのエネルギーが高いほど強いが，星間空間では一般に大きなエネルギーを持った（したがって大きなエネルギー $h\nu$ を持つ光子を放射する）電子の数はベキ乗で少なくなるので高い周波数では強度が弱くなる．すなわち周波数を ν とするとフラックス密度（S_ν）は

$$S(\nu) \propto \nu^{-\alpha}. \tag{7.1}$$

ここで $\alpha > 0$ である．したがって通常は電波領域で観測される．一般的な星間空間や超新星残骸，パルサーなどで観測されるが，活動銀河中心核から出ているジェットなども強いシンクロトロン放射を出していることが知られている．

磁場の磁束密度を $\boldsymbol{B}$，磁場のまわりの電子の回転速度を $\boldsymbol{v}$ とすると放射される電場 $\boldsymbol{E}$ は

$$\boldsymbol{E} = \boldsymbol{v} \times \boldsymbol{B} \tag{7.2}$$

で与えられるので，電場の方向は磁場に垂直である．よって，観測された電波の偏波面に垂直な方向が磁場の方向である．しかし実際には，放射された電波が星間空間を観測者のところまで伝播する間に星間空間のプラズマによって7.5節で述べるファラデー回転がおこり，偏波面が回転してしまう．そのため観測された偏波の方向が放射源での電場の方向とは異なることになる．放射源での電場の方向（したがってそれに垂直な磁場の方向）を求めるためにはそのファラデー回転

168 第 7 章 星間磁場

量を測定して補正する必要がある（補正方法は 7.5 節を参照）．渦巻銀河でその補正を行って銀河全体の磁場の方向を求めると，きれいに渦巻状の腕に沿っているのが観測されている．

シンクロトロン放射の観測では視線に垂直な磁場 $B_\perp$ を観測していることになるが，その磁場の強度を求めるのは容易ではない．シンクロトロン放射の強度は磁場の強度だけではなく電子の数密度やそのエネルギーにも依存するからである．磁場のエネルギー密度と電子のエネルギー密度が等しいという仮定を用いて推定されることもあるが，別の手段でこの仮定が正しいことを確かめる必要がある．

7.3 チャンドラセカール–フェルミの方法

チャンドラセカール（S. Chandrasekhar）とフェルミ（E. Fermi）は 1953 年に銀河系の星間磁場の局所的な乱れの程度から銀河磁場の強さを約 $7\,\mu$G と推定した．この手法は，可視光・近赤外線・サブミリ波・ミリ波などにおける偏光観測の結果から，分子雲や星形成領域を含む星間物質の磁場の強さを推定するために用いることができる．最近，Davis-Chandrasekhar-Fermi（DCF）法とも呼ばれるようになった（Davis 1951; Chandrasekhar & Fermi 1953）．

小さなスケールでの磁力線の乱れは，磁場の強さと関係している．磁場が強い場合は，磁力線は直線に近い形となる．逆に，磁場が弱い場合は，ガスの乱流運動によって磁力線は引きずられて乱れる．したがって，磁場の乱れの程度から磁場の強さが推定できるのである．

星間媒質中で磁場に沿って伝わる微小振幅の横波，すなわちアルベーン波が磁力線の乱れを表していると考えると，天球上に射影した磁場の強さ（$B_\perp$）は次式で導かれる．

$$B_\perp = Q\sqrt{4\pi\rho}(\delta V/\delta\phi) \sim 9.3\sqrt{n}(\Delta V/\delta\phi)\ \mu G. \qquad (7.3)$$

ここで，$\rho = mn$ はガス密度，δV は速度分散，$\delta\phi$ は偏光角の分散（°），Q は 1 程度の係数，n は個数密度（cm^{-3}），ΔV は線幅（FWHM, km s^{-1}）である．Q の値は，数値シミュレーションの結果と比較して決められており，0.3–0.5 が示唆されているが，ここでは $Q = 0.5$ としてある．

この手法を用いて，クラッチャー（R.M. Crutcher）らは，星なしコア

（pre-stellar core）のサブミリ波偏光観測の結果から磁場の強さを見積もっている．その典型的な大きさは，$n = 4 \times 10^5 \, \mathrm{cm^{-3}}$，$\Delta V = 0.3 \, \mathrm{km \, s^{-1}}$，$\delta\phi = 13°$ に対して，$B_\perp = 140 \, \mu\mathrm{G}$ 程度である．

ただし，この手法による磁場の推定はあくまで統計的なものであり，実際の個々の分子雲ではファクター 2 程度の誤差があることに注意されたい．

7.4　ゼーマン効果

ゼーマン（Zeeman）効果の発見は天体磁場強度の直接測定を可能にしたという点で，天体物理学の分野においても多大な影響を与えた．天体磁場によるゼーマン効果が初めて検出されたのは，1908 年のヘイル（G.E. Hale）による太陽黒点磁場の測定で，$H\alpha$ 輝線を用いて数千 G の磁場強度を得た．その約 50 年後，もっと弱い $\mu\mathrm{G}$ の桁の星間磁場検出の可能性は，中性水素原子 H I の 21 cm 線を用いることにより可能であろうと指摘され，これを皮切りに世界各国の大口径電波望遠鏡は何千時間もの観測時間を費やして H I のゼーマン効果を我先に検出しようとしのぎを削った．その後約十年の試行錯誤を経て 1968 年，ついにアメリカ国立電波天文台（NRAO）グリーンバンクの 43 m 電波望遠鏡で，超新星残骸カシオペア A の連続波を背景にした H I 吸収線のゼーマン効果をヴァーシュアー（G.L. Verschuur）が初検出し，$10\text{–}20 \, \mu\mathrm{G}$ の星間磁場が測られた．

星形成における磁場の役割を系統的に理解するためには，さまざまな密度領域を調べることができる複数の原子・分子輝線によるゼーマン効果を，異なる進化段階にある星形成領域について測定する必要がある．H I で調べられるような密度の薄い星間物質だけでなく，分子雲や分子雲コア内の磁場もゼーマン効果を強く示すいくつかの分子を用いることにより測定することは原理的に可能であり，実際に OH の観測もなされている．しかし，7.4.1 節で示すように，ゼーマン観測はその効果が非常に小さいことからメーザー等で調べられる特殊な領域以外では困難をきわめているため，実際には観測例が限られている．

7.4.1　原理

ゼーマン効果は，原子・分子がエネルギー準位間の遷移輝線・吸収線を形成する際，磁場がないときは単一成分のスペクトル線を示していたものが，磁場によ

170 | 第 7 章　星間磁場

り複数の成分に分裂する現象である．これは，その原子・分子の基底状態または励起状態が磁気モーメント μ をもつため，磁場をかけることにより磁気量子数すなわち磁気モーメントの方向に関する縮退が解けてエネルギー準位が分裂し，これに伴い遷移スペクトルが分裂するためにおこる．これによって円偏波（円偏光）した電磁波が放射される．

　磁場中の原子・分子はどのように振る舞うだろうか．磁束密度 B をもつ磁場中におかれた磁気双極子のもつポテンシャルエネルギーを考えてみる．磁気モーメントの大きさを μ，磁気双極子の磁場の方向に対する角度を θ とおく．磁場中の磁気双極子のもつトルク τ は

$$\tau = \mu B \sin\theta \tag{7.4}$$

のように表される．磁気双極子のもつポテンシャルエネルギーは $-\mu B \cos\theta$ と表される．原子内の電子の磁気モーメントは，e を素電荷，電子の回転半径を r，回転周波数を ν とすると，

$$\mu = -e\nu\pi r^2 \tag{7.5}$$

で与えられる．電子の角運動量は m_e を電子の質量とすると，$L = 2\pi m_e \nu r^2$ と表される．上の磁気モーメントと角運動量の式を比較することにより，軌道運動する電子のトルクは

$$\mu = -\frac{e}{2m_e}L \tag{7.6}$$

となることがわかる．したがって，磁場中にある原子・分子の磁気モーメントによるポテンシャルエネルギー U_m は

$$U_m = \frac{e}{2m_e}LB\cos\theta \tag{7.7}$$

と導かれる．ここで角度 θ は

$$\cos\theta = \frac{m_l}{\sqrt{l(l+1)}} \tag{7.8}$$

（m_l は磁気量子数，l は軌道量子数）で指定される値のみをとる．一方，L のとり得る値は $L = \sqrt{l(l+1)}\hbar$ である．磁気量子数 m_l の原子・分子が磁場 B 中にあるときにもつ磁気的エネルギーを求めるには，式（7.7）に上記 $\cos\theta$ と L の式

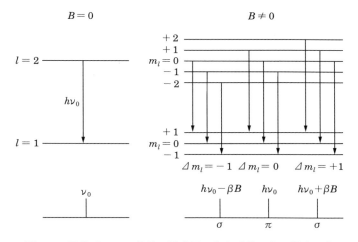

図 7.6 正常ゼーマン効果の模式図．左が磁場のない場合で右が磁場のある場合．

を代入すればよく，

$$U_m = m_l \frac{e\hbar}{2m_e} B = m_l \beta B \tag{7.9}$$

が得られる．上式中の $\beta = e\hbar/2m_e$ をボーア磁子（Bohr magneton, 1.3996 Hz μG^{-1}，または 0.046686 cm^{-1} kG^{-1}）とよぶ．

図 7.6 に $l = 2$–1 の遷移の場合を示す．右図の π 成分は磁場がない場合，σ 成分はゼーマン効果により分裂をおこした場合で円偏波の成分である．

m_l の値は $+l$ から $-l$ までの $2l+1$ 個の値をとり得るので，与えられた軌道量子数 l の状態は，原子が磁場中にあるとき，エネルギーが $\dfrac{e\hbar}{2m_e}B$ だけ離れた $2l+1$ 個の副状態に分かれる．しかし，m_l の変化は $\Delta m_l = 0, \pm 1$ に制限されているので，l の異なる遷移から生じるスペクトル線は，図 7.6 に示されるように 3 本にしか分かれない．このような場合を正常ゼーマン効果と呼び，これら三つのスペクトル線の振動数は

$$\begin{aligned}\nu_1 &= \nu_0 - \beta B, \\ \nu_2 &= \nu_0, \\ \nu_3 &= \nu_0 + \beta B\end{aligned} \tag{7.10}$$

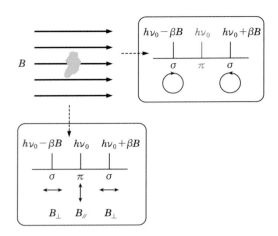

図 7.7 強い磁場のもとで原子，分子の正常ゼーマンを磁場に垂直，平行な方向から観測した場合の π, σ 成分の偏波.

となる．図7.7で示した偏波の特性は強い磁場のケースである．

多くの安定な2原子分子は，電子角運動量をもたない $^1\Sigma$ と表記される基底状態をもつ．核間結合がない場合は角運動量は剛体回転から生じたものと近似でき，遠心力ひずみや振動–回転間による相互作用は小さく無視できる．

電子角運動量が分子の回転と相互作用する場合，分子は電子の角スピンまたは軌道角運動量をもち，比較的強いゼーマン効果を示す．これら電子角運動量と回転が相互作用する分子のスペクトルの性質は，電子状態のタイプ，種々の電子角運動量ベクトル（電子スピン，軌道角運動量）間の結合の度合により異なる．スピンによる分裂に加えられる回転の効果にはいくつかのタイプがある．なかでも重要なケースとしてフント（Hund）の結合型（a），（b）が挙げられる．フントの結合型（a）は，スピン–軌道結合は大きいが，核の回転と電子運動との結合が非常に弱いと仮定した場合に生じ，フントの結合型（b）は，スピンと核間軸との結合が非常に弱く，スピンが分子の回転軸と結合する場合に生ずる．基底電子状態が Σ, Π をもつ分子は，上記フントの結合型の二つのいずれか，ないしはその間のケースとして分類される．

一つの例として，$^3\Sigma$ の基底状態の場合を示す．$^3\Sigma$ の基底状態の磁場のエネルギー E_z は

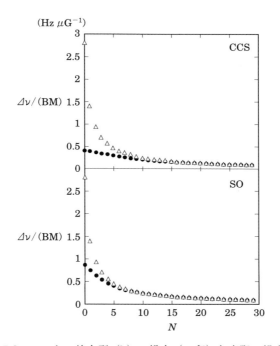

図 7.8 フントの結合型 (b) の場合 (△印) と実際の場合の
ゼーマン効果 (●印) を CCS 分子と SO 分子について表した図
(Shinnaga & Yamamoto 2000, *ApJ*, 544, 33).

$$E_z(J = N) = g_s \beta B_0 M_J / [N(N+1)], \tag{7.11}$$

$$E_z(J = N - 1) = -g_s \beta B_0 M_J / N, \tag{7.12}$$

$$E_z(J = N + 1) = g_s \beta B_0 M_J / (N+1) \tag{7.13}$$

と書き表すことができる. ここで g_s は自由電子のスピン g 因子 (2.00232), β はボーア磁子, M_J は角運動量の回転軸への射影量である.

図 7.8 に電子状態 $^3\Sigma^-$ の場合の CCS 分子と SO 分子の周波数分裂の様子を示す. この図からわかるように, 低い励起状態の遷移ほどゼーマン効果の分裂量が大きい. これは他の分子のゼーマン効果においても同様である. CCS 輝線の場合はフントの結合型 (a) と (b) の間のケースであり, 実際のゼーマンの分裂量は結合型 (b) のケースより小さい. ゼーマン効果の検出の可能性がある原子,

174 第 7 章 星間磁場

表 7.1 水素原子といくつかの分子のゼーマン分裂の大きさ.

分子等	遷移	周波数 (GHz)	分裂周波数 ($Hz\,\mu G^{-1}$)
H I	$^2S_{1/2}$, $F = 1\text{--}0$	1.4204058	2.8
OH ($^2\Pi_{3/2}$)	$J = 3/2, F = 2\text{--}2$	1.665402	3.27
OH ($^2\Pi_{3/2}$)	$J = 3/2, F = 1\text{--}1$	1.667359	1.96
CCS ($^3\Sigma^-$)	$J_N = 1_0\text{--}0_1$	11.119446	0.813
SO ($^3\Sigma^-$)	$J_N = 1_0\text{--}0_1$	30.001543	1.740
CN ($^2\Sigma^+$)	$N = 1\text{--}0, J = 3/2\text{--}1/2, F = 3/2\text{--}1/2$	113.48814	2.18

分子輝線のゼーマン分裂の量を表 7.1 にまとめる.

7.4.2 ゼーマン観測を含む星間磁場観測

H I の吸収線がトレースするのは分子雲コアを取り囲む,密度にして $10\text{--}10^3\,\mathrm{cm}^{-3}$ 程度の領域の磁場である.磁場と星間物質がよく凍結している領域では,密度の高い場所ほど磁場強度も高くなる(式 (7.14) 参照).星形成のおこる分子雲での密度は $10^3\text{--}10^6\,\mathrm{cm}^{-3}$ 程度なので,期待される磁場強度は $10\,\mu\mathrm{G}$ から $1\,\mathrm{mG}$ の桁である.表 7.1 が示すようにゼーマン分裂は大きくても $1\,\mu\mathrm{G}$ あたり $1\,\mathrm{Hz}$ の桁である.星間磁場観測の場合,検出される磁場強度は視線方向に積分した磁場強度(平均した磁場強度)であり,したがって観測される強度は実際の磁場強度より弱い.期待されるゼーマン分裂は $10\text{--}1000\,\mathrm{Hz}$ の桁である.

一方,分子雲内のガスの運動による分子輝線の観測される線幅は中小質量星形成領域では CCS を用いると $\Delta v =0.4\text{--}1\,\mathrm{km\,s}^{-1}$ 程度以下であり,これに相当する周波数幅はたとえば $\nu =11\,\mathrm{GHz}$ の CCS の遷移では $\Delta\nu = \nu\Delta/c = 15\text{--}35\,\mathrm{kHz}$ 程度である(c は光速度).したがって H I や OH のように低い周波数の方が周波数幅 $\Delta\nu$ も小さくなってゼーマン分裂を検出するには有利であることがわかる.それでもゼーマン効果によって分裂する周波数間隔は線幅の 100 分の 1 の桁である.そのような非常に小さなゼーマン分裂の周波数差をどのように検出するのだろうか.まず,左右両円偏波のスペクトルを非常に高い信号対雑音比で観測し,次にこれらのスペクトルの差分をとる.両円偏波のスペクトル間に微小な周波数差がある場合,差分のスペクトルの波形の最大値と最小値は元の

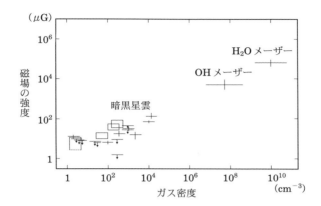

図 7.9　観測された磁場強度と密度の相関図（Fiebig & Guesten 1989, *A&Ap*, 214, 333）.

スペクトルのピークの半値に相当する周波数付近に現れ，この波形から周波数分裂の程度を求め，それから磁場強度を測るのである．よって，ゼーマン効果を検出するためには大きなゼーマン分裂を示す分子輝線で，線幅が狭くピーク強度のより高い天体をねらう必要がある．

　星間磁場観測は，1968 年の初検出以来，おもに H I と OH（熱的励起輝線およびメーザー輝線）のゼーマン効果を用いて精力的に行われてきた．1970 年代には，W3 OH 等の大質量星形成領域で強い円偏波成分が VLBI（超長基線電波干渉法）を用いて高空間分解能で観測され，1–10 mG の磁場が検出された．また水分子は磁気モーメントをもたないが，きわめて強い輝度をもつメーザー源が晩期型星や星形成領域に数多く付随し，かつこれらのメーザー源は，大質量星形成領域では比較的強い磁場（1–10 mG の桁）下にあるため，水メーザーのゼーマン効果も観測されている．水分子のゼーマン効果（図 7.9 の □ 印）は，その核磁気モーメントと磁場の相互作用のためにおこり，分裂量は OH や CCS などの分裂量の 1000 分の 1 程度に過ぎない．

　水メーザーを用いた最初のゼーマン観測は，1989 年にドイツにあるマックスプランク研究所の 100 m 電波望遠鏡を用いて行われ，複数の大質量星形成領域で 50–80 mG の磁場強度が測定された．メーザーは輝度が非常に高く，個々の速度成分の線幅が比較的狭いので，ゼーマン効果の観測には大変有利である．こ

のような大質量星形成領域に存在するメーザーを VLBI で観測すると，広い視線速度範囲に渡る複数の速度成分は中心星の周りにひしめきあう複数の塊に分解され，多くは原始星の円盤や双極分子流に付随している．これらの塊はきわめて密度が高く，OH メーザーは 10^7–10^9 cm^{-3}，H$_2$O メーザーは 10^9–10^{11} cm^{-3} 程度の密度領域であると推測されている．

磁場のエネルギーが自己重力エネルギーとつり合う場合の磁場強度 B_{eq} は

$$B_{eq} \approx 3\pi m N \sqrt{\frac{G}{5}} \tag{7.14}$$

と表される．ここで m は平均分子質量，N は分子ガスの平均柱密度である．この仮定のもとでは密度の高い場所ほど磁場の強度が高くなることがわかる．この予想のとおり，より密度の高い領域で，より強い磁場強度が観測されている（図7.9）．

ゼーマン効果の観測による磁場分布の例として，はくちょう座 X 領域にある大質量星形成領域 DR21 OH の結果（図 7.10）を示す．同天体はミリ波でみると二つのコンパクトなコアから成り，それぞれから強い双極分子流が噴き出している．コアの質量は $100M_\odot$ 程度の大きさをもち，複数のメーザー（OH, H$_2$O, CH$_3$OH など）が付随する典型的な若い大質量星形成領域である．この天体は分子雲の高密度領域を探査できる CN（$N = 1$–0）のゼーマン効果が検出された数少ない天体の一つであり，視線方向の磁場強度は -0.45 ± 0.15 mG であると測られた（図 7.10（右））．星間微粒子の直線偏波のデータからチャンドラセカール–フェルミの方法を用いた場合の磁場強度を推定することができ，この方法では -0.4 ± 0.1 mG，-0.7 ± 0.1 mG と磁場強度が見積もられる．これは CN のゼーマン効果で測られた磁場強度と大きくはずれていない．

ここでみてきたように，1968 年から始まったゼーマン効果による星間磁場の観測的研究は大きな成功を収めてきたといえる．今後はより高密度トレーサーである CN や CCS 等を用いてゼーマン効果をより高空間分解能で，2 次元分布を求めることが期待される．野辺山 45 m 鏡，グリーンバンク 100 m 望遠鏡，IRAM 30 m 望遠鏡，JCMT 15 m 望遠鏡等をはじめとするミリ波サブミリ波の大口径望遠鏡や高感度電波干渉計を用いた高密度分子雲コアのトレーサーを用いたゼーマン観測を含む偏波観測を精力的に行うことによって，星形成の物理過程

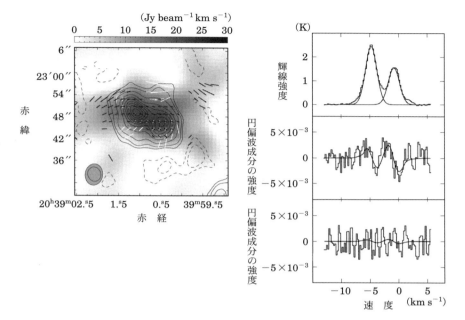

図 **7.10** 大質量星形成領域 DR21 OH コアの CO と星間塵の直線偏光観測（(左図), Lai *et al.* 2003, *ApJ*, 598, 392）と CN $N=1$–0 輝線で観測されたゼーマン効果のスペクトル（(右図), Crutcher *et al.* 1999, *ApJL*, 514, L121）.

における星間磁場の役割の理解はさらに飛躍的に進むだろう.

── ゼーマン効果の発見 ──

　ゼーマン（P. Zeeman, 1865–1943）がこのゼーマン効果を発見したのは彼が 31 歳のとき，ライデン大学の実験室であった．彼の提案した実験は，それまでの実験が失敗に終わっていたことから，実験室主任からの許可がおりなかった．したがって，主任が出張でいなくなる隙をねらってこの歴史的実験を行った．

　アスベストの切れ端に浸した食塩を燃やしてナトリウム輝線をつくり，これを 1 万 G の磁場を生み出す 2 対のリュームコルフコイルの間におき，新しく開発された回折格子を用いてこれを分光観測した．上記コイルに電流を流すと，たちまちナトリウム輝線はもとの幅の数倍にふくれ上がった．個々の輝線が複数に分裂したのである．許可をとらずにこの実験を行ったことによ

178 | 第 7 章 星間磁場

り，ゼーマンは大学を解雇されるが，実験から 6 年後，ゼーマン効果発見の
功績により，同僚（博士課程在籍時のアドヴァイザーの一人）の理論物理学
者ローレンツ（H. Lorentz, 1853–1928）とともにノーベル物理学賞を受けた
（出典: Dr. G.L. Verschuur, *Hidden Attraction: The History and Mystery of
Magnetism*, Oxford University Press, 1993）．

7.5　ファラデー回転

　星間ガスなど多少なりとも電離し，磁場のあるプラズマ中に直線偏波した電磁
波が伝搬すると，その偏波面は回転する．これをファラデー回転という．

　直線偏波は右回りと左回りの二つの円偏波の合成であらわされる．磁場のある
プラズマ中の自由電子はその磁力線のまわりを旋回するが，電子の旋回方向と同
じ方向に回る円偏波と反対の方向に回る円偏波ではその位相速度が異なるため
に，合成された直線偏波の偏波面が回転するのである．

　ファラデー回転の量 $\Delta\phi$ は電磁波の波長 λ の 2 乗に比例し，

$$\Delta\phi = RM\lambda^2 \tag{7.15}$$

と書ける．この比例係数 RM をファラデー回転量度（rotation measure）とよ
び，星間ガス中の自由電子の密度を n_e，星間磁場の視線方向の成分の強さを $B_{/\!/}$
として次のように定義される．

$$RM\,[\mathrm{rad\,m^{-2}}] \equiv 0.81 \int_L^0 n_e\,[\mathrm{cm^{-3}}]\,B_{/\!/}\,[\mu\mathrm{G}]\,dx\,[\mathrm{pc}]. \tag{7.16}$$

ここで視線方向の距離 x はプラズマの奥行き（$x = L$）から観測者（$x = 0$）ま
で積分される．RM は磁場が観測者に近づくように走っている場合に正，遠ざ
かるように走っている場合に負と定義する．

　直線偏波が放射されたときの偏波面の角度（位置角）を ϕ_0，観測された偏波
面の角度を ϕ_1 とすると，$\phi_1 = \phi_0 + RM\lambda^2$ である．異なる波長で観測すれば異
なる回転の量が得られるため，二つの波長 λ_1, λ_2 で測定した偏波面の角度の差
$\phi_1 - \phi_2$ をとることによって RM を計測することができる．

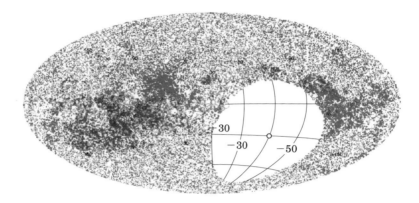

図 7.11 系外偏波源の観測による磁場の視線方向の分布．横軸が銀経，縦軸が銀緯である．薄灰色（出典元は赤）は我々の方向を向いた磁場，濃灰色（出典元は青）はその反対方向を向いた磁場（口絵 4 参照），円の大きさは磁場の大きさを示す（Taylor et al. 2009, ApJ, 702, 1230）．

$$RM = \frac{\phi_1 - \phi_2}{\lambda_1^2 - \lambda_2^2}. \tag{7.17}$$

もし n_e と L が別の方法で測定されていれば，RM から視線方向の磁場の平均的な強さ $\langle B_{//} \rangle$ を得る．ファラデー回転量度はシンクロトロン放射の観測から比較的容易に計測ができ，星間物質，超新星残骸，パルサー，銀河，活動銀河核，銀河団など多岐にわたり計測例がある．

図 7.11 は系外の偏波源の観測から求めた磁場の視線方向の分布を示したものである．これから銀経の東と西，銀緯の北と南とで大局的な磁場の向きが反転しているのがわかり，天の川銀河磁場の性質と理解されている．

近年，ファラデー回転の研究分野にて重要な進展がみられた．幅広い波長で偏波の観測が実現できるようになると，ファラデー回転の量 $\Delta\phi$ が単純に波長 λ の 2 乗に比例せず，式（7.17）から得られる RM そして平均磁場強度は観測した波長に依存しうることが分かってきたのである．その原因は視線上に多重の偏波源があるためや，偏波が見かけ上減少して見える消偏波現象の影響のためである．その説明は割愛するが，積分量である RM は視線上の構造を定量化するには不十分である．そこで新しい定量化が必要となった．

180 第 7 章 星間磁場

　偏波強度を表すストークスパラメータを用いると複素偏波強度は $P = Q + iU$ と書ける．バーン（B.J. Burn）は 1966 年に複素偏波強度のフーリエ成分に物理的な意味を見出し，ブレンジェンス（M.A. Brentjens）とド・ブリャン（A.G. de Bruyn）が 2005 年にファラデー RM 合成（Faraday RM Synthesis）という名称でこれを具体化した．それは次の式を基礎とする．

$$F(\phi) = \int_{-\infty}^{\infty} P(\lambda^2) e^{-2i\phi\lambda^2} d\lambda^2. \tag{7.18}$$

ここでフーリエ変換の定義により右辺に定数 $1/\pi$ がかかることがある（詳細はレビュー論文 Akahori *et al.* 2018, *PASJ*, 70, R2 を参照）．ϕ は RM と同じ物理次元を持つがファラデー深度と呼ばれ，$F(\phi)$ はファラデー分散関数（Faraday Dispersion Function）またはファラデースペクトルと呼ばれる．$F(\phi)$ は観測者からのファラデー深度 ϕ の地点での複素偏波強度がどれくらいかという，全く新しいパラメータ空間の物理情報を与える．偏波スペクトルをフーリエ変換するだけという容易さもあって，この RM 合成を使った解析が現代の低周波偏波観測の標準的手法となりつつある．

─── DM と RM を使った磁場推定 ───

　電波パルスのプラズマ中の伝播速度は真空中より遅く，波長 λ が長いほどより遅くなる．その理由は，周波数が低い（波長が長い）と電磁場の変動がゆるやかになるのでプラズマ中の自由電子がその変動に追随しやすくなり電磁場と自由電子の相互作用が大きくなるためである．逆に周波数が高く（波長が短く）なると電磁場の変化が速くなるので自由電子はその変動についていけなくなり真空中の伝播に近くなるのである．

　二つの異なる波長でパルサーや高速電波バースト（Fast Radio Burst）の電波パルスを観測したときにその電波の到達時間差は分散量度（dispersion measure）

$$DM\,[\mathrm{pc\,cm^{-3}}] \equiv \int_0^L n_{\mathrm e}\,(\mathrm{cm^{-3}}) dx\,(\mathrm{pc}) \tag{7.19}$$

に比例する．したがって分散量度を測定して，ファラデー回転量度を分散量度で割れば，視線方向の磁場の平均的な強さ $\langle B_{/\!/} \rangle$ を求めることができる．

第II部
星形成

第8章

星形成の全体像
観測事実と基礎的概念

　恒星は宇宙のもっとも基本的な構成要素であり，46億年前に誕生した太陽は我々にもっとも身近な恒星である．銀河系内に2千億個ある恒星の中で，太陽はどのような天体と位置づけられ，またどのようにして誕生したのだろうか？

　我々は過去にさかのぼって太陽の誕生の様子を知ることはできない．しかしながら，銀河系の中では，いろいろな場所で今もなお恒星が誕生している．観測を通してそういった恒星誕生の場の状態を知り，またそこで形成されつつある星の性質を知り，それを物理的に理解するための理論モデルを構築することにより，我々は太陽のような恒星がどのようにして誕生したかを推測することができる．

　第I部では，星が形成される場所と考えられている星間ガス雲が典型的にどのような物理状態にあり，銀河系内にどの程度存在し，また形成されつつある星や超新星などとどのような相互作用をし，それがどのように観測されうるかを概観した．第II部では，これまで得られた観測データをもとに，現在考えられている恒星形成のシナリオがどのようなものであるか，共通のコンセンサスが得られている概念は何で，まだ十分解明されていない課題は何かを明らかにする．

　本章ではまず，これまでの星形成に関する観測的研究の進展を振り返り，ガス雲のダイナミクスを理解するための基本的な概念を整理した後，星形成研究の問題点・課題を概観して後続の章における詳細な議論につなげる．

184 | 第 8 章 星形成の全体像—観測事実と基礎的概念

8.1 星形成の観測的証拠

8.1.1 20 世紀半ばまでの可視光による観測
——低温の星間ガスが認識される以前の星雲説

　17 世紀半ばにドイツの哲学者カント（I. Kant）とフランスの数学者ラプラス（P.S. Laplace）がそれぞれ太陽系の起源として「星雲説」を唱えている．これが現在の星形成のシナリオの原点と考えられる．ただし当時は惑星，太陽（＝恒星），銀河といった現代天文学の基礎的な概念がまだ十分確立されていない時代であり，恒星の起源というよりもむしろ地球・惑星系の起源に目が向けられていた．しかしながら，宇宙空間に存在する物質が凝縮して恒星や惑星が形成されるという今日の星形成シナリオに通じる最初の考え方を提唱している．

　今日では星は星間分子雲と呼ばれるガス雲中（3 章参照）で形成されることが知られているが，ガスの重要性に対する天文学者共通の理解が得られたのは，電波観測により低温のガスの分布や運動が直接観測できるようになった 20 世紀半ば以降である．20 世紀前半ではまだ光学望遠鏡を用いた可視光の観測しかなく，星間物質に関する知識はきわめて限られたものであった．そのため，観測結果の解釈はしばしば間違った方向に展開された．しかし当時手に入れることができたわずかな情報から天文学者は最大源に想像力を駆使し，星形成のメカニズムを解き明らかそうとしていった．その思考過程は非常に教訓的である．

　オリオン座などの大質量星のまわりの H II 領域は，若い星の周辺にガスが存在する証拠として星雲説を支持する一つの状況証拠ではあったが，星の母体となるような個数密度が数千–数万個 cm^{-3} の密度の高いガス雲の存在はまだ認識されていなかった．ただし，星間微粒子の存在は星間空間における可視光の減光や暗黒星雲の存在により 20 世紀前半から知られていた．1947 年ボック（B.J. Bok）とレイリー（E.F. Reilly）は，球状の小さな暗黒星雲に注目し，これらをグロビュール（胞子）と名付けた（3 章参照）．ボックらは，その丸い形状がより星に近いという見た目 ＝ 形態から，広がった暗黒星雲よりもこのグロビュールがむしろ星の前段階ではないか，と考えた．今日では，電波観測により分子雲の質量や密度が観測的に求められ，グロビュールよりも質量の大きい暗黒星雲中の高密度領域の方が活発に星を形成していることが明らかになっているが，当時の可

視光の測定では暗黒星雲内の密度構造をきちんと観測することができなかった. そのため,「球状」という形態からの先入観が大きかったのであろう. また, グリーンスタイン（J.L. Greenstein）などによる選択減光量（6.1 節参照）の測定から星間微粒子の密度に対して定量的な測定が行われ, 星間微粒子についてはある程度理解が深まっていた. そのような中でウィップル（F.L. Whipple）などは, 二つの微粒子が一様な放射場中に近接して存在する場合, 二つの微粒子が互いの影を落とした部分の放射圧が周りの放射圧より弱まるため二つの微粒子が引き合い, 微粒子を凝縮させ星へと成長するといったモデルを提唱し, スピッツァ（L.J. Spitzer）などにより定量的な検討が展開されたこともあった（放射圧が微粒子に及ぼす効果はスピッツァの古典的教科書の『星間物理学』でも触れられている. ただし, 1977 年に書かれた『星間物理学』では上述のように星形成の主要因として放射圧の効果を位置づける記述はなく, 磁場やガスとの相互作用も加味した適切な取り扱いがなされている）.

　今日の我々から見れば星の母体であるガスがまったく考慮されておらず, 見当違いな方向に議論が進んでいるように思える. しかし, 当時は星間ガスに関する定量的な観測データがなく, 可視光から定量的な情報が得られるのが星間微粒子のみであったことを考えると, 星間微粒子に大きく議論が片寄ったのもやむを得ないことであったのかもしれない. このことからも, 宇宙における現象の理解において観測データがいかに重要であるかが理解されよう.

　一方, 星の「母体」ではなく, 形成される星「自身」の側から恒星の起源に迫るという方向では, 20 世紀半ばに星のスペクトル分光観測で大きな進展があった.

　1945 年にウィルソン山天文台のジョイ（A.H. Joy）は, T タウリ型星（おうし座の T 星と同じタイプのスペクトルをもつ星）として分類される一連の輝線スペクトルを放つ不規則な変光星のリストを発表した. T タウリ型星は太陽程度の質量で主系列星に達する前の星（前主系列星）として, 今日の星形成の研究においても非常に重要な位置を占める天体である（詳細は 10.2 節参照）. 太陽のような主系列星からはフラウンホーファ線のような吸収スペクトルは観測されるが, 輝線スペクトルは観測されない. 輝線スペクトルを発するということは, 星がその近傍に高温のガスをまとっていることを意味する. つまり T タウリ型星は, 星の材料となったガスの名残をまだ星のまわりに残している天体と考える

ことができる．また，しばしば暗黒星雲や H II 領域の中や近傍に集団（アソシエーション）を形成していることが明らかになるにつれ，T タウリ型星が形成されつつある星であろうという認識が定着していった．

その後，1961 年に日本の林忠四郎により静水圧平衡が実現される星の有効温度には下限が存在することが理論的に示され，太陽程度の質量の前主系列星はヘルツシュプルング–ラッセル図（HR 図）上をほぼ垂直下向きに移動することが明らかになった．この移動経路は林トラックと呼ばれる．今日では T タウリ型星がこの林トラック上にある前主系列星であることがわかっている．

また，1950 年代初頭には同じく可視光の分光観測からハービッグ–ハロー天体が発見された．ハービッグ–ハロー天体はハービッグ（G.H. Herbig）とハロー（G. Haro）により独立にオリオン座領域で発見された天体で，T タウリ型星に似た輝線スペクトルを発する天体である．この天体の大きな特徴でありかつ T タウリ型星と大きく違うところは，小さな星雲状の天体だということであった．そこで，ハービッグ–ハロー天体こそが T タウリ型星の前の段階の星雲状の原始星である，という考えが提唱された．ハービッグはオリオン座のある領域で 1947 年と 1954 年の同じ視野の写真を比較し，新たなハービッグ–ハロー天体が出現したことを示した（図 8.1）．発表当初は 8 年の間に新たな星が形成されたとして騒がれたが，その後の観測でハービッグ–ハロー天体の形状や分布は絶えず変化していることや内部に恒星の存在を示唆する Ca, K の金属線などのスペクトル線が観測されなかったことなどから，徐々に実体をもった天体という考えは否定されていった．そしてストローム（S.E. Strom）などにより近傍の T タウリ型星の光を反射させている反射星雲ではないか，といったモデルも提案された．

現在では，1975 年にシュワルツ（R.D. Schwartz）が提唱した形成途上の星からの質量放出（ジェット）による衝撃波がガスを電離し，輝線を放射しているというモデルで理解されている．発見当初の原始星という解釈は今日では完全に否定されたが，ハービッグ–ハロー天体は形成途上の星から放出されるジェットやジェットと周辺のガス雲との相互作用を理解する上で，今日でも星形成過程を理解する上で重要な役割を果たしている．

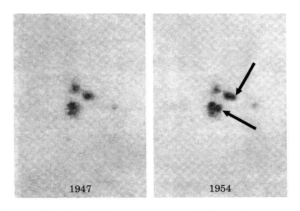

図 8.1 発見当初形成されつつある星と誤解されたオリオン座にあるハービッグ–ハロー天体．左は 1947 年 1 月，右は 1954 年 12 月にそれぞれ撮影されたもの．矢印で示した二つの部分が 8 年の間に新たに生まれたのではないかと騒がれた（Herbig 1957, *Non-stable stars*, IAU Symp., 3, p.3）．

8.1.2　20 世紀半ばから後半の電波・赤外線による観測
　　　——低温の星間ガスの認知

　今日のレベルまで星形成過程の研究を進展させるためには，星形成の母体である「低温のガス雲」の認識が必要不可欠である．しかし上に述べたような 20 世紀半ばまでの可視光による観測では人類はその認識を十分持つには至らず，20 世紀後半から本格化した電波観測による新たな知見を待たざるを得なかった．3 章でも述べられているように星が形成される母体である分子雲は絶対温度数十ケルビンの宇宙におけるもっとも低温の天体である．このような低温の天体からはもはや可視光は放出されない．放射されるのは光子のエネルギーの小さい電波であり，電波天文，その中でも特に水素原子や種々の分子から放射される線スペクトルの観測が星形成の母体である分子雲の理解を大きく進展させた．

　1944 年オランダのファン・デ・フルスト（H. van de Hulst）は電離していない中性の水素原子から波長 21 cm の輝線スペクトルが放射されることを示し，1951 年にユーイン（H.I. Ewen）とパーセル（E.M. Purcell）が宇宙空間の中性水素からのこの輝線スペクトルの検出に成功した．その後 1950 年代から 60 年代にかけてオランダ，オーストラリア，アメリカなどの電波天文台による観測

で銀河系内の中性水素の分布と線スペクトルのドップラー効果から中性水素雲（H I 雲）の視線方向の運動が明らかになり，銀河系内の星と同じように銀河中心の周りを $250\,\mathrm{km\,s^{-1}}$ 程度の速さで回転する $50\,\mathrm{K}$ から $150\,\mathrm{K}$ 程度の低温のガスが銀河系内に広く分布していることが明らかになった（詳細は 2 章参照）．

　さらに 1963 年には，$1.6\,\mathrm{GHz}$ の水酸基分子 OH の吸収線が観測され，低温の星間分子の存在が観測的に確かめられた．1970 年にはウィルソン（R.W. Wilson）他が分子雲を観測するためのもっとも重要な観測手段の一つである一酸化炭素分子（CO）の電波放射スペクトル（波長 $2.6\,\mathrm{mm}$）を検出している．その後も 1970 年代初めにホルムアルデヒド（H_2CO）やシアン化水素（HCN）とその同位体の DCN などが次つぎと星間空間で検出され，分子雲の存在と星形成過程におけるその重要性が広く認識されるようになっていった．

　一方，形成される星自身の側から恒星の起源に迫る方向では，赤外線による観測で新たな知見が得られるようになった．可視光では星間微粒子による吸収のため見通すことができないガス雲内に埋もれた若い星が発見されたのである．4 章で述べた典型的な H II 領域の一つであるオリオン大星雲は，形成されたばかりの大質量星によりまわりにガス雲が電離した領域である．近くには，大質量星や T タウリ型星が集まっているアソシエーションがあり，星が形成される高密度のガス雲が存在する可能性が高く，さらにそのようなガス雲中には可視光では観測されない形成途上の星が埋もれている可能性も高い．そこで T タウリ型星より前の段階にある天体を探すのにオリオン大星雲は絶好のターゲットだったのである．

　ベックリン（E.E. Becklin）とノイゲバウアー（G. Neugebauer）は 1965 年，オリオン大星雲中に $2\,\mu\mathrm{m}$ の近赤外線で明るく輝く点源（BN 天体）を発見した．彼らは 1967 年までに $1.6\,\mu\mathrm{m}$ から $10\,\mu\mathrm{m}$ までの測光を行い，温度が $700\,\mathrm{K}$ と普通の恒星よりも著しく低温の天体であることを明らかにした．また同 1967 年，クラインマン（D.E. Kleinmann）とロウ（F.J. Low）は $22\,\mu\mathrm{m}$ の観測から BN 天体から 20 秒角はなれた場所に，温度 $70\,\mathrm{K}$ とさらに低温で太陽光度の 10 万倍で明るく輝く赤外線星雲（KL 天体）を発見した．可視光でなく赤外線で観測されたことはこれらの天体が分子雲内部に埋もれていることを意味している．さらに，恒星よりも温度が低いことはこれらの天体が周囲の星間微粒子を加熱しその熱放射を見ていることを示唆しており，まさにこの場所で恒星が形成され

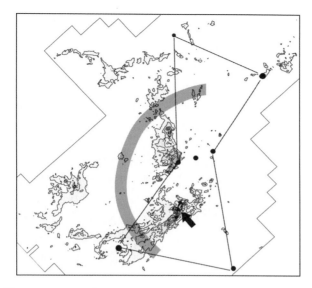

図 8.2 オリオン座の分子雲の分布．分子雲のデータは名古屋大学なんてん電波望遠鏡の一酸化炭素分子スペクトル（$J=1$–0）観測による．●と線はオリオン座の明るい星の位置をあらわす．矢印はオリオン座の大星雲の位置を示し，ここに BN 天体および KL 天体が発見された．灰色の部分はバーナードループと呼ばれる巨大な散光星雲．

ていることを表している．そして 1971 年のサディウス（P. Thaddeus）他の波長 2 mm の H_2CO の放射スペクトルの観測は，BN-KL 天体が分子雲の H_2CO スペクトル強度のピークに位置していること，またそのピークでのガス密度が $10^5\,\mathrm{cm}^{-3}$ 程度と星間空間としてはきわめて密度が高い領域であることを明らかにした（図 8.2）．

このように，我々は電波（ミリ波）と赤外線の観測データを組み合わせることにより，分子雲中の高密度領域で星が形成されている観測的な証拠を得ることができたのである．

8.1.3　1970 年代後半以降の観測——星形成に関わる現象の発見の時代

1970 年代後半以降，電波（特にミリ波）および赤外線観測技術の飛躍的な発展に伴い，星形成領域の観測は大きく進展した．広範囲にわたるサーベイ的な観

190 第 8 章 星形成の全体像—観測事実と基礎的概念

測により新たな星形成領域が見つかり，高角分解能の観測により個々の星形成領域の質量・温度・ガスの運動が，また，赤外線のスペクトル分布から形成途上の星の性質が詳細にわかるようになった．9 章以下では，主として 1970 年代後半以降の観測結果をもとに理解が深まった星の形成過程が詳しく述べられる．ここでは，重要なエポックをつくった観測結果を中心に研究の発展の歴史を概観し，後に続く章のイントロダクションとしたい．

（1）　分子雲コアの観測

　分子雲の観測にもっともよく用いられるのが一酸化炭素分子（CO）の線スペクトルである．分子雲の主成分である水素分子は同種の 2 原子分子であり，分子の対称性がよく電気双極子モーメントがゼロであるために回転遷移による電波の放出が起きない．そこで，水素分子に次いで存在量が多い一酸化炭素が用いられる．さらに一酸化炭素は，化学的に安定で水素分子との存在比が分子雲の環境にかかわらずほぼ一定（約 1/10000）とみなして良いため水素分子の密度を精度良く推定できる．また電気双極子モーメントが他の分子よりも一桁近く小さいために水素分子個数密度が $10^3 \, \mathrm{cm}^{-3}$ 程度の密度で十分励起される，などの特徴も有している．

　しかし，その一方，分子雲コアのような高密度領域の方向では，光学的な厚みが大きくなり放射強度が飽和してしまうために，分子雲コアの内部の密度分布を観測するのには適さない．そこで，分子雲コアの観測には，より存在量が小さく光学的に薄い $^{13}\mathrm{CO}$ や $\mathrm{C}^{18}\mathrm{O}$ といった一酸化炭素の同位体分子や CS, NH_3, $\mathrm{H}^{13}\mathrm{CO}^+$, $\mathrm{N}_2\mathrm{H}^+$ といった励起のための臨界密度（3.4 節参照）が高い分子スペクトル線が用いられる．一酸化炭素分子の同位体は電波強度が比較的強く，低密度領域でも上のエネルギー準位に励起されるために低密度領域の寄与も含んだ柱密度（視線方向に密度を積分した量）を反映する．一方，後者の CS 他の分子は，低密度領域からの寄与は少ないが，電波強度が弱く，分子によっては衝撃波による加熱や星間微粒子からの放出があり，逆に低温領域では星間微粒子への吸着等により水素分子に対する存在比が変化する．そこで実際には，複数の分子スペクトルによる観測を組み合わせて分子雲コアの密度構造を調べる必要がある．

　1970 年代後半ごろからミリ波帯のさまざまな分子スペクトル観測により，分

子雲内の高密度領域の物理状態が明らかになってきたが,「分子雲コア」という言葉を定着させたのは, マイヤーズ (P.C. Myers) とベンソン (P.J. Benson) らによる "Dense cores in dark clouds (暗黒星雲中の分子雲コア)" の一連の論文であった. 彼らは光学的に同定された暗黒星雲の中で減光が大きな領域を 90 個ほど選び出し, その典型的な物理状態を明らかにした. 数百万年から数千万年といったタイムスケールで進行する星形成過程の変化の様子を時間を追って観測することは不可能である. 天文学では, このような長いタイムスケールの変化をたどるために, さまざまな時系列段階にあるサンプルを数多く取得し, それらを比較・総合することにより時間変化の様子を推定するという手法をしばしば用いる. マイヤーズの研究は, 分子雲コアの描像を統計的に明らかにし, それに基づいて星形成過程を調べようとしたパイオニア的な研究であった. しかし, マイヤーズらの観測対象は, 光学的な減光量の観測データにベースを置いていたもので, サンプルの抽出段階でバイアスがかかっていた. その後, 福井康雄らは光学観測に基礎を置かず, 一酸化炭素分子スペクトルを用いた掃天観測にのみ基礎を置く無バイアスサーベイを提唱し, 分子雲コアの統計的研究をさらに進めた (図 8.3).

(2) 原始星の観測的手がかり

分子雲コア中では星の種ともいうべき原始星コアが形成される. 原始星コア表面には周囲からガスがほぼ自由落下速度程度で降着し, 原始星コアは成長する. 観測的には, 角分解能の限界から原始星へのガス降着を詳細に調べることは容易ではない. しかしミリ波帯およびサブミリ波帯の観測で得られる非対称なダブルピークの自己吸収プロファイルから適当なモデルを仮定することによりガスの降着運動が調べられている. 原始星に降着するガスは, 原始星のごく周辺のガスに比べて温度が低い. そのために, 降着ガスは原始星のごく周辺の暖かいガスからのスペクトル線を吸収する. このとき降着ガスは奥にある原始星側 (視線方向に遠い側) に落ち込んでいるため吸収のピークが赤方偏移側 (つまり低周波側) にずれる. より詳細な議論は 9.4 節で述べる.

原始星コアは分子雲の奥深くに埋もれ, 周囲の星間微粒子を暖めて赤外線を放射する. 生まれつつある星は赤外線点源として観測される. 1983 年に打ち上げられた赤外線天文衛星 IRAS (Infrared Astronomical Satellite) は $12\,\mu m$ から

192 | 第 8 章 星形成の全体像−観測事実と基礎的概念

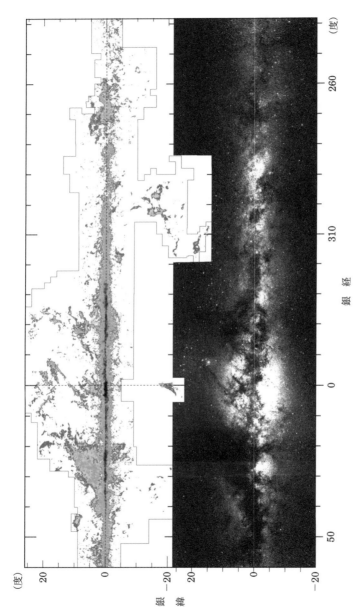

図 8.3 福井康雄ら名古屋大学なんてん電波望遠鏡による銀河面の分子雲の無バイアスサーベイ（口絵 5 参照）．上段（左側）は一酸化炭素分子スペクトルで観測した分子雲の分布をあらわす．下段（右側）は同範囲の光学写真 (S. Laustsen et al. "Exploring the Southern Sky: A Pictorial Atlas from the European Southern Observatory (ESO)", Springer-Verlag, 1987)．銀河面から上下に延びた暗黒星雲と分子雲の分布の間によい相関があるのがわかる．

$100\,\mu\mathrm{m}$ の遠赤外線でほぼ全天（93%）にわたり赤外線点源の分布を明らかにし，1980 年代半ば以降の星形成研究の発展に大きく寄与した．IRAS で捉えられた赤外線点源は生まれつつある星だけでなく，晩期型星や銀河なども含んでいるが，生まれたばかりの星は，周囲に数百度の星間微粒子が大量に存在するため長波長で赤外線のフラックス密度が高い遠赤外線超過を示すスペクトル分布をもつという特徴がある．このように遠赤外線だけでなく，近赤外線もふくめた全赤外線域のエネルギースペクトル分布は，中心星の温度や星の周りの物質分布（すなわち星周構造）を調べる上で多くの情報を我々に与える．

　ラダ（C.J. Lada）とウィルキング（B.A. Wilking）は活発な星形成領域であるへびつかい座の暗黒星雲の赤外線点源のスペクトルを観測し，エネルギースペクトル分布をもとに赤外線点源をクラス I からクラス III の三つに分類した．この分類はその後の星形成研究でも，星形成過程における進化段階を特徴づける指標として広く使われている．さらにその後，遠赤外線より長波長でしか検出されない点源をクラス 0 と呼ぶことが提案された．クラス 0 天体は質量降着期の原始星に対応するとも言われているが，定義もあいまいでクラス 0 天体が進化の一つの段階をあらわすのに妥当か否かについてはまだ十分な合意が得られていない．それぞれのスペクトルクラスの星形成過程における位置づけに関しては 10.2 節で詳しく説明する．

（3）　分子流天体と光ジェットの発見

　1980 年代のはじめ，質量降着期に関連する重要な現象として双極分子流と光ジェットという星形成中心部から外側への質量放出現象の発見が相次いでなされた．これらの現象は，当時の星形成の理論ではまったく予想されていなかった現象である．双極分子流は，1980 年にスネル（R.L. Snell）他により一酸化炭素スペクトルの観測によりおうし座の暗黒星雲 L1551 内に発見された．秒速数 km から数 10 km の超音速の分子ガスの質量放出現象で，ガス放出が球対称ではなく両極方向に収束して吹き出している例が多いことが特徴的である．このような極方向への質量放出は，原始星への質量降着が球対称ではなく軸対称的に起きている，すなわちガス円盤の存在を示唆する観測的な証拠である．また，これらの両極方向への質量放出は回転円盤と円盤に凍結した磁場によって起きている可能

第 8 章 星形成の全体像–観測事実と基礎的概念

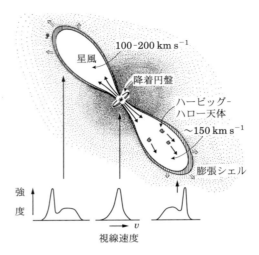

図 8.4 分子流天体の模式図．下に並んでいるのは観測される一酸化炭素スペクトルの概形．三つのスペクトルに共通の高くとがった成分は，星の母体の分子雲および分子雲コアからの成分に相当する．分子流として放出される超音速のガス成分は，ドップラー効果により母体の成分からずれた周波数を持つため，左右のスペクトルのコブ状の成分のように観測される（Snell *et al.* 1980, *Astrophysical Journal*, 239, L17–L22）．

性が示唆されており，星形成過程におけるもっとも大きな問題の一つである角運動量の解放（10.3.2 節参照）で，重要な役割を果たしていると考えられている（図 8.4）．

一方，光ジェットも 1980 年代に相次いで多くの星形成領域で発見された．光ジェットの発見にはそれ以前に発見されていたハービッグ–ハロー天体が重要な鍵を握っていた．光ジェットは 1980 年代に入ってハービッグ–ハロー天体の近傍で多く発見された．光ジェットは先に述べた分子流よりもさらに中心天体に近い領域で観測され，放出ガスの収束度も分子流よりも高く，その速度は秒速数 100 km にも達する．また，ハービッグ–ハロー天体はこの光ジェットの延長線上に位置している場合が多いことが観測的に明らかになった．ジェットがまわりの分子雲と相互作用し，それによって生じた衝撃波がガスを電離して輝いているのがハービッグ–ハロー天体である．高密度で減光が大きい中心星近傍でこのよう

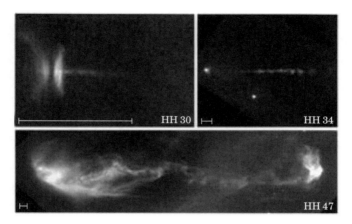

図 8.5 光ジェットとハービッグ–ハロー天体の観測例．(左上) HH30 では左から右に延びた細いジェットの根本の部分に原始惑星系円盤と円盤の内側からの散乱光が見えている．(右上) HH34 では，細く収束したジェットに濃淡が見られ，ジェットの放出に強弱があったことを示唆している．(下) HH47 ではジェットが周囲の分子雲に作った空洞の衝撃波面が輝いて見えている（ハッブル宇宙望遠鏡の写真より）．

な可視光のジェットが観測されることは，原始星のごく近傍の高密度の降着ガスが円盤状に分布していることの観測的な証拠となっている．また，光ジェットはほとんどが青方偏移を示している．これは傾いた円盤の手前側ではジェットが観測されるが，反対側の赤方偏移成分のジェットは円盤に隠されて見えないためと解釈される（図 8.5）．

(4) 前主系列星の観測

原始星コアへの質量降着が止まった後，星は HR 図上で林トラックを下降していく前主系列星段階にはいる．1945 年にジョイが分類した T タウリ型星が，前主系列星に対応することは先に述べたが，1983 年にモンマール（T. Montmerle）他がアインシュタイン衛星（Einstein Observatory）の観測から，へびつかい座の暗黒星雲で時間変動する T タウリ型星からの X 線放射を発見した．日本でも小山勝二らが「ぎんが」「あすか」などの X 線天文衛星により T タウリ型星の X 線強度が急激に増加する X 線フレア（10.5 節参照）に関する先駆的な観測を

196 | 第 8 章 星形成の全体像–観測事実と基礎的概念

行っている.

　今日では T タウリ型星はさらに細分化され，古典的 T タウリ型星と弱輝線 T タウリ型星に分類される．古典的 T タウリ型星は，水素の輝線スペクトルとリチウムの吸収線が観測され，赤外線でも明るく輝いている．弱輝線 T タウリ型星は，水素輝線の幅が 10 Å より狭いもので，リチウムの吸収線もほとんど見られないことから，古典的 T タウリ型星よりも進化が進んだ段階と考えられている．弱輝線 T タウリ型星は可視光よりも X 線による方が検出しやすく，1990 年に打ち上げられた ROSAT 衛星などの X 線による全天サーベイ観測が，弱輝線 T タウリ型星を探査する有効な手段となっている．X 線でのフレア的な変光は，T タウリ型星の磁場構造や惑星系のもととなる星周円盤からの T タウリ型星表面へのガスの降り込みが深く関わっていると考えられており，T タウリ型星のごく近傍の物理環境を知る手がかりを与えている．T タウリ型星からの X 線放射に関しては 10.5 節で詳しく述べる.

8.2　基本となる概念について

8.2.1　ビリアル定理

　球対称の雲の平衡状態を記述する流体の方程式は，磁場や回転の効果を無視すると，以下のようになる.

$$\frac{dP}{dr} = -\rho \frac{GM}{r^2}. \tag{8.1}$$

ここで，$M = M(r)$ は半径 r の内側にある質量を表している．この式の両辺に $4\pi r^3$ を乗じて，雲の中心 $(r = 0)$ から外端 $(r = R)$ まで r で積分すると，

$$\int_0^R 4\pi r^3 \frac{dP}{dr} dr = -\int_0^R 4\pi r^3 \rho \frac{GM}{r^2} dr. \tag{8.2}$$

左辺と右辺はそれぞれ以下のようになる.

$$左辺 = 4\pi \int_0^R r^3 \frac{dP}{dr} dr$$
$$= 4\pi R^3 P_{\mathrm{ex}} - 3 \int_0^R 4\pi r^2 P dr, \tag{8.3}$$

$$\text{右辺} = -\frac{1}{2}\int_0^R \frac{G}{r}\frac{dM^2}{dr}dr$$
$$= -\frac{GM(R)^2}{2R} - \frac{1}{2}\int_0^R \frac{GM^2}{r^2}dr. \tag{8.4}$$

ここで，$P_{\text{ex}} = P(R)$ は雲の表面での圧力である．球対称時空での重力ポテンシャル $\Phi(r)$ は無限遠（$r = \infty$）で 0 となるように定義すると，$r < R$ では，

$$\Phi(r) = \int_\infty^r \frac{GM(s)}{s^2}ds = -\int_r^R \frac{GM(s)}{s^2}ds - \frac{GM(R)}{R} \tag{8.5}$$

と書けるので，これを積分して定義される重力エネルギー E_{G} は以下のように計算される．

$$E_{\text{G}} = \frac{1}{2}\int_0^R 4\pi r^2 \rho \Phi(r)dr$$
$$= -\frac{1}{2}\int_0^R \frac{GM(s)}{s^2}\left[\int_0^s 4\pi\rho(r)r^2 dr\right]ds - \frac{1}{2}\frac{GM}{R}\int_0^R 4\pi\rho r^2 dr$$
$$= -\frac{1}{2}\int_0^R \frac{GM(s)^2}{s^2}ds - \frac{GM(R)^2}{2R}. \tag{8.6}$$

なお，2 行目への変形の際に，$\displaystyle\int_0^R \left(\int_r^R \cdots ds\right)dr = \int_0^R \left(\int_0^s \cdots dr\right)ds$ の関係を使って積分の順序を交換した．したがって，以下のような関係式が導かれ，ビリアル定理と呼ばれる．

$$4\pi R^3 P_{\text{ex}} - 3\int_0^R 4\pi r^2 P(r)dr = E_{\text{G}}. \tag{8.7}$$

なお，分子雲の温度は絶対温度約 $10\,\text{K}$ のほぼ等温で近似できるので，

$$4\pi R^3 P_{\text{ex}} = 3\frac{k_{\text{B}}TM}{\mu m_{\text{H}}} - a\frac{GM^2}{R} \tag{8.8}$$

と表すこともできる．ここで，k_{B} はボルツマン定数，T は雲の温度，μ は平均分子量である．また，右辺の第 2 項は重力エネルギーを表しており，a は大きさ 1 程度の定数で，密度一様球の場合は $a = 3/5$ である．両辺を 3 で割り，雲の中のガス粒子の総数を n とすると，右辺第 1 項は $nk_{\text{B}}T$ とも書けるので，このビ

リアル関係式は通常の熱力学におけるガスの状態方程式 $PV = nk_BT$ と類似の形をしており，右辺第2項は状態方程式への自己重力による補正と解釈することもできる．

もし，雲の表面での圧力が小さくて（8.8）式の左辺が無視できる場合は，

$$M = \frac{3k_BTR}{aG\mu m_H} = \frac{3R(\Delta v)^2}{8(\ln 2)aG} \tag{8.9}$$

というように雲の質量は温度 T と雲の半径 R とで決定される．ここで，Δv はガス粒子の分布関数の半値幅であり，温度 T とは $(\Delta v)^2 = 8(\ln 2)k_BT/(\mu m_H)$ の関係がある．長さ R を pc で，速度 Δv を km s^{-1} で測ると，上の式は $M = 210R(\Delta v)^2 M_\odot$ となり便利な式となる．観測結果を用いて，この速度幅に観測される超音速の速度幅を代入して導出される質量をビリアル質量と呼ぶことが多い．

平衡状態の雲の質量がこのビリアル質量よりも小さい場合は，雲は重力だけで閉じ込められているのではなく，外圧 P_{ex} が無視できないほど大きいことになる．また実際には磁場の力などもあることに注意しなければならない．

実際の分子雲コアの観測によると，高密度の分子雲コア質量はビリアル質量程度である場合が多い．このことは，このような高密度のコアでは自己重力が重要な役割を果たしており，星形成活動と関係していることを示唆している．

8.2.2 ガス球の動力学

ここでは，簡単のためガスの圧力 P と密度 ρ とに

$$P = K\rho^{\gamma_{eff}} \tag{8.10}$$

の関係がある場合を考える．ここで，K は適当な定数，γ_{eff} はガスの実効的な比熱比であり，2原子分子が断熱的な場合には $\gamma_{eff} = 1.4$，等温ガスでは $\gamma_{eff} = 1$ である．

自己重力の性質を理解するために，質量 M，半径 R の球対称形状の雲を想定して，その外縁部の流体素片の単位質量あたりに及ぼされる自己重力 F_g と圧力勾配の力（F_p）とを比べよう（図8.6）．

$$F_g = \frac{GM}{R^2}, \tag{8.11}$$

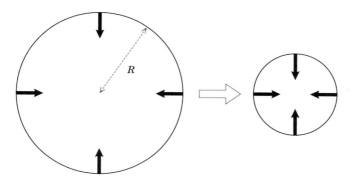

図 8.6 球対称のガス雲における力のつり合い．ガス雲が球対称性を保ちつつ収縮する場合に，重力や圧力勾配力は半径 R の関数としてどのように増加するか？

$$F_{\mathrm{p}} = \frac{1}{\rho}\frac{\partial P}{\partial r} \approx \frac{K\rho^{\gamma_{\mathrm{eff}}-1}}{R}. \tag{8.12}$$

ここで，雲が収縮して半径 R が小さくなることを考えると，密度は $\rho \propto R^{-3}$ であるから，F_{p} は

$$F_{\mathrm{p}} \propto \frac{1}{R^{3\gamma_{\mathrm{eff}}-2}} \tag{8.13}$$

となる．つまり，

$$\frac{F_{\mathrm{p}}}{F_{\mathrm{g}}} \propto R^{4-3\gamma_{\mathrm{eff}}} \tag{8.14}$$

である．そのため，その後の進化は以下のように分類されることがわかる．

　（1）$\gamma_{\mathrm{eff}} < 4/3$ の場合，もし重力が圧力に打ち勝ち，収縮して半径 R が小さくなると，重力の方がますます圧力より大きくなり，収縮が止まらなくなる．つまり不安定である．

　（2）$\gamma_{\mathrm{eff}} = 4/3$ の場合，重力と圧力勾配力がつり合うような雲の臨界質量が存在する．雲の自己重力と圧力がつり合うかどうかは雲の質量が大きいか小さいかによる．

　（3）$\gamma_{\mathrm{eff}} > 4/3$ の場合，十分に収縮すれば圧力勾配力の方が重力よりも大きくなるので，雲はそれ以上収縮できない．つまり安定である．

200 | 第 8 章 星形成の全体像–観測事実と基礎的概念

この臨界となる比熱比 $\gamma_{\mathrm{crit}} = 4/3$ は球形状の場合に特有の値であり，雲の形状が変わると違う値となる（たとえば，細長く伸びた円柱状の雲の場合は $\gamma_{\mathrm{eff}} = 1$ が臨界である．第 11 巻参照）．もしも，ガスがまったく冷えずに断熱的に振る舞うならば，おもに水素分子で構成されているガスの比熱は 1.4 になるので，重力的に安定であり，十分収縮して星になることは不可能である．したがって，星形成を可能とするためにはガスを冷却することが不可欠であり，本質的である．3 章や以下の節でも触れられているように，星間ガスの冷却時間は密度の上昇とともに短くなる．特に高密度の分子雲の冷却時間は十分短いので，絶対温度 10 K 程度の非常に低い温度に留まる．そのため，分子ガスの実効的な比熱比は $\gamma_{\mathrm{eff}} \approx 1$ となり，ガス圧に関しては重力収縮に対して不安定な状態となっている．

8.2.3 重力収縮

ここではガス圧によって支えられない自己重力系の重力収縮現象の基本的な性質を理解するために，大胆に簡単化して，ガス圧が存在しない一様密度球のダイナミクスを考えてみる．初期の密度を $\rho(0)$ とし，初期 $(t = 0)$ の半径が a で静止している球殻の時刻 t での半径を $R(t)$ と書けば，球殻の時間発展を記述する運動方程式は以下のようになる．

$$\frac{d^2 R}{dt^2} = -\frac{GM(a)}{R^2} = -\frac{4\pi G \rho(0) a^3}{3R^2}. \tag{8.15}$$

この式は両辺に dR/dt をかけて積分すると，

$$\frac{dR}{dt} = -a \left[\frac{8\pi G \rho(0)}{3} \left(\frac{a}{R} - 1 \right) \right]^{1/2} \tag{8.16}$$

となるので，$R/a = \cos^2 \beta$ という置き換えをして再度積分すると，

$$\beta + \frac{1}{2} \sin(2\beta) = t \left(\frac{8\pi G \rho(0)}{3} \right)^{1/2} \tag{8.17}$$

と解くことができる．ここで，初期に静止していた球殻を考えているので，$t = 0$ で $dR/dt = 0$ とした．この式は a に依存しない式になっているので，$t > 0$ の任意の時刻に β がすべての球殻に対して同じであることがわかる．つまり，すべての球殻が同じ時刻に中心に達することになる．この時刻を t_{ff} とすると，こ

れは $\beta = \pi/2$ に対応するので,

$$t_{\rm ff} = \left(\frac{3\pi}{32G\rho(0)}\right)^{1/2}. \tag{8.18}$$

この時間 $t_{\rm ff}$ のことを自由落下時間（free fall time）と呼ぶ．初期の密度分布が一様でない場合も，球対称であれば，上式の密度を平均密度で置き換えれば解は同様な式で表されることになる．この式は密度が大きければ大きいほど落下が速いことを意味している．したがって，中心ほど密度が大きな球対称の構造をもつ形状が重力収縮した場合は，中心部分が周りを置いてきぼりにして収縮することになり，密度分布はますます中心集中することになる．このような非一様の収縮現象は自己重力系に特有の現象であり，逃走的収縮（run-away collapse）と呼ばれ，天体物理の種々の現象に見られる．

8.2.4 分子雲における磁場の効果

星形成の舞台となる分子雲を構成するガスの大部分は，電気的に中性である水素分子やヘリウム原子である．しかし，3章でも示したように，非常にわずかな量ながら荷電粒子も存在している．ここでは微小量でしかない荷電粒子が星形成過程にとって重要な働きをしていることを説明する．分子雲中で水素分子などの中性粒子成分についてのマクロな運動を記述する運動方程式は

$$\frac{d\boldsymbol{v}_{\rm n}}{dt} = -\frac{\nabla P_{\rm n}}{\rho_{\rm n}} - \nabla\Phi - A\rho_{\rm i}(\boldsymbol{v}_{\rm n} - \boldsymbol{v}_{\rm i}) \tag{8.19}$$

となる．ここで，添え字 n, i はそれぞれ，中性粒子，荷電粒子についての物理量を示し，Φ は重力ポテンシャルである．最後の項は中性粒子と荷電粒子が衝突することに伴う中性粒子が感じる摩擦項である．これは，衝突する相手が多いほど大きくなるので，$\rho_{\rm i}$ に比例し，A はその係数である．荷電粒子成分についての運動方程式では，磁場から受けるローレンツ力（$\boldsymbol{J} \times \boldsymbol{B}$）の項が加わり，

$$\frac{d\boldsymbol{v}_{\rm i}}{dt} = -\frac{\nabla P_{\rm i}}{\rho_{\rm i}} - \nabla\Phi + \frac{1}{4\pi\rho_{\rm i}}(\nabla \times \boldsymbol{B}) \times \boldsymbol{B} - A\rho_{\rm n}(\boldsymbol{v}_{\rm i} - \boldsymbol{v}_{\rm n}) \tag{8.20}$$

である．ここで，摩擦の項は中性粒子と荷電粒子の間に働く力であり，作用反作用の法則があるため，それぞれの密度を乗じて和をとると零になる形になってい

る．摩擦項の比例係数 A は粒子間の衝突に伴う運動量のやり取りで決まる基本的な定数である．$\tau_n \equiv 1/(A\rho_i)$ は中性粒子の減速時間（stopping time）と呼ばれ，衝突（によって運動量を失う）タイムスケールである．中性粒子と荷電粒子の質量 m_n, m_i，両粒子間の衝突断面積 σ と粒子のミクロな速度をかけて平均したもの $\langle \sigma v \rangle$ を用いて表すと

$$A = \frac{\langle \sigma v \rangle}{(m_n + m_i)} \tag{8.21}$$

である．密度の大きな分子雲においては粒子は十分に頻繁に衝突しているため，衝突時間は自由落下時間などと比べてかなり小さいので，この摩擦項は大きなものとなる．特に，荷電粒子の運動方程式においては，慣性項，圧力項，重力項はこの項に比べて小さいため無視すると，近似的に，

$$A\rho_n(\boldsymbol{v}_i - \boldsymbol{v}_n) = \frac{1}{4\pi\rho_i}(\nabla \times \boldsymbol{B}) \times \boldsymbol{B} \tag{8.22}$$

という式が成り立つことになる．この式を（8.19）式の摩擦項に代入すると，

$$\frac{d\boldsymbol{v}_n}{dt} = -\frac{\nabla P_n}{\rho_n} - \nabla \Phi + \frac{1}{4\pi\rho_n}(\nabla \times \boldsymbol{B}) \times \boldsymbol{B} \tag{8.23}$$

という式になる．これは中性粒子についての情報だけを用いて表された運動方程式になっており，中性粒子があたかも完全電離のプラズマのように振る舞うという電磁流体力学的方程式になっている．

このように，（8.20）式の代わりに（8.22）式を用いる方法を強結合近似（strong coupling approximation）と呼ぶ．実際には荷電粒子と中性粒子は完全に結合しているわけではなく，それらの相対速度は（8.22）式から，

$$|\boldsymbol{v}_i - \boldsymbol{v}_n| = \frac{|(\nabla \times \boldsymbol{B}) \times \boldsymbol{B}|}{4\pi A\rho_n\rho_i} \tag{8.24}$$

程度だと見積もることができる．したがって，荷電粒子は磁場に凍結している場合でも，磁場は中性粒子に対して相対的にすり抜けてゆくことになる．この現象はプラズマドリフト（plasma drift）または両極性拡散（ambipolar diffusion）と呼ばれている．星形成過程においては，このすり抜けのタイムスケールが重要な量となる（8.2.5 節および 9.5.3 節を参照）．

8.2.5 種々のタイムスケール（時間尺度）

8.3.1 節において，星形成の効率は非常に低いということが観測から示唆されていることを述べるが，このことを理解するためには，星形成のタイムスケールを明らかにすることが必要である．そのためには，少なくとも種々の物理過程の典型的なタイムスケールを理解しておくことが必須である．したがって，この小節では，星形成過程を考察する上で必要となる種々のタイムスケールについてまとめる．

（1） 自由落下時間（$t_{\rm ff}$）

分子雲における自由落下時間 $t_{\rm ff}$ は水素の核子の個数密度 $n = n(H) + n(H_2)$ を用いると，（8.18）式から

$$t_{\rm ff} = 4 \times 10^6 \left(\frac{10^2\,{\rm cm}^{-3}}{n} \right)^{1/2} \quad \text{年} \tag{8.25}$$

である．実際にはガス圧により重力収縮の力は減じられていると考えられるが，8.2.2 節で説明したように，$\gamma_{\rm eff} < 4/3$ となって収縮するガスの運動は多くの場合，自己相似解で近似できるようになり，その収縮時間は上述の $t_{\rm ff}$ と同じオーダーの量となることが知られている（8.3.1 節の議論も参照せよ）．

（2） 放射冷却時間（$t_{\rm cool}$）

分子ガスの放射冷却時間は温度・密度に依存して大きく変化するが，静的な熱平衡状態における冷却率を用いると，密度が $10^2\,{\rm cm}^{-3}$ で 10^4 年程度である．密度が $10^4\,{\rm cm}^{-3}$ のコアでは 10^3 年程度となり，他のタイムスケールと比べて非常に短いといえる．なお，星間微粒子の冷却時間はさらに短いので，星間微粒子はいつも低温（絶対温度が約 $10\,{\rm K}$）で熱平衡状態にあると思って良い．したがって，

$$t_{\rm cool} \ll t_{\rm ff} \tag{8.26}$$

である．つまり，分子ガスの冷却時間は十分に短い．

（3） 磁場の散逸時間（$t_{\rm drift}$）

3 章や 7 章でも解説されているように，星間媒質には磁力線が貫いており，分子雲や分子雲コアもその例外ではない．したがって，分子雲コアにおいて磁場

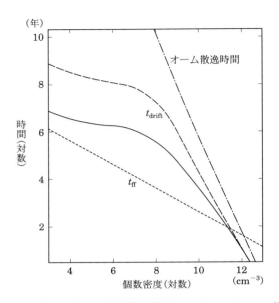

図 8.7 分子雲コアから磁力線の抜けるタイムスケール．横軸は雲の中心密度に対応する．縦軸のさまざまなタイムスケールはそれぞれ，点線: 自由落下時間，実線: 磁場で支えられた雲から磁力線の抜ける時間，破線: ガス圧で支えられた雲の中の非常に弱い磁場の抜ける時間，一点鎖線: オーム散逸時間，を年の単位で表す（Nakano *et al.* 2002, *ApJ*, 573, 199）．

の強さが重力（収縮）に打ち勝つほど強いのかどうか，ということが分子雲コアの進化を理解する上で非常に重要である．しかし，高密度の分子雲コアにおいては磁場の強さを測定することが非常に難しいため，分子雲コアが磁場によって支えられているのかが現状では明らかではない（9 章も参照）．ここでは，分子雲コアが磁場によって支えられていた場合を仮定して，その進化を考えよう．

8.2.4 節でも考察したように，分子雲における電離度は非常に低いので，分子雲コアを収縮させようとする自己重力の源は質量の大多数を占める中性粒子（H_2 や He）である．この中性粒子の圧力があまり大きくない場合は磁力線に凍結した荷電粒子が中性粒子と衝突することで重力に対抗する外向きの力を与えることができる．つまり，磁場の力が荷電粒子（の摩擦力）を媒介として中性粒子に与えられるわけである．しかし，この荷電粒子の集団と中性粒子の集団には全

体として速度のずれ（ドリフト）が生じるため，磁力線はこのドリフト速度で分子雲コアから抜けていくことになる．図 8.7 は詳しい計算により見積もられた磁場の抜けるタイムスケールを雲の中心密度の関数として示している．このように，磁力線が十分抜け出るタイムスケール（t_{drift}）は自由落下時間の数十倍から百倍程度と見積もられている．すなわち，

$$t_{\mathrm{drift}} \gg t_{\mathrm{ff}} \tag{8.27}$$

である．なお，図 8.7 には，電流が電気抵抗によって散逸する時間スケールであるオーム散逸時間も示している．

したがって，もし分子雲のほとんどが分子雲の自己重力に打ち勝つほどの十分強い磁場によって支えられている場合には，収縮するのに時間がかかるので，その分子雲での星形成率は小さくなり，8.3.1 節で述べるように，観測される小さな星形成効率を説明できる可能性がある．しかしながら，この可能性については種々の問題点が指摘されており，現在も活発に研究されているテーマの一つとなっている．

8.3 星形成研究の課題

ここまでで 20 世紀前半から今日まで我々が観測を通してどんな知見を得てきたかを概観し，星形成過程を理解する上で必要だと思われる基本的な概念について説明した．これまでに得られた観測結果をもとに，観測結果を説明するための理論やモデルが構築され，また構築されたモデルが実際の観測結果を再現できるかどうか計算機を用いたシミュレーションが行われている．詳細については以下で順次説明がなされるが，現時点でもまだ議論の渦中にあるテーマがいくつも残っており，今後の星形成研究で解明すべき課題となって我々の前に横たわっている．以下では，そのような星形成研究の課題について概観する．

8.3.1 星形成率

我々の銀河の中で一酸化炭素（CO）の輝線を用いて観測されている分子雲の総質量 $M_{\mathrm{H_2}}$ は $10^9 M_\odot$ であろうと推定されている．また，この一酸化炭素（CO）の輝線の大部分を担っていると思われるガスの密度は $10^2\,\mathrm{cm^{-3}}$ 程度であ

ると考えられる（3章参照）．その密度のガスの自由落下時間 t_ff は 10^6 年程度である．そこで，もし，我々の銀河の中に存在する分子雲ガスのほとんどが自由落下時間程度で収縮して星を形成すると仮定した場合，その星形成率は銀河全体で以下のように異常に大きな値になって，星の観測から示唆される星形成率 $\mathrm{R_{SF}} \sim 3 M_\odot$ 年$^{-1}$ と矛盾する．

$$\frac{M_\mathrm{H_2}}{t_\mathrm{ff}} \sim \frac{10^9 M_\odot}{10^6\ \text{年}} = 10^3 \frac{M_\odot}{\text{年}} \gg \mathrm{R_{SF}}. \tag{8.28}$$

そのため，観測されるような小さな星形成率を得るためには，

（a）　分子雲ガスのうちの星になる割合が小さいか，

もしくは，

（b）　星形成過程にかかる時間が自由落下時間よりもはるかに長いこと，

が必要であると思われる．どちらにせよ，銀河における星形成の平均的な効率は，上記の単純な描像に比べて非常に低いのである．しかしながら，なぜこのように低い効率になっているのかという点について理解はまだ不十分であると言わざるを得ない．

8.3.2　角運動量問題

　星が生まれる場所である分子雲コアの電波観測によると，非常にわずかではあるが回転していると解釈される速度成分を持っている場合がある．分子雲コアを含む分子雲が銀河回転を起源とする回転成分をもっていることは自然なので，分子雲コアが微小な回転運動をしていることは不思議ではない．そのような分子雲コアの回転エネルギーは重力エネルギーの数%程度に相当する場合があり，以下に示すように，回転運動はその後の進化に大きな影響を及ぼす．

　ほぼ球状の分子雲が角運動量を保存して収縮する場合，角速度は急激に増加する．分子雲コアの初期の半径を R_init，質量を M とし，初期の角速度を Ω_core とすると，コアの全角運動量は $M\, R_\mathrm{init}^2\, \Omega_\mathrm{core}$ 程度である．これが保存する場合，角速度は $\Omega = \Omega_\mathrm{core}(R_\mathrm{init}/R)^2$ と変化する．このとき，分子雲コアの最外縁部に働く単位質量あたりの遠心力 F_c は

$$F_\mathrm{c} = R\, \Omega^2 = \frac{R_\mathrm{init}^4 \Omega_\mathrm{core}^2}{R^3} \tag{8.29}$$

であり，重力 $F_g = GM/R^2$ との比は

$$\frac{F_c}{F_g} \propto \frac{1}{R} \tag{8.30}$$

となる．分子雲コアが収縮する場合，遠心力は重力よりも急激に大きくなるのである．つまり，十分半径が小さくなると，遠心力が重力よりも大きくなり，もうそれ以上重力収縮することはできなくなる．このことは，星形成過程の際に，収縮する部分の全角運動量は保存するのではなく，周りに捨てなければならないことを意味する．実際，典型的な星の全角運動量は分子雲コアに比べて何桁も小さい．そのため，いつ，どのようにしてこの角運動量を外に捨てるかということが星形成過程を理解する上で大問題となる．

　形成される天体の角運動量の減らし方としては，

● 形成過程の途中で天体が分裂して複数の天体（連星）となり，はじめに持っていた角運動量のうちの一部をそれらの軌道角運動量に変えることで，個々の天体の自転の角運動量を減らすこと，

● 磁場などの力を通じて，回転するガスを天体から放出することで，角運動量を外に運び出すこと，

などが重要となるが，実はこの1番目の過程だけでは不十分である（8.3.3節参照）．したがって，若い天体におけるガスの放出現象の際の角運動量の放出について理解することが強く求められている．

8.3.3　連星系の形成

　観測技術の進歩に伴い，生まれたばかりの若い天体の中にも連星であるものが数多く存在することがわかってきている．近接連星と遠く離れた連星系では観測手法が異なり，観測サーベイの到達度は一様ではない．また，距離が中間的な長さの連星は観測が困難である．しかし，1992年のマシュー（R. Mathieu）によるレビュー論文によると，若い星の連星頻度は主系列星の連星頻度の2倍程度に及ぶほど多いということが示唆されている．図8.8に連星頻度に関する最近のまとめを示す．この図では，連星同士の見かけの距離が110–1400 au の場合のみについての結果を示しており，おうし座分子雲（左の二つ）とへびつかい座分子

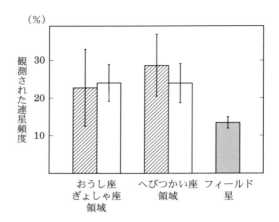

図 **8.8** 分子雲の中に深く埋もれた若い星（原始星）の連星頻度．（左）おうし座分子雲の原始星（斜線）と T タウリ型星（白），（中）へびつかい座分子雲の原始星（斜線）と T タウリ型星（白），（右）フィールド星（銀河系内で星団に属さない普通の星）．ただし，連星同士の見かけの距離が 110–1400 au の場合のみについての統計である（Duchêne et al. 2007, *Protostars and planets* V, p.379）．

雲（中央の二つ）での連星の割合が表示されている．この二つの分子雲はもっとも詳しく観測されている星形成領域であり，それぞれ，左側の斜線入りは原始星の連星頻度，右側は T タウリ型星の連星頻度に対応する．一番右には，銀河系内で星団に属さない普通の星（フィールド星）が示してある．さまざまな連星間距離の場合をすべて含めると，フィールド星の大半は連星であることがわかっている．そのため，この限られた連星間距離での若い星の連星頻度がフィールド星よりも高いということは，ほとんどの星が連星として生まれるということを示唆している．したがって，星形成過程をきちんと理解するためには，「連星系がどのようにして形成されるか？」という問題に答えることが必要である．また，8.3.2 節で述べたように，理論的にも連星系の形成過程は重要な意味を持つと考えられる．

そのため，連星系の形成過程については 1980 年代から盛んになった数値流体シミュレーションの技法を用いて，多数の理論的研究が行われてきた．しかしながら，理論的な問題の解明に必要な計算精度の要求は非常に厳しく，専門家の間

での論争が絶えない．特に形成直後の小さな質量の連星に対するガスの降着過程については研究があまり進んでおらず，連星がどのように生き延びるのかは不明である．また，距離が数 au 程度以内の近接連星についての形成に関しては，有望なメカニズムがまだはっきりしているとはいえない．したがって，大小さまざまな距離を持つ種々の連星系の形成過程についてはさらなる研究が必要である（10.6 節も参照）．

8.3.4 原始惑星系円盤の形成

通常，分子雲コアの中心部分が収縮して星が形成されると考えられているが，この自己重力系である天体の収縮過程はきわめて非一様的である．

まず，密度の大きな中心部分が先に収縮して非常に質量の小さな（太陽質量の約 100 分の 1 程度）生まれたての原始星となる．その周りのガスはその原始星に徐々に降着することで原始星の質量が増加して太陽質量程度の原始星になるのである．この後から降着するガスは角運動量を持っているため，直接に原始星に降着するのではなく，星周円盤に降着すると考えられる．星周円盤の質量は初期にはかなり大きく，その自己重力が重要な役割をして，降着過程を促進すると考えられる．

この段階の形成過程の研究は理論的には部分的にしかなされておらず，観測的には濃いガスに埋もれているため非常に難しい．したがって，今後の赤外線やサブミリ波による高解像度の観測が待たれている．その次の段階の進化については，星周円盤の質量が中心星に比べてとても小さい状態になるまでガスの降着が進み，その後の進化の速度は小さくなると理論的には考えられる．この段階の星周円盤は，惑星形成の舞台だと考えられているため，**原始惑星系円盤**（protoplanetary disk）と呼ばれている．主系列星の周りには星間微粒子の円盤が存在する場合もあるが，ガス円盤は存在しないようである．つまり，原始惑星系円盤中のガスはいつかはなくなると考えられている．近赤外線による観測では，円盤の中心部分に存在している星間微粒子の散乱光の強さが年齢が上がるとともに弱くなっていることがわかっており，円盤の中心部分の消失タイムスケールは数百万年程度であると思われる．原始惑星系円盤におけるガスの降着過程を駆動しているプロセスとしては磁気回転不安定性による乱流が有力であるが，こ

210　第 8 章　星形成の全体像−観測事実と基礎的概念

の詳細については，原始惑星系円盤の電離度の分布に依存しており，詳細な研究が続けられている.

　太陽質量の数倍程度の質量の若い星（Herbig AeBe 星）の周りの原始惑星系円盤については，すばる望遠鏡などによる直接撮像観測が近年進んでいる（10 章参照）. 特に渦状腕などの特異な構造が明らかになってきており，ALMA（アタカマ大型ミリ波サブミリ波干渉計; Atacama Large Millimeter/Submillimeter Array）等によって観測が大きく発展している.

8.3.5　初期質量関数

　主系列星は太陽質量の 0.08 倍から 30 倍程度までの範囲に存在する. 質量の下限は星の中心部で水素燃焼が起きるか否かによって決まり，これ以下の星は褐色矮星となる. 形成される星の質量はどのようにして決まるのか？我々はまだこの問題に対する明確な答えを得ていないが，それは星の形成過程と密接に関連しているはずである. 銀河系内の星の質量の頻度分布に関する先駆的研究はサルピータ（E.E. Salpeter）によりなされた. このとき注意すべきなのは，星の寿命が星の質量により異なることである. 太陽はほぼ百億年の寿命を持つが，太陽の 10 倍の質量の主系列星の寿命は太陽の約 1000 分の 1 の千万年程度と短い. 異なる質量の星が過去のある時点からそれぞれの質量ごとに一定の割合で定常的に形成されているとすると，重い星の寿命以上に時間が経過した後は，寿命の短い星の数が寿命の長い星に比べて相対的に少なくなる. 寿命の補正を行った星の質量頻度分布を初期質量関数（initial mass function; IMF）と呼ぶ. サルピータは，1955 年に銀河系内の星の IMF は星の質量の -2.35 乗に比例するという関係を出した. その後，ミラー（G.E. Miller）とスケーロ（J.M. Scalo）をはじめとして多くの研究者が，系外銀河や散開星団，OB アソシエーションなどの星に対する IMF についても研究を進めていった.

　（1）　種々の銀河で IMF はほぼ共通しており，

　（2）　星の数は星の質量が大きくなるに従い，著しく減少すること，

　（3）　太陽程度の小質量星が全体の 9 割近くの大部分を占めること，

　（4）　（2）の質量が小さくなるのにともなう数の増加の傾向は $0.3M_\odot$ 程度で頭打ちとなり，$0.3M_\odot$ 以下では不定性が大きいこと，

などがわかっている（図1.4参照）.

　星形成のメカニズムをきちんと理解するということは，星の質量分布をきちんと再現できるような理論を構築することに他ならない．ただし，すべての質量範囲についてIMFを決めるメカニズムを統一的に考える必要は必ずしもない．実際，$0.3M_\odot$ 程度でIMFの増加が頭打ちになる小質量星の形成メカニズムと，ほぼベキ関数で表される大質量星の形成メカニズムは異なっていると考えられている（9章から11章参照）．初期質量関数の起源の説明は，大質量星形成領域におけるクラスター形成のメカニズムや原始星への質量降着がどの時点でどのようなメカニズムで止まるかといった問題への理解につながる星形成研究において非常に重要なテーマである.

8.3.6　銀河スケールの星形成

　銀河系は2千億個ほどの星の集団でその大部分は直径 30 kpc ほどの円盤部に集中している．これら円盤部の星は重元素の割合が多く種族Iの星と呼ばれ，大質量のO型星やB型星は半値幅で 100 pc 程度の厚さに，太陽のような中小質量の星まで含めると半値幅で 350 pc ほどの厚さに分布している．また円盤内のガスは 100 pc 程度の厚さに分布している.

　一方，円盤から上下方向に離れた銀河系のハロー領域には，球状星団や晩期型の星などが分布し，これらの星の金属量は円盤内の星よりも小さくなっている．これら銀河ハロー中の星は種族IIの星と呼ばれ，銀河系が誕生した頃に形成された星と考えられている.

　円盤内の星形成に目を向けると，寿命の短いO型星やB型星のような大質量星は銀河系の渦に沿って分布している．これは，大質量星が銀河系円盤の渦にそって形成されやすいことを示している．M 51などの銀河系外の渦巻き銀河の写真を見ると渦巻きにそった黒い影のパターン（ダークレーン）が見られるが，これらはOB型星が形成される巨大分子雲（太陽の数万倍から数十万倍の大質量の分子雲（3章参照））が存在する部分である．また，ダークレーンにはところどころピンク色に輝いている部分が見られるが，これらは誕生したばかりのOB型星により作られた巨大なH II領域である．実際の銀河系内の星の回転速度は，渦巻きの回転速度とは異なる．渦は星やガスの密度の大小によって作られ

212 | 第 8 章　星形成の全体像—観測事実と基礎的概念

る重力場のパターンと考えられており（密度波理論），このパターンを星やガス
は横切りながら回転する．ただし，この重力ポテンシャルが深くなっている渦の
部分をガスが横切るときに速度が減速され，ガスの圧縮が起き，ガスの密度が上
がり大質量のガス雲が形成されやすくなると考えられている（詳細は第 5 巻を参
照されたい）．

8.3.7　大質量星の形成過程とトリガー

　太陽の数倍以上の大質量星は単一では形成されず，大質量の巨大分子雲の中で
集団（クラスター）的に形成されることが観測的に明らかになっている．クラス
ター内では太陽程度の小質量星も同時期に多数形成されており，クラスター内で
形成される星の質量分布は初期質量関数の理解のためにも重要である．

　小質量星の形成過程については 1980 年代から 90 年代にかけて大きくその理
解が進んだが，太陽の 10 倍程度を超える大質量星の形成についてはまだ十分な
理解が得られていない．観測的には，

　　（1）　初期質量関数からもわかるように絶対数が少ない，

　　（2）　進化のタイムスケールが短く途中の進化段階に対応するサンプルが少な
いため統計的に進化過程を追うことが難しい，

　　（3）　太陽系近傍の巨大分子雲が少ない（もっとも近いオリオン座の巨大分子
雲まででも 500 pc ほど離れている）ため空間分解能が悪い，

などの点から理解が遅れている．

　大質量星の形成過程の理解のためには，このような観測的な困難さの問題だけ
でなく，より本質的ないくつもの問題を解決しなければならない．たとえば，大
質量星は進化が速いため周囲のガスが質量降着している最中に中心星は主系列星
まで到達してしまう．中心星が主系列星まで進化してしまうと，星からの放射で
ガスの質量降着が止められると考えられる．その場合中心星は 10–$20M_\odot$ 以上ま
で成長できない．大質量星の形成メカニズムは，9 章および 10 章で解説する小
質量星の形成メカニズムの単なる延長線上では説明できないのである．これらに
ついては 11 章で詳しく議論する．

　また，大質量星が形成される大質量の分子雲コアを形成するためには，何らか
の分子雲の圧縮機構 ＝ トリガーが必要であろうという考えがいくつも提案され

ている．OB アソシエーションの周りの強烈な紫外線の放射によるガスの圧縮と
それに伴う連続的な星形成，超新星爆発の衝撃波による圧縮，および OB 型星の
集団の数十個の超新星爆発によるスーパーシェルと呼ばれる大規模な衝撃波によ
る圧縮，巨大分子雲同士の衝突による圧縮，T タウリ型星の集団の星風によって
作られたバブルによる圧縮，大質量星からの紫外線が近傍のグロビュール表面を
電離し中心集中型の圧縮効果を生む放射駆動による爆縮など，これまでに多くの
トリガーメカニズムが提唱され，それらを支持する観測結果が発表されている．
しかしながら，銀河系全体のスケールで考えた場合，このようなトリガーが大質
量星形成の大部分に関わっているのか，それとも少数の特異な例にすぎないの
か，まだ確立した描像は得られていない．

　高温高密度の大質量分子雲コアが観測できるサブミリ波の干渉計，最新の衛星
望遠鏡による赤外線・X 線などの高感度・高角分解能の観測を通して，遠方の大
質量星のクラスター的な星形成領域の観測データを蓄積し，大質量星の形成過程
を明らかにしていくことが今後の重要な課題である．

8.3.8　宇宙初期の星形成

　星間ガスが重力により収縮するためには，ガスが冷却され圧力の上昇が抑えら
れる必要がある．通常の銀河系内星間空間では CO などの分子からの線スペク
トルによる放射や星間微粒子からの赤外線の連続光などの放射が冷却に効く．し
かしながら，宇宙初期にはこのような重元素や星間微粒子が存在しないため，現
在の星間ガス雲とは大きく異なる冷却過程のもとでのガス雲の収縮を考えなけれ
ばいけない．特に最近の観測から，宇宙の最初に電離していたガスが一度中性化
した後，再度電離したことがわかっているが，最初に形成された星は宇宙再電離
のエネルギー源として，宇宙論の研究においても重要な意味を持つ．重元素がな
い水素分子だけのガス雲がどのような条件で収縮し，どのように星が形成される
かを理解することは宇宙の進化を知る上で非常に重要な課題である．この初代星
の形成過程についての研究の現状は 12 章で詳しく述べる．

第 **9** 章

小質量星の形成（1）
分子雲から原始星へ

前章で述べたとおり，小質量星形成の観測的・理論的理解は大質量星のそれと比較して非常に進んできている．これは，

（1） 進化のタイムスケールが長い，

（2） 小質量星形成領域には母体となった分子雲の環境を大きく変える爆発的現象（超新星爆発，大型星による星風等）が存在しない，

（3） 比較的近傍に観測対象がある，

等の理由があげられる．この章では，近傍の小質量星形成領域の分子雲から分子雲コア，そして原始星形成の瞬間までの観測的研究，および分子雲から分子雲コアを経由して原始星が形成されるまでの理論的研究について紹介する．

9.1 分子雲から分子雲コアへ

分子雲は，収縮しようとする自己重力，それに対抗する乱流，回転による遠心力，磁場等の力関係に応じて進化する．そのため，分子ガスの質量，分子スペクトルの速度線幅等を観測的に明らかにすることが，分子雲の力学的進化を解明する上で重要である．一般的に分子雲の典型的密度は数百–数千個 cm^{-3} 程度であり，3 章で述べたとおり，^{12}CO（$J = 1$–0），^{13}CO（$J = 1$–0）スペクトル等で観測される．おうし座等近傍の小質量星形成領域では，分子雲全体の質量は数

第 9 章 小質量星の形成 (1) 分子雲から原始星へ

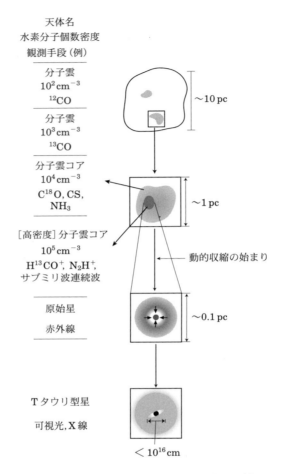

図 **9.1** 分子雲から T タウリ型星までの進化の様子．

千–数万 $M_\odot$，個々の塊は数十–数百 $M_\odot$ である．その質量が大きいことから，星が形成されるためには，さらに分裂・収縮が必要であることがわかる．密度数千個 cm^{-3} のガスを観測できる ^{13}CO（$J = 1$–0）スペクトルで観測すると，視線方向の速度分布が複雑で，それぞれの塊が必ずしも自身の重力で束縛されていない．図 9.2 で見られるように，^{13}CO（$J = 1$–0）スペクトルの比較的強い場所と生まれたばかりの原始星との位置相関が良いことから，1 pc 程度のスケールで

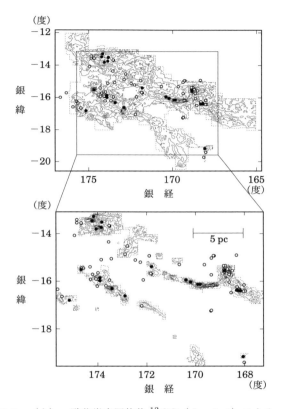

図 9.2 （上）一酸化炭素同位体 ^{13}CO（$J = 1$–0）による，おうし座暗黒星雲の電波地図．水野 亮らによって名古屋大学 4 m 電波望遠鏡を用いて得られた．可視光で見ることのできない若い原始星（黒丸）との位置相関が，可視光で見ることのできる T タウリ型星（白丸）の分布と比較して良いことがわかる．（下）C^{18}O（$J = 1$–0）スペクトルを用いた，分子雲コアの分布図．大西利和らによって名古屋大学 4 m 電波望遠鏡を用いて得られた．紐上の分子雲の中に，分子雲コアが埋もれていることがわかる．可視光で見ることのできない若い原始星（黒丸）との位置相関が，^{13}CO で観測される分子雲の分布に比べ，さらに良くなっていることがわかる．図中，破線で囲まれた領域は，それぞれのスペクトルで観測された領域を示す．

218 第 9 章 小質量星の形成 (1) 分子雲から原始星へ

見るとこのスペクトルの強度分布は星形成の良い指標であることがわかる．一方，それより小さいスケールでは，^{13}CO（$J = 1$–0）の強度分布が必ずしもガスの密度分布を反映せず，原始星との位置相関が必ずしも良くない場合がみられる．この理由として，^{13}CO（$J = 1$–0）スペクトルは，ガスの柱密度の良い指標であるが，必ずしも密度を反映していないことがあげられる．さらに密度の高い領域を観測するためには，臨界密度の高いスペクトル等を用いる必要がある（臨界密度については，3章で詳しく解説）．

9.2 分子雲コアの観測

分子雲の中でもガスの密度が高く，星が形成される可能性の高い領域を一般的に分子雲コア（= molecular cloud core）と呼ぶ．高密度コア（= dense core）と呼ばれることも多い．典型的な密度は，水素分子個数密度にして 10^4 個 cm^{-3} 程度以上である．比較的観測しやすい分子スペクトルが存在すること（C^{18}O（$J = 1$–0），NH$_3$ (1,1)，CS（$J = 2$–1）等），近傍の小質量星形成領域ではこの密度を持つガスの塊の典型的な質量が 1–$10M_\odot$ 程度であり個々の星形成に直接つながると考えられること，赤外線で観測される原始星との位置相関がきわめて良いことなどから，この密度をもつ分子雲コアの観測は星形成の理解にとって非常に重要である．この節では，小質量星形成領域での分子雲コアの観測例，その物理量，星形成の様子などについて述べる．

9.2.1 分子雲コアの観測手法

我々の太陽系近傍，約 150 pc の距離には，おうし座，へびつかい座，カメレオン座，おおかみ座等の，分子雲の質量が数千 $M_\odot$ を超える比較的規模の大きい小質量星形成領域や，孤立した分子雲である分子雲グロビュール（ボック（B.J. ボック）のグロビュール）が数多く存在し，分子雲から分子雲コアを経て原始星が形成されるまでの観測的研究が，その近さを活かして詳細に行われてきた．

分子雲コアの観測に使用される分子スペクトル（C^{18}O, NH$_3$, CS, N$_2$H$^+$, HCO$^+$ 等）の強度は非常に弱く，星形成領域全体に渡って探査することは困難である．そのため，歴史的には，1980 年代から可視光写真に見られる減光領域方向（3.2.1 節参照）の探査が，マイヤース（P.C. Myers）らのグループによっ

て行われてきた. その結果, 分子雲コアのサイズは $0.1\,\mathrm{pc}$, 質量は $1M_\odot$, 密度は 10^4 個 cm^{-3} のオーダーであり, その半分以上に原始星が付随していることがわかった. また, 赤外線で検出された原始星方向の探査も行われ, 原始星の赤外線での色温度が低いほど, つまり原始星の年齢が若いほど, 分子雲コアが検出される確率が高いなど, 観測された分子雲コアが星形成の直接の現場であることが明らかになった.

一方, 上記の観測手法では, 星形成以前の分子雲コアの探査の完全性に大きな問題があった. この理由として, すべての分子雲に原始星等の可視光・赤外線による観測の「目印」が必ずしもあるわけではないこと, 分子雲コアは分子雲の中に埋もれているため, 視線方向のすべての星間微粒子量の積分値である減光量だけでは, 密度が高い本当の分子雲コアの位置を精確には特定できないこと, などがあげられる. この問題を解決するため, 名古屋大学のグループは, おうし座星形成領域で分子スペクトルのみを用いた分子雲コアの探査を行った. 最初に, スペクトル強度が大きく, 密度 10^3 個 cm^{-3} 程度のガスをとらえることのできる $^{13}\mathrm{CO}$ ($J=1\text{--}0$) スペクトルで全域を観測し, 強度の大きい領域を密度 10^4 個 cm^{-3} 程度のガスをとらえることのできる $\mathrm{C}^{18}\mathrm{O}$ ($J=1\text{--}0$) スペクトル (図 9.2 (下)), さらに 10 倍程度密度の高い領域をとらえることのできる $\mathrm{H}^{13}\mathrm{CO}^+$ ($J=1\text{--}0$) スペクトルを用いて観測することにより, 密度 $10^3\text{--}10^5\,\mathrm{cm}^{-3}$ のガスの分布の全容を段階的に明らかにし, 星形成以前のコアの統計的議論が可能となった.

また, IRAM 30 m 鏡の MAMBO, JCMT 15 m 望遠鏡の SCUBA 等, 100 素子程度のミリ波・サブミリ波カメラの登場により, 高密度ガス領域の広域探査が行われ, 無バイアスかつ統計的に分子雲コアの性質の議論が可能となった. とくに, 2008 年に打ち上げられたハーシェル宇宙天文台による近傍星形成領域のサブミリ波・遠赤外線域観測により, 分子雲内部での分子雲コアの分布の様子が明らかにされた. これらの観測では, 分子雲内には細長いフィラメント状の構造が普遍的に存在し, 高密度コアはフィラメント構造に沿って形成されていることが明らかとなった.

9.2.2 分子雲コアの性質

　分子雲コアの典型的なサイズは，0.1–1 pc，質量は数–数 $10M_\odot$ 程度である．この値は，分子雲コアの典型的な密度 10^4 cm^{-3}，温度 10 K の一様球を仮定した場合のジーンズ臨界長 0.13 pc，ジーンズ質量 $1.3M_\odot$ と比較して若干大きい．コアの形は完全に球形のものは少なく，長軸と短軸の比はおおよそ 2 程度である．実際の 3 次元形状の測定は，分子雲コアの力学的進化の理論研究との比較の上で重要であるが，直接測定することはきわめて困難である．長軸と短軸の比の統計的解析により，ディスク型（oblate）ではなく，ラグビーボール型（prolate）に近いのではないかという報告があるが，分子雲コア形成の理論的理解，形状に大きく影響を与える磁場の詳細な観測などを合わせた総合的な判断が必要である．

　分子雲コアの密度構造を明らかにすることも，その力学的状態を知る上で重要である．単一の分子スペクトルでは，測定することのできる密度範囲が非常に限られることから，異なる密度をとらえることのできる複数の分子スペクトルを用いた観測や，分子雲コア中心部においても光学的に薄いミリ波・サブミリ波連続波観測，透過力の強い近赤外線撮像観測による減光量分布の測定等により密度分布を推定している．密度分布は，その中心からの距離 r のべき指数 $m(r) \equiv -d\log\rho/d\log r$ で計ることが多い．一般的に中心部の密度勾配はほぼフラット（$\rho \sim$ 一定，べき指数はほとんど 0）で，外側にいくにつれて大きくなり，$m = 1.5$–2（$\rho \propto r^{(-1.5-2)}$）となっていることが多い．減光量分布の測定は，分子雲複合体の中では，分子雲コアの手前の星間微粒子（ダスト）の影響が大きく，精確な密度分布を求めることが難しいが，ボックのグロビュールのような孤立した分子雲コアの測定には非常に大きな威力を発揮する．これは，中心部からかなり密度の低い外辺部まで連続的に密度分布を求めることができるからである．アルベス（J. Alves）らは近赤外線観測により，孤立したボックグロビュールの密度分布の測定を行い，外側で密度勾配が急激に大きくなること，その密度勾配が，外圧によって閉じこめられた自己重力によって支えられている等温球を記述したボナー–エバート（Bonner–Ebert）球モデルでよく表すことができることを示した（図 9.3）．

　アンモニア分子観測等によって観測される分子雲コアの力学的温度は 10 K 程度である．分子雲コアは分子雲の奥深くに埋もれており，周囲の分子雲に含まれ

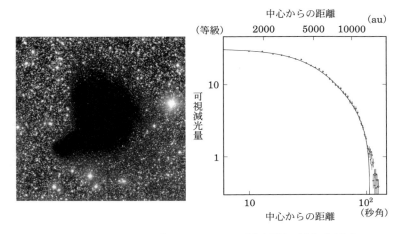

図 **9.3** ボックのグロビュール B68 の可視光写真（左）と減光量分布（右）．減光量を対数でみたときに，外側にいくほど傾きが急速に大きくなっている．右図の実線はボナー–エバート球モデルを示す（Alves *et al.* 2001, *Nature*, 409, 159）．

る星間微粒子の吸収により，星間放射場が分子雲コアまでほとんど到達することはなく，その温度は宇宙線による加熱と分子・星間微粒子による放射冷却によっておおむね決まっている（3 章参照）．小質量星形成では生まれた星が分子雲コア全体を暖めることはできず，ほとんどの場合，分子雲コアの温度が 10 K から大きくずれることはない．

分子スペクトルで測定される線幅は半値全幅で 0.1–$1\,\mathrm{km\,s^{-1}}$ 程度であり，10 K のガスの熱的な線幅と同程度–数倍である．母体となる分子雲の線幅と比較すると数倍程度小さくなっているが，分子雲コアの力学的バランスを考える上で，乱流による非熱的線幅の考慮は不可欠である．この非熱的線幅を考慮すると，分子雲コアでは，重力エネルギーと線幅から求めた運動エネルギーとがおおよそつり合っているように見える（ビリアル平衡[*1]，8 章参照）．

複数の分子スペクトルを用いてさまざまな分子雲・分子雲コアを観測すると，サイズが大きくなるにつれてスペクトルの線幅も大きくなっているように見える（サイズ–線幅関係，3.2.4 節参照）．ラーソン（R.B. Larson）らによる先駆的な

[*1] ビリアル定理が成り立ち，力学平衡状態になっている状態をビリアル平衡という．

研究を発端として，数多くの研究が行われ，線幅はサイズの 0.3–0.7 乗に比例し
ているのが一般的である．分子雲，分子雲コアの線幅はほとんどが非熱的，つま
り乱流的であるため，この性質はその乱流の性質を反映していると考えられてい
る．分子雲コアの場合においても，同じ天体を密度の異なる領域をとらえるいく
つかの分子スペクトルで観測した場合，同様の傾向が見られるが，単一の分子ス
ペクトルで複数の分子雲コアを観測した場合，その傾向を見ることは難しくな
る．分子雲コアの観測では，一般的に線幅，サイズの範囲を大きくとることが難
しく，サイズ–線幅関係があったとしても，観測データからそれを導くのは難し
い．また，観測の感度が悪い場合，電波強度の強い分子雲コアのみを選択的に観
測することになるため，観測で求めたガスの柱密度の測定範囲が狭くなる．この
場合，分子雲コアがビリアル平衡にあると仮定すると，スペクトルの線幅がサイ
ズの 0.5 乗に比例することが導かれるため，この場合のサイズ–線幅関係は，力
学的平衡条件を反映している可能性があることに注意する必要がある．

9.2.3　分子雲コアでの星形成

　赤外線の色温度がより低い，より若い原始星の方向では，分子雲コアが検出さ
れる確率が高くなる．これは，分子雲コアがまさしく星形成の現場であることを
示している．星形成が見られる分子雲コアでは，一般的には，1 個–数個の原始
星が付随しており，生まれる星の質量を $1M_\odot$，分子雲コアの質量を $10M_\odot$ と
し，すべての分子雲コアが星を形成すると仮定すると，その星形成効率は 10–数
10%程度となる．しかし，星形成を伴う分子雲コアの割合は，星形成領域によっ
て大きく異なっている．たとえば，比較的活発な星形成領域であるおうし座分子
雲では，50%強の分子雲コアに原始星が付随しており，星形成率は約 10%，へび
つかい座分子雲では，約 20%の分子雲コアに原始星が付随しており，星形成率
は数%，中質量星形成を伴うみなみのかんむり座分子雲では，星形成率が約 40%
となっている．分子雲コアのビリアル質量と分子スペクトルの強度から求めた質
量との比は，星形成の見られる分子雲コアの方がより小さく，1 に近い．これ
は，時間の経過とともに，乱流の散逸等により線幅の非熱的成分が小さくなり，
それに伴って重力が優勢になることを示している．このタイムスケールの違いが
星形成領域ごとの星形成率の相違に影響を与えている可能性がある．これらの要

因として，分子ガスの電離度の違い，もともとの乱流量の違い，周囲の大質量星の影響の有無等が上げられるが，はっきりと特定できているわけではない．

9.3 分子雲コアの質量分布と星の初期質量分布

天体の質量分布は，その天体の形成機構を知る上で大きな手がかりとなる．分子雲の質量分布関数は，単位質量あたりの分子雲の個数が質量の -1.7 乗程度のべき $dN/dM \propto M^{-1.7}$ で表すことができることが広く知られている（3章参照）．一方，主系列段階に到達したばかりの星の質量分布関数 = 「星の初期質量関数」は，より勾配の大きい $-2.5 \sim -2.7$ のベキで表されており，この急なベキがどの段階で形成されるのかが大きな問題であった．

2000年前後から始まった星間微粒子から放出される連続波や，分子輝線スペクトルによる分子雲コアの系統的な探査から，分子雲コアの質量分布関数のベキは，-2.5 程度と星の初期質量関数と類似している（1章を参照），という結果が多く得られてきた．図 9.4 のように，一般的には質量の大きい側でベキが大きく，質量が小さくなるほどベキが小さくなる傾向にある．星の初期質量関数でも同様に小質量側でベキが小さくなっており，これらの類似点から，分子雲中で分子雲コアが形成される機構が，そこで形成される星の質量分布を支配しているのではないかという考えが提唱されている．

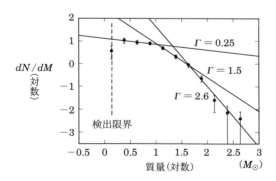

図 **9.4** さまざまな近傍星形成領域に存在する 137 個の $C^{18}O$ ($J=1$–0) コアの質量分布．質量が大きいほど勾配を示すベキの絶対値が大きくなり，星の初期質量関数（IMF）に近づく (Tachihara et al. 2002, A&Ap, 385, 909)．

9.4 原始星誕生までの分子雲コア進化の観測

分子雲コアの進化は，コア自身の重力，乱流・熱による運動エネルギー，磁場のエネルギー等のバランスの変化によって左右される．分子雲コアの重力が優勢になると，加速度的に星形成へと進み，星形成のスピードは自由落下時間によって決定される．分子雲の力学的バランスは，重力が優勢ではないことから，分子雲コアのある進化段階で重力が優勢，つまり重力的に不安定な状況になると考えられる．それがどのような状況で，いつ起こるのかを知ることは，星形成の初期条件を知る上できわめて重要である．

9.4.1 分子雲コア進化の観測

分子雲コアから星が形成されるまでには数十万年以上の時間が必要なため，一つの分子雲コアの進化の様子を追うことは実質的に不可能である．そのため，さまざまな進化段階にある分子雲コアを数多く観測することにより，その時間的進化を推定することになる．つまり，ある進化段階の天体の個数とその段階での滞在期間が比例するという考えである．この種の統計的な研究には，ほぼ完全で均質な分子雲コアのデータベースが必要不可欠である．

名古屋大学のグループは，9.2.1 節で述べたおうし座分子雲のほぼ完全な分子雲コアデータベースを用いて，密度 10^5 個 cm^{-3} の分子雲コアから星が形成されるのには，40–50 万年必要であることを導いた．この密度を持つ温度 10 K のガスの自由落下時間は 10 万年程度であることから，まだ重力が優勢な段階には到達していないことがわかる．

一方，密度が 10^6 個 cm^{-3} を超える分子雲コアは同領域で 1 個検出されたのみであり（図 9.5），このことから滞在時間は数万年程度と見積もられ，密度が 10^6 個 cm^{-3} のガスの自由落下時間とほぼ同じである．このことは，密度が 10^6 個 cm^{-3} を超えるあたりで分子雲コアが重力的に不安定になり始めることを示している．

分子雲コアが重力的に不安定になると，ガスが中心へと落下し始め，原始星が形成され成長し，分子流天体やジェットが検出されるようになる．これらの現象については 10 章で詳しく取り上げるが，原始星が形成される瞬間に近い天体は，分子ガスが形成された星の影響をまだほとんど受けておらず，分子雲コアにおけ

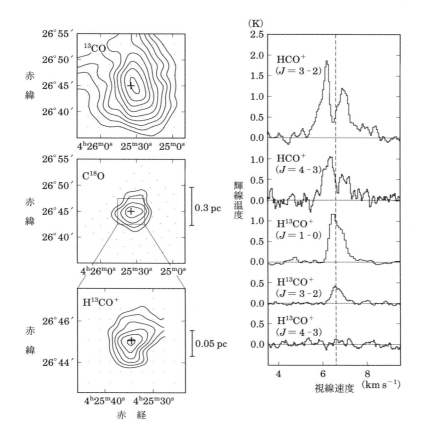

図 9.5 第 1 のコア形成期に近い段階にあると考えられる，おうし座領域の分子雲コア MC 27 (L1521F). 左図より中心に向けて密度が高くなっている様子がわかる．右図は中心方向のさまざまな分子スペクトルを示す．励起の臨界密度が高く，光学的に厚いスペクトル HCO$^+$ ($J = 3$–2), HCO$^+$ ($J = 4$–3) は，青方偏移側（左側）の強い非対称なダブルピーク形状を示している（Onishi *et al.* 1999, *PASJ*, 51, 257）.

る星形成の初期状態を探ることが可能である．10 章で述べる原始星第 1 のコアは，まさしくこの段階に相当し，その検出は第 1 のコアの物理的状態の解明だけではなく，星形成の初期状態を探る上で非常に重要である．ただし，その光度が非常に低く（$< 0.1 L_\odot$），滞在時間が 1 万年程度と短いことから，この段階の

天体を何個か見つけるためには，少なくとも数百個以上の分子雲コアの探査が必要である．上で述べた，密度が 10^6 個 cm^{-3} を超える分子雲コアは，この段階にあるものとして有力な候補であり，ALMA 等による中心天体の詳細な観測が進行中である．

9.4.2 重力的収縮の始まりの検出

分子雲コアは重力的に不安定になると，数万年程度の短い時間で原始星を形成する．このとき，ガスが中心へと収縮（インフォール）し始める．インフォールは星への質量供給のもっとも本質的な過程であるが，小質量星の場合，中心から数 100 au 以遠では収縮速度は 1 km s^{-1} に満たないため，その直接検出は非常に難しい．しかし，このインフォールを分子スペクトルの観測によって間接的に検出する試みが広く行われている．インフォールが見られる分子雲コアの中心部を，励起臨界密度が高く，光学的に厚い分子スペクトルを用いて観測すると，しばしば青方偏移側（我々に近づいている）がより強い，非対称なダブルピークを示すプロファイルが見いだされる．ダブルピークに見えるのは，密度の高い中心領域のみ励起温度が高く，周りの励起温度の低いガスの光学的厚みが大きいためである．

青方偏移側が強いのは，吸収要因となる手前にある励起温度の低いガスが中心方向へ，つまり我々から遠ざかっている方向へ運動しているため，赤方偏移側がより吸収を受けるためである（図 9.6）．これらのスペクトル形状は，中心に若い原始星が付随する分子雲方向で比較的よく見られ，インフォールの間接的な観測的証拠として認知されている．また，9.4.1 節で述べたおうし座領域の密度 10^6 個 cm^{-3} を超える分子雲コアでも同様のスペクトルが見られ，重力的収縮が始まっていることを強く示唆している．

一方，星形成以前の分子雲コアの方向の同様の観測も数多く行われ，青方偏移側が強いスペクトルが，それ以外と比べて数割程度頻度が多く，かなり早い段階から中心部へのガスの運動が始まっていることが示唆されている．スペクトルから見積もった収縮速度は 0.1 km s^{-1} 程度もしくはそれ以下であり，自己の重力で自由落下する速度と比較して遅く，磁場や乱流等で支えられながらゆっくりと収縮していることが考えられる．しかし，星形成以前の分子雲コアの中心の同

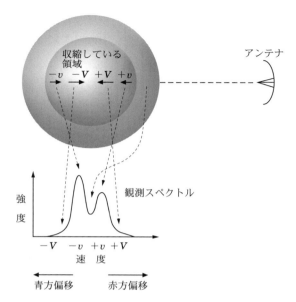

図 9.6 原始星に向かってインフォールしているガスが放射する電波輝線の模式図.

定,手前の吸収物質が本当に中心付近に存在してそこでの星形成に関連しているのかなど,さまざまな不確定要素があり,青方偏移側がより強いダブルピークが見えただけで収縮の証拠とするのは難しい.

9.5 分子雲コアの形成メカニズム

本節では,分子雲から分子雲コアが形成されるメカニズムを理論的側面から紹介しよう.分子雲の平均密度は 10^2–$10^3 \mathrm{cm}^{-3}$,温度は $10\mathrm{K}$ 程度であるので,分子雲のジーンズ質量は $10 M_\odot$ 程度と見積もられる.これは典型的な分子雲コアの質量よりもいくぶん大きい.これに対して,分子雲の質量はジーンズ質量に比べてはるかに大きく,分子ガスの熱的圧力に比べて,自己重力が支配的である.それにもかかわらず,分子雲全体に広がるような自由落下運動が見られないことから,分子雲は他の力によって力学的に支えられた状態にあることがわかる.

分子雲を力学的に支える要因としては,磁場,乱流,回転などが挙げられるが,

228 | 第 9 章 小質量星の形成 (1) 分子雲から原始星へ

分子雲の回転エネルギーは重力エネルギーのせいぜい数%に過ぎず，回転運動は力学的には重要でない．観測によると，乱流による内部運動は，自己重力と同程度のエネルギーを持ち，分子雲を力学的に支える要因として重要である．おうし座分子雲の ^{13}CO 分子輝線の観測によると，乱流場の速度分散は $0.6\,\mathrm{km\,s^{-1}}$ で，音速よりも 3 倍程度大きい．このように分子雲は超音速乱流状態にあるにもかかわらず，星間微粒子の偏光により観測される磁場構造は大局的に揃っており，磁場も乱流場と同程度のエネルギーを持つ．したがって，分子雲を力学的に支える上で重要な役割を果たしている．

　分子雲から分子雲コアが形成される過程では，分子ガスが分裂・収縮し，重力的に束縛される状態になる必要がある．ここではまず，ジーンズの行った重力不安定性の解析について紹介する．これは，自己重力による構造形成の基本となる重要な理論である．つぎに磁場の役割について紹介する．磁場の役割は理論的には 1980 年代頃から盛んに研究され，その力学進化についての理解は比較的進んでいる．しかしながら実際の分子雲では，自己重力，磁場，乱流場が複合的に作用するので，すべてを考慮して解析的に取り扱うことは難しく，まだまだ未解明な点が多い．特に乱流場の役割については，最近になってようやく大規模な数値流体力学シミュレーションを用いて研究されるようになってきたばかりである．ここでは分子雲コアの形成過程の代表的な理論モデルを紹介し，最後に乱流場を取り扱った最近の研究について紹介する．

9.5.1　重力不安定性: ジーンズの解析

　これまで見てきたように，観測される分子雲コアは重力的に束縛された天体である．ここでは自己重力の効果を見積もるため，ジーンズが行った重力不安定性の解析を紹介する．

　簡単のため，ガスは無限一様に広がった状態で静止しているとし，圧力を P_0，密度を ρ_0 とする．この状態に微小なゆらぎを断熱的に加えると，圧力・密度・速度は $P(\boldsymbol{r},t) = P_0 + P_1(\boldsymbol{r},t)$，$\rho(\boldsymbol{r},t) = \rho_0 + \rho_1(\boldsymbol{r},t)$，$\boldsymbol{v}(\boldsymbol{r},t) = \boldsymbol{v}_1(\boldsymbol{r},t)$ となる．ここで微小なゆらぎの成分は添え字 1 を用いて表した．これらを流体力学の基礎方程式に代入し，方程式を線形化する．線形化というのは，$P_1 \ll P_0$，$\rho_1 \ll \rho_0$ などを考慮し，微小量の 1 次の項のみをとり方程式を整理することである．

たとえば，連続の式に上式を代入すると

$$\frac{\partial(\rho_0 + \rho_1)}{\partial t} + \nabla \cdot [(\rho_0 + \rho_1)\boldsymbol{v}_1] = 0 \tag{9.1}$$

となる[*2]．$\partial\rho_0/\partial t = 0$ と微小量の 2 次の項 $\nabla \cdot (\rho_1\boldsymbol{v}_1)$ を無視すると線形化された連続の式は

$$\frac{\partial\rho_1}{\partial t} + \rho_0(\nabla \cdot \boldsymbol{v}_1) = 0 \tag{9.2}$$

となる．同様に流体の運動方程式を線形化すると

$$\frac{\partial\boldsymbol{v}_1}{\partial t} = -\frac{a^2}{\rho_0}\nabla\rho_1 + \boldsymbol{g}_1. \tag{9.3}$$

ここで a は音速である（$a^2 \equiv \partial P/\partial\rho = \gamma P_0/\rho_0$）．線形化された重力場を表すポアソン方程式

$$\nabla \cdot \boldsymbol{g}_1 = -4\pi G\rho_1 \tag{9.4}$$

を用いて上の 2 式から ρ_1 以外の変化量を消去し ρ_1 に関する式を書くと

$$\frac{\partial^2\rho_1}{\partial t^2} = a^2\triangle\rho_1 + 4\pi G\rho_0\rho_1 \tag{9.5}$$

となる[*3]．重力がない場合（$G = 0$），右辺第 2 項がなくなり，この式は流体中を伝わる音波の波動方程式となる．つまりこの式は，自己重力の存在で音波の運動がどのように変化するかを表した式といえる．ここで微小なゆらぎを x 方向に進む波数 k，振動数 ω の 1 次元平面波とし，$\rho_1 \propto \exp(i\omega t - ikx)$ とおいて上式に代入すると

$$\omega^2 = a^2k^2 - 4\pi G\rho_0 \tag{9.6}$$

となる．この式はゆらぎの振動数と波数の関係を表し，ゆらぎの分散関係式と

[*2] ∇ はナブラと呼ばれるベクトル微分演算子で，3 次元直交座標では $\nabla \equiv (\partial/\partial x, \partial/\partial y, \partial/\partial z)$ である．ベクトルとの内積は発散と呼ばれ，$\nabla \cdot \boldsymbol{v} = \partial v_x/\partial x + \partial v_y/\partial y + \partial v_z/\partial z$ のようにスカラーとなる．スカラー量に付くと勾配と呼ばれ，$\nabla\rho = (\partial\rho/\partial x, \partial\rho/\partial y, \partial\rho/\partial z)$ のようにベクトルとなる．

[*3] ∇ 二つの内積を形式的にとったものはラプラシアンと呼ばれ，$\triangle$（$\equiv \nabla \cdot \nabla = \nabla^2$）$= \partial^2/\partial x^2 + \partial^2/\partial y^2 + \partial^2/\partial z^2$ となる．

呼ばれる．なお，より現実的なゆらぎとして球面波 $\rho_1 \propto \exp[i\omega t - ikr]/r$ を考えても得られる分散関係は同じである．上の分散関係式から，$k < k_{\mathrm{J}} = (4\pi G\rho_0)^{1/2}/a$ のゆらぎの振動数 ω は純虚数となり，そのようなゆらぎの振幅は時間とともに指数関数的に増大することがわかる．このような状態を重力不安定と呼ぶ．ここで実数 $i\omega$ をゆらぎの成長率と呼び，これが大きいほどゆらぎの時間成長が速いことになる．重力不安定の臨界波数を波長に書き換えると，

$$\lambda_{\mathrm{J}} = \left(\frac{\pi}{G\rho_0}\right)^{1/2} a \tag{9.7}$$

となり，これをジーンズ波長と呼ぶ．ゆらぎの波長がこの臨界波長よりも長い場合，圧力による復元力が自己重力の効果に打ち勝つことができず重力収縮が起こる．直径が臨界波長に等しい球の質量は

$$M_{\mathrm{J}} = \frac{4}{3}\pi \left(\frac{\lambda_{\mathrm{J}}}{2}\right)^3 \rho_0 \propto T^{3/2}\rho_0^{-1/2} \tag{9.8}$$

となり，ジーンズ質量と呼ばれる．この解析によると，波長が無限大のゆらぎがもっとも速く成長することになり，分子雲全体が重力で潰れ，分裂は起きないことになる．しかし初期の分子雲が有限の厚みをもつ平板状であったり，有限の直径をもつフィラメント状である場合には，平板の厚みやフィラメントの直径の数倍程度の波長でゆらぎの成長率が最大となり，分子雲は分裂する．

なお厳密にいうとジーンズの解析には問題がある．気体が無限に広がっていると仮定したが，そのような場合，静止状態では実質的な重力場が働かないので，ゆらぎのない静止状態でのポアソン方程式（$\nabla \cdot \boldsymbol{g}_0 = -4\pi G\rho_0$）の右辺の項での密度がゼロになってしまう．このような問題が存在する解析ではあるが，重力不安定性の目安としてこの解析はよく用いられる．

9.5.2 磁場による分子雲の力学安定性

磁場には，分子雲を自己重力に対して力学的に安定に支えることのできる最大質量があり，分子雲の力学安定性を議論する際によく使われる．

以下ではまず，ビリアル定理（8.2.1 節参照）を用いてこの質量を求めてみよう．ここでは問題を簡単にするために，球状の分子雲を考え，ガスの熱的圧力や乱流場などの他の寄与を無視する．雲の質量を M，半径を R，雲を貫く磁束を Φ

とし，磁場はガスに完全に凍結しているとする．計算は省略するが，8章で導いたビリアル定理の式に磁場の項を足すと，磁場による寄与は，分子雲表面での磁気力による項と分子雲内部の磁気エネルギーの項の二つに分けられる．ここでは，分子雲表面での磁気力の項が小さく，磁場の項が磁気エネルギーのみである場合を考えよう．簡単のため，ガス密度 ρ と磁束密度 B が分子雲内で一定とすると，重力エネルギー E_G の項（式 (8.6)）は半径 R 内の雲の質量 $M(R) = 4\pi R^3 \rho/3$ の式をつかうと，

$$E_G = -\frac{3GM^2}{5R} \tag{9.9}$$

と表される．分子雲内部の磁気エネルギーの項は

$$E_{\mathrm{mag}} = \int \frac{B^2}{2\mu_0} dV = \frac{2\pi R^3}{3}\frac{B^2}{\mu_0} = \frac{2\Phi^2}{3\pi\mu_0 R} \tag{9.10}$$

となる．ビリアル定理によると，重力エネルギー E_G と磁気エネルギー E_{mag} の和が正のとき，分子雲は力学的に安定となる．したがって，分子雲の自己重力と磁気力がちょうどつり合う臨界質量 M_{cr} は

$$E_G + E_{\mathrm{mag}} = -\frac{3GM_{\mathrm{cr}}^2}{5R} + \frac{2\Phi^2}{3\pi\mu_0 R} = 0 \tag{9.11}$$

の関係から，

$$M_{\mathrm{cr}} = \frac{\sqrt{10}}{3\pi^{1/2}\mu_0^{1/2}G^{1/2}}\Phi \tag{9.12}$$

と求められる．この臨界質量は分子雲の半径には依存せず，磁束のみによって決まり[4]，仮に分子雲が収縮して半径が小さくなっても臨界質量は変化しない．したがって，初期に磁場で安定に支えられた分子雲は，分子雲を貫く磁束が減少しないかぎり，ずっと力学的に安定で収縮しない．ここでは簡単のため，一様な球状の分子雲を考えたが，富阪幸治らによる分子雲の内部構造を詳細に計算したモデルでも，数係数が少し異なる程度である．

---

[4] 雲のサイズや質量を観測的に正確に決めることは難しいので，観測では質量と磁束を見積もるかわりに，柱密度と磁束密度を用いることがある．質量と磁束との比は，質量–磁束比と呼ばれ，視線方向の柱密度（$N = M/\pi R^2$）と磁束密度（$B = \Phi/\pi R^2$）を使うと柱密度と磁束密度の比に書き直される．$M/\Phi = N/B = \sqrt{10}/3\pi^{1/2}\mu_0^{1/2}G^{1/2}$.

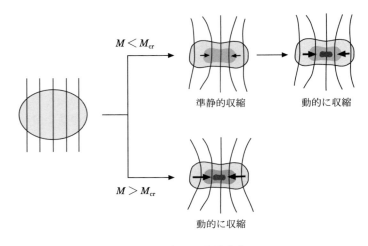

図 **9.7** 磁気雲の力学進化.

9.5.3 磁場による分子雲の重力収縮

　分子雲の力学進化は，分子雲の質量と臨界質量 $M_{\rm cr}$ との大小関係によって決まる．分子雲の質量が $M_{\rm cr}$ よりも大きい場合，磁場は分子雲を完全に支えることはできない．よって，分子雲はただちに動的に収縮する．このような分子雲を磁気的に超臨界な分子雲（magnetically supercritical cloud）と呼ぶ．

　一方，分子雲の質量が $M_{\rm cr}$ よりも小さい場合，分子雲は磁場によって力学的に安定なつり合い状態を実現することができる．このような分子雲を磁気的に亜臨界な雲（magnetically subcritical cloud）と呼ぶ．この場合でも分子雲は次のように重力収縮を続ける．分子雲内のガスの電離度は非常に低く，ほとんどのガスは電気的に中性である．3章でみたように，宇宙線による電離と再結合がつり合うという簡単なモデルを用いると，分子雲中の電離度は密度の平方根に反比例し，

$$\frac{\rho_{\rm i}}{\rho_{\rm n}} = \frac{C}{\rho_{\rm n}^{1/2}} \quad (C \simeq 3 \times 10^{-16}\,{\rm cm}^{-3/2}\,{\rm g}^{1/2}) \tag{9.13}$$

と表される．これを用いると，分子雲コアの典型的密度 $10^4\,{\rm cm}^{-3}$ で，電離度はわずか 10^{-7} 足らずである．中性ガスには磁場の力（ローレンツ力）は直接作用

しないが，荷電粒子との衝突を通じて間接的に磁場の力を受ける．分子雲中では，電離度が低いため，イオンに直接働くローレンツ力と中性ガスとイオンとの衝突による抵抗力がほぼつり合う．その結果，イオンは中性ガスに対し，

$$\boldsymbol{v}_D = \boldsymbol{v}_{\mathrm{i}} - \boldsymbol{v}_{\mathrm{n}} = \frac{1}{\mu_0 \gamma_{\mathrm{d}} \rho_i \rho_{\mathrm{n}}} (\nabla \times \boldsymbol{B}) \times \boldsymbol{B} \tag{9.14}$$

の相対運動を持つ．これをドリフト速度と呼ぶ．ここで γ_{d} ($\approx 3.5 \times 10^{13}\,\mathrm{cm}^3\,\mathrm{g}^{-1}\,\mathrm{s}^{-1}$) は抵抗係数である．添え字 i と n はそれぞれイオンと中性ガスの物理量を表す．この速度差のため，中性ガスは時間が経つと磁場をすり抜けて高密度領域に向かって落下する．これを中性ガスからみると，分子雲の磁束が外に向かって抜けたことになる．この現象を両極性拡散（ambipolar diffusion）と呼んでいる[*5]．分子雲内の両極性拡散の過程は，中野武宣らによって詳しく研究されている．典型的なスケールを L とすると，ドリフト速度は

$$v_D \sim \frac{B^2}{\mu_0 \gamma_{\mathrm{d}} \rho_{\mathrm{n}} \rho_i L} \simeq \frac{v_{\mathrm{A}}^2}{\gamma_{\mathrm{d}} C L \rho_{\mathrm{n}}^{1/2}} \tag{9.15}$$

と見積もられる．v_{A} は磁気流体中のもっとも特徴的な波であるアルベーン波の速度である（$v_{\mathrm{A}}^2 = B^2/(\mu_0 \rho)$）．代表的な値として $L = 0.1\,\mathrm{pc}$, $\rho = 10^4\,\mathrm{cm}^{-3}$, $B = 30\,\mu\mathrm{G}$ をとると，$v_D \ll v_{\mathrm{A}}$ となり，分子雲の中では両極性拡散はゆっくり進むことがわかる．ビリアル平衡状態にある分子雲中では，式（9.11）から，$L/v_{\mathrm{A}} \approx (5/4\pi G\rho)^{1/2}$ の関係が成り立つ．これはアルベーン速度が伝わる時間 L/v_{A} と自由落下時間 $t_{\mathrm{ff}} = (3\pi/32G\rho)^{1/2}$ がほぼ等しいことを表す．この関係から，分子雲から磁束が抜ける時間 $t_{AD} \equiv L/v_D$ は自由落下時間に比べて

$$\frac{t_{AD}}{t_{\mathrm{ff}}} \sim \frac{5}{\pi} \left(\frac{2}{3\pi}\right)^{1/2} \frac{\gamma_{\mathrm{d}} C}{G^{1/2}} \simeq 30 \tag{9.16}$$

倍ほど長くなる．両極性拡散により臨界質量 M_{cr} が減少すると分子雲は力学平衡をほぼ保ちながらゆっくりと収縮し，中心密度はしだいに増加する．このようなゆっくりした収縮を準静的収縮（quasi-static contraction）と呼ぶ．さらに磁束が抜け，臨界質量が雲の質量より小さくなると，もはや力学的つり合いを保つこ

[*5] プラズマ物理では，本来は拡散係数の異なる正と負の荷電粒子（たとえば，正イオンと電子）が電荷分離によって生ずる電場の影響で同じ割合で拡散する現象のことを両極性拡散と呼び，ここでいうものとは異なる．

とができず，動的収縮を始める．この場合，中心の高密度領域が分子雲コアとして観測される．動的収縮期でも外側の低密度領域は磁場によって支えられているため，中心の高密度領域のみが動的に収縮する．この場合，分子雲コアが形成されるのにかかる時間は，分子雲から磁束が抜けるのにかかる時間と同程度で，自由落下時間の数十倍と見積もられる．ただし，分子雲コア形成に要する時間は，分子雲の質量が臨界質量に近い場合（$M \approx M_{\mathrm{cr}}$）には，磁束が少し抜ければ分子雲は磁気的に超臨界状態になるので，自由落下時間の数倍程度まで短くなる．

9.5.4　準静的収縮による分子雲コアの形成

分子雲が磁気的に超臨界状態にあると，分子雲の星形成効率は非常に高くなると予想されるが，小質量星領域の分子雲の星形成効率は数%と低い．また，磁気的に超臨界状態にある場合，形成された分子雲コアの収縮速度はしばしば音速を超える．しかし，原始星誕生前の分子雲コアでは，分子雲コア全体にわたって超音速の重力収縮は観測されていない．そのため，1990年代初頭までは，小質量星形成領域の分子雲は磁気的に亜臨界状態にあるという考えが支持され，分子雲コアは分子雲の準静的収縮によりゆっくりと形成されると考えられてきた．

しかし最近の観測によると，この準静的進化モデルでは，分子雲コアの形成に要する時間（自由落下時間の10倍以上）が長すぎること，モデルが予想する重力収縮の速度が観測より遅いなどの問題点が指摘されてきた．また，実際の分子雲内には，大質量星形成領域より弱いとはいえ超音速の乱流場が存在する．乱流状態にある分子雲内で準静的な状態をどのように長時間維持するかも問題である．ただし，超音速の乱流場が存在すると乱流場中で形成された衝撃波で局所的に磁場が曲げられ，式（9.15）の中の磁場の典型的なスケール L が短くなるため，ドリフト速度が大きくなる．そのような場合，両極性拡散が加速される．最近の磁場と乱流を考慮した数値シミュレーションによると，分子雲コアの形成時間は自由落下時間の数倍程度まで短くなり，観測と矛盾しないようである．

観測的には分子雲の質量–磁束比はどの程度であろうか．図9.8はさまざまな領域で観測した分子雲の質量–磁束比と水素分子の柱密度の関係を表したものである．質量–磁束比は臨界値で規格化されている．水平線よりも下の領域では，分子雲は磁気的に亜臨界（9.5.3節参照）である．図からわかるとおり，分子雲

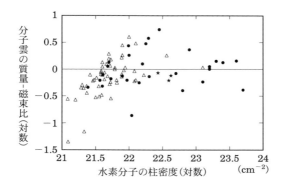

図 **9.8** 分子雲の質量−磁束比の観測値. 黒丸はゼーマン効果による磁場測定から見積もられたもの. 三角はゼーマン効果による観測から求められた下限値. 星印はチャンドラセカール−フェルミ機構を用いた磁場測定から見積もられたもの (Heiles & Crutcher 2005, astro-ph/0501550).

は磁気的に臨界状態に近く，磁場が力学的に重要であることは明らかである．しかしながら，現状の磁場の強度および3次元構造を観測的に測定することは技術的に難しく，現状の観測精度では，典型的な分子雲が磁気的に亜臨界か超臨界かを正確に決定することは難しい．

最近の理論計算によると，磁気的に亜臨界な分子雲が両極性拡散により準静的に収縮する場合でも，中心密度が $10^4\,\mathrm{cm}^{-3}$ を超えると，中心領域は磁気的に超臨界状態に達することがわかっている．つまり，分子雲コアが分子雲の準静的収縮によって形成される場合でも，観測される分子雲コアの中心領域はすでに，磁気的に超臨界状態，または少なくとも磁気的に臨界状態にあることが予想されている．

9.5.5 超音速乱流による分子雲コアの形成

次のモデルは，磁場はあまり重要ではなく，超音速乱流による圧縮によって分子雲コアが形成されるというものである．このモデルは，最近盛んに行われるようになってきた大規模な3次元数値流体力学シミュレーションにより発展してきた．分子雲全体は超音速乱流場で大局的に支えられているが，局所的には，乱

流の波が衝突して衝撃波が多数形成される．衝撃波が衝突した領域は，まわりよりも密度が高く，細長いフィラメント状や平板状に圧縮される．そのような領域では，乱流のエネルギーが散逸し，周囲よりも乱流場が小さくなる．衝撃波圧縮された領域で自己重力が効いてくるとジーンズ不安定によって，分裂，収縮が起こり，分子雲コアが形成されるというものである．数値シミュレーションによると，乱流場によって作られた不均質な密度構造と観測される分子ガスの分布の間には多くの類似点が見られ，分子雲内の乱流場が内部構造の形成に重要な役割を果たしていることを示している．しかし，形成された分子雲コア内の収縮運動が超音速になるという問題点もある．また，頻繁に発生する衝撃波により，乱流のエネルギーが短時間で減衰してしまい，超音速乱流場を長時間維持するためには，どのように乱流エネルギーを生成しなければならないかも解明する必要がある．さらに，分子雲コアは乱流の横断時間程度で形成されるので，分子雲コアの形成時間が分子雲の平均の自由落下時間よりも短くなってしまう．ここで横断時間とは，乱流が分子雲を横切るのにかかる時間で，分子雲の長さを乱流場の特徴的な速度で割ったものである．

　乱流圧縮によって形成された分子雲コアの中には，重力で完全に束縛されていないコアも形成される．そのようなコアは，分子雲中の超音速乱流場が作り出した密度のむらの一部で，数万年経つとコア内部の磁気力やガス圧や乱流場によって膨張し消えていく．実際に観測される分子雲コアの中にも，そのような重力的に十分に束縛されていないコアが存在するかもしれない．事実，最近になって，力学平衡状態のまわりを振動運動していると推測される分子雲コアも発見されている．このような観測では，コア内部の速度構造を詳細に測定する必要があり，Barnard 68 と呼ばれるボックグロビュールなども含め，数例しか観測されていないが，分子雲コアの形成過程を解明する上で重要であるかもしれない．

　最近では，超音速乱流と磁場の両方を考慮したモデルも調べられている．図9.9 は，そのような計算の一例である．分子雲が磁気的に臨界状態に近い場合 ($M \approx M_{\mathrm{cr}}$)，形成された分子雲コア外縁部は，磁場によって部分的に支えられる．そのため，コア内部の落下速度が亜音速となり，観測をよく説明する．いずれにせよ，分子雲コアの形成過程では，超音速乱流場と磁場が重要な役割を果たしていると予想されるが，まだまだ不明な点も多く，より詳しい研究が必要であろう．

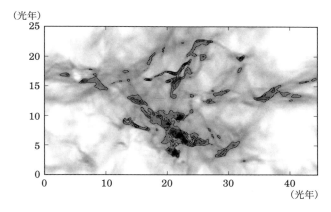

図 **9.9** 数値シミュレーションで得られた分子ガスの柱密度分布．計算では，自己重力・乱流・磁場が考慮されている．密度の高い領域（実線で囲まれた領域）が $C^{18}O$ で観測される分子雲コアに対応する．低密度領域でみられるフィラメント状の構造は超音速乱流によって形成された構造である．長さの単位は光年である．

9.6 分子雲コアから原始星への進化

次に，重力収縮を始めた分子雲コアの内部構造を見てみよう．小質量星形成領域では，分子雲コア内の乱流場は比較的弱いので，ここでは簡単のため，乱流場を無視する．また，分子雲内ではガスの放射冷却がよく効くので，ガスは収縮過程において等温に保たれるとする．図 9.10 の右図は，初期に磁気的に亜臨界状態にある分子雲コアが重力収縮する様子を数値シミュレーションで追跡した結果である．中心密度が低い段階では，分子雲コアは磁場によって安定に支えられているので，両極性拡散により準静的にゆっくりと収縮を続ける．磁場が十分に抜けて中心領域が磁気的に超臨界状態に達すると，自由落下時間と同程度で重力収縮をはじめる．したがって，その後の進化は，分子雲コア全体が初期に超臨界状態である場合と非常によく似ている．

密度分布の特徴としては，中心部が平坦であること，外縁部の密度分布は半径の 2 乗に反比例することなどが挙げられる（$\rho \propto r^{-2}$）．密度分布が $\rho \propto r^{-2}$ で近似される領域では，半径 r 内の質量が r に比例して増加するので，圧力勾配に

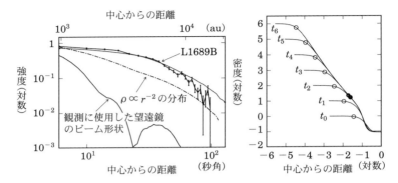

図 9.10 (左)星なし分子雲コア L1689B の密度分布.比較のため,中心付近の密度が平坦で $r > 4000\,\mathrm{au}$ で $\rho \propto r^{-2}$ の密度分布を持つ等温球の密度分布を一点鎖線で示した(Andre et al. 2000, Protostars and Planets IV, p.59).

よる力 $\partial P/\partial r (= a^2 \partial \rho/\partial r \propto r^{-3})$ と重力 $GM\rho/r^2 \propto r^{-3}$ の比が半径によらない.これらの特徴は,実際に観測される星なし分子雲コアの密度分布とよく似ている(図 9.10 の左側の星なしコア L1689B の観測例を参照).

密度が平坦な中心領域では,収縮速度は半径に比例して大きくなり,平坦領域の外側でピークを持つ.さらに外部の領域は,磁場によって安定に支えられているため,収縮速度は徐々に遅くなる.よって,分子雲コア内の収縮速度は平均的には音速よりも遅い.

9.5 節でみたように,強い乱流場がない場合には,両極性拡散により磁束が抜けるタイムスケールは自由落下時間にくらべて一桁大きい.したがって磁気的に超臨界状態に達した中心部では中心に原始星が形成される前段階には磁束はほとんど抜けない.そのため,収縮過程において B/Σ はほぼ一定に保たれる.コアは磁場に沿って収縮し,平板形状をしているので,平板の厚み L_d はジーンズ長 λ_J と同程度になっている($L_d \approx (\pi/G\rho)^{1/2}$).よって,平板の面密度 $\Sigma = \rho L_d$ は

$$\Sigma \approx a(\pi\rho/G)^{1/2} \qquad (9.17)$$

となり密度の平方根に比例することがわかる.つまり,$B \propto \rho^{1/2}$ の関係が成り立ち,$B \propto r^{-1}$ である[*6].

数値計算の結果を見ると，中心の平坦な部分は時間とともに縮むが，各時間の密度分布の形はどれも似ていることがわかる．言い換えると，時間進化しても，各時間の密度分布は相似的である．このような時間進化の特徴は，磁場のない等温ガス球の場合にも見られ，等温ガスの重力収縮の基本的性質に起因するものである．実際に，そのような進化を記述する自己相似解と呼ばれる解析解が存在することも知られている．等温ガス球の重力収縮を表す自己相似解は，1969年にペンストン（M.V. Penston）とラーソンによって独立に導き出され，ラーソン–ペンストンの解と呼ばれる．自己相似解によると，収縮とともに中心密度は加速的に上昇し，中心の平坦部分は中心密度で見積もったジーンズ波長程度の広がりをつねに保つため，質量は時間とともに減少することになる．したがって，大半の質量は密度分布が $\rho \propto r^{-2}$ で近似される外縁部に取り残される．つまり重力収縮は非常に不均質に進む．

9.7　原始星の誕生と質量降着期

　重力収縮はどこまで続くのであろうか．収縮が続き，中心部の密度が $10^{11}\,\mathrm{cm}^{-3}$ 程度まで上昇すると，ガスの冷却効率が低下する．ガスの冷却効率が低下し，中心部分が光学的に厚くなると，重力収縮の圧縮により生ずる熱が星間空間へ逃げられなくなり中心部のガスの温度は急激に上昇する．この温度上昇によりガス圧が上昇し，中心の高密度領域では重力収縮が止まり，力学平衡状態が実現される．この力学平衡になった中心部を第1のコア（the first core）と呼ぶ．第1のコアの質量は形成時には非常に小さく，密度が $10^{11}\,\mathrm{cm}^{-3}$ のときのジーンズ質量程度（$\approx 10^{-2}M_\odot$）しかない．その後，収縮時に取り残された周囲のガス（密度が $\rho \propto r^{-2}$ に従う領域）が第1のコアに降り積もり，コアの質量が増加する．最近の数値シミュレーションによると，質量降着率は時間変化し，第1のコア形成直後がもっとも大きく，その後時間とともに減少するが，おおむね

$$\dot{M} \simeq a^3/G \simeq 2 \times 10^{-6} \left(\frac{T}{10\mathrm{K}}\right)^{3/2} M_\odot \quad \mathrm{yr}^{-1} \tag{9.18}$$

[*6]　（238ページ）磁場が非常に弱く分子雲コアが球対称の場合，$\Phi = \pi R^2 B$，$M = 4\pi R^3 \rho/3$ から $B \propto \rho^{2/3}$ の関係が成り立つ．

となる．これはジーンズ質量程度のガス塊が自由落下時間で中心に降り積もる程度（$\dot{M} \sim M_{\rm J}/t_{\rm ff}$）の割合で質量降着することを表す．つまり太陽質量程度の星が誕生するには約 5×10^5 年ほどかかることになる．質量降着が続くと第 1 のコアはさらに収縮を続け，原始星・前主系列星を経て，ついに中心部で核融合が始まり，星が誕生する．第 1 のコア形成後の進化については，次章で詳しく述べる．

第10章

小質量星の形成（2）
原始星から主系列星まで

　この章では，分子雲コア中で形成された小質量原始星が，その後進化して主系列星になるまでを解説する．太陽の形成は，人類にとっての基本問題であり，天文学においても特別に注目されてきた．特に断らない限り，代表的な場合として $1 M_\odot$ の原始星を扱う．

　原始星は塵に深く埋もれており，従来の可視光中心の観測では検出が困難であった．そのため，原始星の研究は，まず，理論的に始められた．その後，電波，赤外線から X 線にいたる広い波長域での観測が可能となり，原始星についても多くの観測的知見が得られた．これらの研究を総合すると，主系列以前の進化段階は，星自体の質量が増加する「原始星段階」と，質量が一定のまま半径が収縮する「前主系列星段階」とに区別される．

　原始星段階を特徴づける指標として，星自体よりもはるかに大きなサイズの星間現象が知られている．遠赤外線にピークをもつ星間微粒子の放射，双極分子流・光学的ジェットなどが，それである．原始星の周辺には，星間微粒子とガスからなる回転円盤が取り巻き，円盤をとおして物質が星表面に降着し，原始星が成長する．また，双極分子流の発生には回転円盤と磁場が深く関わっていると考えられる．この円盤は，その後の惑星系形成の「原料」でもある．また，星自体もしくはその近傍で X 線でのフレア現象が起きることが知られており，磁場が若い恒星において重要な役割を果たすことを示唆する．

242 第 10 章 小質量星の形成 (2) 原始星から主系列星まで

10.1 星形成のアウトライン

原始星は，分子雲コア中で形成される．原始星のはじめの段階は，原始星コアとよばれる．分子雲コアはサイズが $\sim 10^4$ au ($\sim 10^{17}$ cm) ほどであるが，原始星コアははるかに小さく，1 au ($\sim 10^{13}$ cm)，または数太陽半径 ($\sim 10^{11}$ cm) 程度である．原始星コアの周囲には，分子雲コアのサイズよりも 2–3 桁小さな円盤が付随するが，ここではまず，原始星コア自体について述べ，次に円盤と原始星コアとの関係について解説しよう．

原始星と分子雲コアを区別する物理的指標は，系全体の光学的な厚さである．分子雲コアは光学的には薄く，放射によって効率よくエネルギーを解放するため，10 K 程度の等温状態にある．分子雲コアの収縮が進んで赤外線放射に対して不透明になると，ガスの温度が上昇し，圧力も上昇する．これによって初めて，自己重力に抗して力学的平衡を保つのに十分な，高い内圧を持つガス球が生まれる．このガス球は，通常の恒星と同様の力学的平衡状態にあり，原始星とよぶにふさわしい．

原始星コアの形成は，林忠四郎やリース (M.J. Rees) らにより 1960 年代中頃には予想されていたが，原始星コアの進化を最初に明確に取り扱った研究は，1969 年のラーソン (R.B. Larson) のコンピュータによる数値計算である．彼は，星間ガスの状態から出発してガスの重力収縮を動的に追跡し，原始星コアの形成とその後，前主系列星に至る進化を提示した．その後，多くの数値計算が種々の条件下で追試された．1980 年，スターラー，シュー，ターム (S.W. Stahler, F.H. Shu, R.E. Taam) らは，これらの計算結果を統一して，原始星進化の基本的描像を整理した．以下では，現在の描像にそって解説しよう．

10.1.1 第 1 のコアと第 2 のコア

増永浩彦らのモデル計算は現時点で最も詳細なもので，図 10.1 はスペクトルの時間的進化の様子を，図 10.2 には原始星における密度と半径の進化経路を示している．

分子雲コアが重力収縮し，その中心密度が 5×10^{10} cm^{-3} になると，ほぼ力学的に平衡状態のガス球ができる．これが原始星コアである．放射に対して不透明になることによって温度が上昇し，内圧が重力につり合う状態にあるのが，その

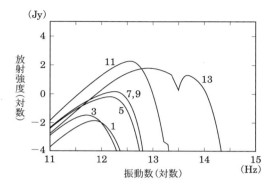

図 10.1 原始星のスペクトルの進化の様子．2 度目の崩壊の 1.75×10^5 年前（ラベル 1）から 1.38×10^5 年後（ラベル 13）までを示す．ラベルの数字が大きいほど，時間が経過していることを示している（Masunaga & Inutsuka 2000, *ApJ*, 531, 350）．

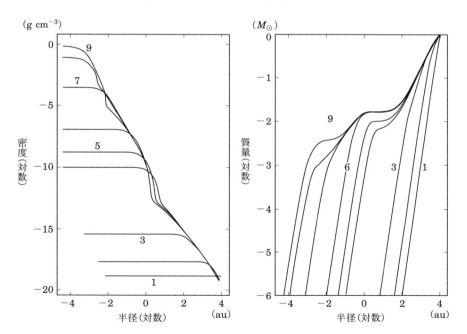

図 10.2 原始星の密度（左図）と質量（右図）の進化経路．ラベルの数字は図 10.1 と対応している（Masunaga & Inutsuka 2000, *ApJ*, 531, 350）．

特徴である．最初に形成される原始星コア「第1のコア（the first core）」の主成分は，水素分子である．第1のコアの温度は1000 K，半径は1 au，質量は$0.01M_\odot$程度である．このコアに周囲からさらに星間ガスが降着し，コアの質量が増加する．これとともにコアの温度も上昇し，およそ2000 Kになると水素分子が解離を始める．これは吸熱過程であるために水素分子ガスの圧力は下がり，平衡状態が破れて再び動的な収縮が始まる．この収縮を2度目の崩壊（the second collapse）と呼ぶ．第1のコアは，約10^4年の短時間しか存在しないと予想される．2度目の崩壊を経て，解離した水素は完全電離状態になり，再度平衡状態のコアを形成する．これが，「第2のコア（the second core）」である．第2のコアの中心温度は30000 Kで，中心密度は10^{22} cm^{-3}，半径は太陽半径の数倍，質量は$0.001M_\odot$程度である．この第2のコアに，引き続き星間ガスが降着し，原始星の質量が増加する．これが主質量降着期である．これらのコアの温度と密度は，星形成の母体の分子雲の温度や密度と比べれば格段に高いが，太陽の中心温度（1.5×10^7 K）や密度（10^{24} cm^{-3}）に比べると，はるかに低い．

10.1.2　主質量降着期

原始星段階は，「星の質量が有意に増加しつつある段階」として定義される．図10.3は，主質量降着期（原始星段階）にある原始星の様子を示した模式図である．

降着するガスが静止する原始星表面に衝突し，衝撃波面が形成される．衝撃波面は，計算によれば10000 K程度になり，可視光や紫外線を放射する．降着するガスは，この紫外線で電離され，また星間微粒子も気化する．この衝撃波面で解放されるエネルギーは，降着するガスの解放する重力エネルギーであり，電離等で吸収されるエネルギーを無視すれば，以下の式で表される．

$$L_{\rm acc} = GM \frac{dM}{dt} \frac{1}{R}. \tag{10.1}$$

ここで，dM/dtは質量降着率，MとRは原始星コアの質量と半径である．質量降着率は，次元解析を使うと，ジーンズ質量（（9.8）式）と自由落下時間（（8.18）式）の比で与えられる．実際，この関係は数値計算でも確かめられており，最終的には，原始星の質量とは無関係に，次式のように星間ガスの速度分散aの3乗に比例する．

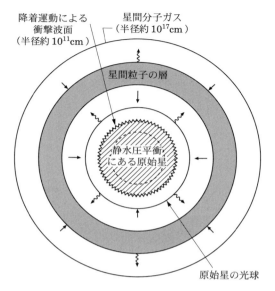

図 **10.3** 主質量降着期の原始星の様子（Stahler *et al.* 1980, *ApJ*, 241, 637）.

$$dM/dt \sim a^3/G. \tag{10.2}$$

典型的な星間分子雲について考えると，質量降着率は 10^{-5}–$10^{-6} M_\odot$ yr^{-1} 程度である．仮に，近傍分子雲での値 $10^{-5} M_\odot$ yr^{-1} を採用し，代表的な $1 M_\odot$ の星形成を考えると，原始星の光度の大部分は降着エネルギーでまかなわれることがわかり，その時間変化は図 10.4 に示したとおりである．この結果から，太陽質量程度の原始星は，最大数十太陽光度の明るさで 10^5–10^6 年程度輝くと予想される．ただし，おうし座などでも確認されているとおり，このような原始星は深く分子雲の奥に埋もれており，可視光での検出は不可能である．星間微粒子が吸収した紫外線や可視光が，赤外線域に再放射されたものを，我々は観測することになる．ほぼ全光度が，赤外線域で再放射されると考えられる．

星の質量がやがて $1 M_\odot$ に達したときに，なんらかの仕組みで質量降着が停止すると考えられるが，降着停止の詳細はよくわかっていない．分子流などの外向きの流れがガスを吹き払うという考えなどが議論されているが，現時点での定説はない．質量増加が止まった $1 M_\odot$ の原始星は，太陽の 4 倍程度の半径を持つ．

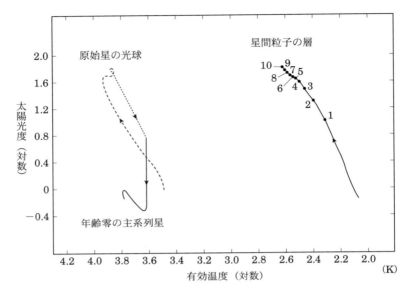

図 **10.4** 原始星の光球と星間粒子の層からの光度の時間変化. 質量降着率は $10^{-5} M_\odot \text{ yr}^{-1}$, 数字はそれぞれ原始星コア形成後, $1, 2, \cdots, 10 \times 10^4 \text{ yr}$ を示す (Stahler & Shu 1980, *AJ*, 241, 637).

その中心温度は約 4×10^6 K であるが, 水素燃焼が始まるにはさらに一桁の温度上昇が必要である.

10.1.3 前主系列収縮期

 主質量降着期を終えた星は, その後, ゆっくりと収縮し, 重力エネルギーを解放する. この収縮は, 原始星段階の動的収縮とは異なり, 準静的におおむね力学的平衡状態を保ちながら進行するので, 前主系列収縮 (pre-main-sequence contraction) とよばれる. この物理過程は, 古くはケルビン, ヘルムホルツらによって調べられ, ガス球の自己重力エネルギーと太陽光度の比によって, 典型的な収縮のタイムスケールが次式で与えられる.

$$t_{\text{KH}} = GM^2/RL_{\text{rad}}. \tag{10.3}$$

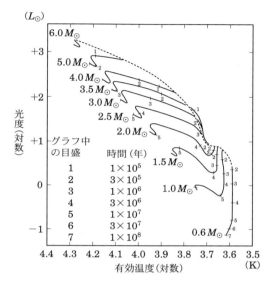

図 **10.5** 前主系列星の質量ごとの HR 図上での進化予想（Palla & Stahler 1993, *ApJ*, 418, 414）．

これが，ケルビン–ヘルムホルツのタイムスケールである．このタイムスケールは太陽の場合，約 10^7 年となる．このような準静的収縮の結果，星の半径が 1 太陽半径まで減少すると中心温度が 1.5×10^7 K に上昇し，水素燃焼反応が始まる．これ以後は，核反応エネルギーによって圧力が保持されるのでガス球の準静的収縮は止まり，恒星の半径はほぼ一定に保たれる．これが主系列段階であり，水素燃焼核反応が安定して継続する．恒星の全質量のうち，中心付近にあるほぼ 10%の水素が燃焼してヘリウムに転換される．主系列段階の寿命は，太陽の場合およそ 100 億年である．前主系列収縮期のおもなエネルギー源は，準静的収縮による重力エネルギーの解放である．中心温度が 10^6 K に達したころ重水素 (D) が燃焼するほか，中心温度が 2.5×10^6 K に達したころリチウム (Li) が燃焼するが，どちらも星間ガスには微量にしか含まれていないので，進化の経路には本質的な影響は与えない．

前主系列収縮期の進化の経路をヘルツシュプルング–ラッセル図（HR 図）上に示した（図 10.5）．星の質量によって，経路が区別される．各経路の時刻の起

248 第 10 章 小質量星の形成（2）原始星から主系列星まで

点は理論的に推定される誕生線（birth line）とよばれ，前主系列星の観測とも
よく一致する．$1M_\odot$ 程度の小質量星に注目すると，進化の経路は二つの傾きの
異なる部分からなる．はじめは，HR 図上で縦に走る林トラックにそって収縮す
る．この段階の星は全領域で対流によりエネルギーが輸送されている．ある程度
収縮すると，星の中心で対流が止まり，放射によりエネルギーが輸送されるよう
になる．この段階の星は HR 図上で左向きにほぼ一定の光度を保って進化する．
この軌跡をヘニエイ（L.G. Henyey）トラックと呼ぶ．$2M_\odot$ 以上の星の場合は，
林トラックを経由せず，放射平衡を保ちながら主系列に達する．実線の左端は零
年齢主系列星（ZAMS）[*1] の位置を示す．林トラックは，林忠四郎によって発見
されたものであり，HR 図上でこの経路より低温（右側）の領域は，現実には平
衡解が存在しえないことが示されている（「林の禁止領域」とよばれる）．

10.2 観測との比較

原始星進化の観測による検証について論じよう．前主系列収縮期では，進化が
比較的進んで周囲の星間微粒子が減少しており，星自体が直接観測できるために
確実に検証される．これより若い進化段階では，まわりに多量の塵があるために
原始星は直接見えず，原始星周辺の現象から間接的に検証することになる．主質
量降着期については，星周物質の量を反映する赤外線域の連続スペクトルが一つ
の指標となる．また，質量降着をエネルギー源にすると考えられる分子流の発生
が，主質量降着期を特徴づける．さらに，星形成の瞬間ともいえる第 1 のコアと
第 2 のコアの形成については，いくつか候補天体の観測が報告されているが，ま
だ確かな検証はなされていない．

タイムスケールを振り返っておくと，前主系列収縮期は約 1000 万年，主質量
降着期は約 10–100 万年，第 1 のコアや第 2 のコアの形成期は 1 万年以下である．
このタイムスケールの比は，天体の個数比に反映すると考えられる．つまり，星
形成のごく初期を観測でとらえることは，個体数が少ないために困難な課題であ
ることが理解できる．主系列星の寿命は 100 億年であることを想起すると，原
始星の頻度は 10 万分の 1 から 1 万分の 1 程度と見つもることができ，非常に少
ない．以下では，観測例が比較的豊富な前主系列段階の天体から紹介しよう．

[*1] 水素燃焼と放射によるエネルギー収支がつり合った最初の状態．

10.2.1 Tタウリ型星: 前主系列収縮期

Tタウリ型星は，ふつうの主系列星には見られないスペクトルの特徴を示し，前主系列収縮期にあると考えられる星である．そのおもな性質は，次のようにまとめられる．

(1)   輝線スペクトルを示す．特に水素の$H\alpha$線が強い．

(2)   リチウムの強い吸収線を示す．

(3)   変光を示す．

(4)   暗黒星雲や輝線星雲のような濃いガスの近くに集団的に分布する．

(5)   赤外線と紫外線において，主系列星には見られない超過がある．

(6)   X線放射が強いものがある．

(1)，(3)，(5)は，星の周囲に電離ガスと星間微粒子が広がって存在することを意味し，星間ガスの名残りをとどめていることを示唆する．また，(4)も，状況証拠としてTタウリ型星の若さを示すと考えられる．(2)は，リチウムの燃焼がまだ起きていない若い星であることを示す．さらに，Tタウリ型星のスペクトル型は，F型からM型であり，表面温度は7000–3000Kである．また，その光度は，理論から予想される林トラック（10.1節参照）のそれと矛盾がない．光学観測から導かれるこれらの温度と光度を，HR図上にプロットして理論計算と比較し，Tタウリ型星は小質量の前主系列収縮期の天体であることが裏付けられている（図10.5の$2M_\odot$未満に対応）．(6)は，後で述べるように，表面の磁場を伴う活動を示唆する．

ここで注意したいのは，理論計算の精度の限界である．現状では，恒星大気の計算に使われる不透明度（opacity）の値などに不定性があり，計算によって進化経路が一致しない，という問題がある．図10.5における経路も，傾向は正しいが量的に厳密に信頼できるとはいえない．そのため，観測された個々の星の年齢や質量を求めることは行われず，Tタウリ型星の一群について，平均的な年齢や質量を求めることが通常行われている．

Tタウリ型星はさらに，弱輝線Tタウリ型星（weak line T Tauri stars; WTTS）と，古典的Tタウリ型星（classical T Tauri stars; CTTS）に細分化される．弱輝線Tタウリ型星は，$H\alpha$輝線強度が弱く，赤外線・紫外線での超過

も少なく，X 線を放つものが多い．おうし座分子雲などの周辺部で ROSAT 衛星により発見された多数の X 線天体の一部が，弱輝線 T タウリ型星と同定されている．

ちなみに，若い中質量星（約 2–$10M_\odot$）で前主系列段階に対応する天体としては，可視光で最初に認識されたハービッグ Ae/Be 型星（Herbig Ae/Be stars, HAeBe）が代表的である．スペクトル型は輝線を伴う B 型か A 型であり，表面温度は 30000–8000 K である．ハービッグ Ae/Be 型星は，中質量星の前主系列収縮段階にあると考えられる（図 10.5 の $2M_\odot$ 以上に対応）．ただし，T タウリ型星と比較すると，ハービッグ Ae/Be 型星の個数ははるかに少なく，観測的検証という意味では不定性が大きい．

一方，より質量の小さい星についても，準静的収縮の経路が計算されており，質量が ~ 0.01–$0.08M_\odot$ のものは，水素燃焼反応を起こすことなく収縮を続けて，最終的に褐色矮星になると考えられる．

10.2.2　原始星候補天体

赤外線で初めて発見された低光度の点状天体で，可視光ではまったく見えないものは，T タウリ型星よりも若い段階にあると推定される．その代表例は，おうし座雲にある L1551 IRS5（暗黒星雲リンズ 1551 の赤外線源第 5 番: Lynds 1551 InfraRed Source 5）などであり，原始星のよい候補である．この種の天体は，IRAS 赤外線天文衛星により多数発見されており，すでにその普遍性は確立されている．光学的には見えないため，この種の天体は赤外線の性質によって特徴づけられる．

原始星が T タウリ型星へと進化する過程のタイムスケールは約 10^6 年である．原始星は分子雲コアからの形成過程で，周囲に塵とガスの円盤状分布をつくる．分子雲コアの多くは速度勾配を示す．これはコアの自転運動の結果と考えられる．自転軸に垂直な遠心力が働く結果，分子雲コアは円盤状に収縮する．円盤のサイズは，数 10–100 au であり，原始星自体の 1000 倍以上の広がりを持つ．この円盤は温度数 10 K の熱的放射を放ち，100 μm 帯を中心に幅広い波長帯で観測される．この種の遠赤外線スペクトルは，主系列星や前主系列星には見られない特徴であり，原始星の指標の一つと考えられる．

1980 年代以降，遠赤外線を含む放射エネルギー分布（Spectral Energy Distribution; SED）が広い波長域で測定され，原始星の研究が大きく進展した．太陽系近傍のおよそ 200 pc 以内で，1 太陽光度以上の多くの原始星候補天体が，波長 10–100 μm 帯の赤外線で検出されたのである．波長 100 μm 帯は原始星円盤の放射スペクトルのピーク付近に相当することから，IRAS 衛星の観測により原始星の全光度が求められる．さらに，SED に基づく系統的分類が試みられ，以下に述べるクラス I，クラス II，クラス III という分類がラダ（C.J. Lada）により 1987 年に提案された．そして，もっとも赤外線超過の大きいクラス I が原始星に対応することが指摘された．これと並行して，理論的に築かれた原始星自体の進化と，その星周構造の進化を考慮して，シュー（F.H. Shu）らにより 1987 年に統一的な進化の描像が提案された．

この分類には，次式で定義される，波長 2.2 μm と 25 μm のスペクトルの傾きを表す指標 α が用いられた（長波長端は 25 μm ではなく 10 μm や 12 μm が使われる場合もある）：

$$\alpha = d\log(\lambda F_\lambda)/d\log\lambda. \tag{10.4}$$

クラス I 天体は，α が正で（$\alpha > 0$），SED が長波長側に向かって増加する．クラス I 天体の多くは，原始星段階に対応する．赤外線のエネルギー超過は，星周円盤の寄与によるものである．T タウリ型星と比較して，クラス I 天体は分子雲（コア）に深く埋もれており（A_V が数十等以上），物質降着が活発で，双極分子流などの質量放出現象も普遍的に見られる．

クラス II 天体は SED が平坦か，あるいは右肩下がりであるが（$-2 < \alpha < 0$），星自体の黒体放射に対して，明らかな赤外線超過が見られる．これはもっぱら星周円盤の寄与によるものである．このような星は，上記の T タウリ型星に対応する．SED がフラットなものはフラットスペクトル T タウリ型星とも呼ばれ，クラス I とクラス II の中間的段階にあるものと考えられている．

クラス III 天体は，SED が右肩下がりで（$\alpha < -2$），可視光から赤外線において，中心星の放射からの超過はわずかである．つまり，中心星の近傍にはあまり目立った星周構造は見られず，弱輝線 T タウリ型星以降に対応する．

進化の初期ほど，星周物質の量が多く，中心星に対する減光度が大きい．もっ

252 第 10 章 小質量星の形成 (2) 原始星から主系列星まで

とも初期段階にあると考えられるクラス I 天体は，減光の少ないサブミリ波や遠赤外線でのみ観測される．星周物質の量が減少し，温度が全体的に上昇してくると，赤外線域全体で放射が観測されるようになる．これがクラス II 天体に相当する．ただしこの段階でも，一部は可視光で中心を見通すことはできない．可視光で中心星を直接観測できるようになるのは，さらに進化が進み星周物質が晴れ上がった T タウリ型星段階（クラス II–III）である．

　IRAS 以降の電波検出器技術の進歩に伴い，IRAS 衛星では検出されず，サブミリ波より長い波長でのみ検出される原始星が新たに発見された．これらは「クラス 0 天体」と呼ばれている．クラス 0 天体の SED の特徴は中心星に対する減光度がクラス I 天体より大きいことを示唆する．ただし，クラス 0 天体の SED は軸対称な星周円盤構造をもつ天体をほぼ真横から見た場合でも再現できることや，クラス I 天体との本質的な違いが明確でないとする見方もあるため，天体ごとに進化段階が慎重に検討されている．

10.2.3　原始星コアの観測的特定

　これ以前の進化段階，つまり，第 1 のコアや第 2 のコアの形成については，短いタイムスケールの現象であり，数例の候補天体を除き，観測的に特定されていない．検証が難しいのはいくつかの要因が重なっているからである．第 1 に，この段階の寿命がわずか 10^4 年以下であり，存在確率がきわめて低い．多くの小質量原始星が観測されているおうし座星形成領域ですら，約 1 個の存在が期待される程度に過ぎない．さらにそのような天体があったとしても，中心密度が $10^{11}\,\mathrm{cm}^{-3}$ に達していることを示すことも困難である．顕著な赤外線放射を伴わないコンパクトなサブミリ連続波源は第 1 のコアの良い候補天体ではあるが，決定的な証拠を得るには，ALMA で達成されている高い感度と分解能により，放射の空間的な広がりを測定することが不可欠である[*2].

　これらの困難はあるが，原始星コアの直接検証は重要な，挑戦的な課題である．第 1 のコアは，1970 年頃に確立した古典的な理論が予想する形態とは，大きく異なる可能性があることに注意したい．ラーソンらの古典的な理論では，回

[*2] 第 1 コアの広がりは，球対称の数値計算では数 au と予想されるが，分子雲コアが初めから角運動量を持つような現実的な状況設定下では，100 au に近い広がりを持つ可能性もある．

転や磁場が考慮されていなかった．磁場や回転が強くなると，原始星は球対称という古典的な仮定が正しくないばかりか，軸対称という仮定すら良い近似ではないかもしれない．もし角運動量を保存しながら収縮すると，回転角速度は中心からの距離の 2 乗に反比例して大きくなる．降着円盤で使われる α 粘性モデル[*3]を採用し，角運動量が輸送される効果を考慮した進化モデルも存在するが，非軸対称なゆらぎが成長し，より動的な角運動量輸送や分裂が起こる可能性もある．また，磁場の効果により角運動量が中心から輸送され円盤の広がりが小さくなるという効果も検討されている．理論的にも，質量降着期の原始星コアの進化の詳細は研究途上である．

10.2.4 原始星における膨張ガス運動

もう一つの原始星の観測的指標として，分子流，あるいは双極分子流（molecular outflow, bipolar outflow）がある．これは，原始星候補天体を中心に，その両側に見られる速度 10–$100\,\mathrm{km\,s}^{-1}$ の超音速のガス流である．理論的研究から，回転円盤によって駆動される磁力線の作用で加速収束されたガス流と考えられており，10^3–10^5 年程度のタイムスケールを示し，質量降着をエネルギー源とすると見られる．このため，主質量降着期を特徴づける，つまり，原始星段階に対応する現象と解釈される．さらに，より星の表面に近い内側では速度 $200\,\mathrm{km\,s}^{-1}$ におよぶ高度に収束された電離ガスのジェットが発生する．これは光学的ジェット（optical jet）とよばれる．ハービッグ–ハロー天体もこの種のガス流によって衝突励起された星間ガスの発光現象と解釈されている．これらのガスの膨張現象については，次の 10.3 節で詳しく述べる．

10.3　分子流天体

10.3.1　観測事実

原始星の周りのガス流は，もっぱら降着運動のみと予想されていたが，実際には顕著なガスの膨張運動があることが明らかになった．1980 年，スネル（R. Snell）らはおうし座の暗黒星雲 L1551 方向に，20–$30\,\mathrm{km\,s}^{-1}$ をこえる超音

[*3] 円盤を乱流状態にあると考え，乱流パラメータ α で粘性を記述したモデル．

第 10 章 小質量星の形成（2）原始星から主系列星まで

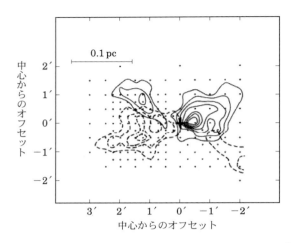

図 **10.6** へびつかい座 ρ 星方向に観測された分子流天体
(Mizuno et al. 1990, ApJ, 356, 184).

速のガス流を発見した（図 8.4）．図 10.6 はへびつかい座 ρ 星方向のガス流の例であるが，赤方偏移した成分と青方偏移した成分がほぼ対称に，両方向にのびているのが特徴である．中心部には光学的には見えない赤外線天体がある．この現象の解釈として，スネルらは原始星周辺に降着円盤があり，系外銀河のジェットに類似の仕組みで分子ガスが加速されている可能性を提案した．これが，分子流天体の発見であり，当時大きな驚きを持って受けとめられた．

分子流天体の捜索観測はラダ他，多くの観測者によって行われ，現在では 300個以上の分子流の存在が知られている．当初の捜索は高光度の赤外線源について行われたため，分子流は大質量星に付随すると考えられた．1985–91 年，福井康雄らは赤外線源とは無関係に，偏りのない広域な捜索観測を実施し，80 個をこえる分子流天体を発見して，太陽程度の小質量星にも普遍的に分子流が生じていることを示した．分子流は，クラス 0 天体，クラス I 天体に附随していることが多いことから，原始星の主質量降着期に対応する現象と考えられるようになった．

これらの分子流天体の代表的な性質を表 10.1 にまとめた[*4]．分子流自体の質量

[*4] 表 10.1 の物理量の下限値は観測時の望遠鏡の性能によって決まる．現在では，よりサイズ，質量が小さく，1000 年以下のタイムスケールを持つ若い分子流も観測されている．

表 **10.1** CO によって検出された分子流天体の代表的な性質.

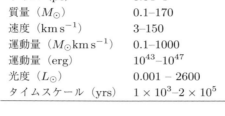

サイズ（pc）	0.04–4
質量（$M_\odot$）	0.1–170
速度（km s^{-1}）	3–150
運動量（$M_\odot$ km s^{-1}）	0.1–1000
運動量（erg）	10^{43}–10^{47}
光度（$L_\odot$）	0.001 – 2600
タイムスケール（yrs）	1×10^3–2×10^5

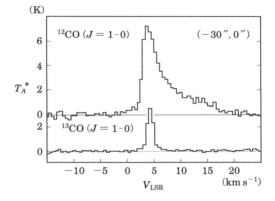

図 **10.7** へびつかい座 ρ 星方向に観測された分子流天体のスペクトル. 上図は ^{12}CO, 下図は ^{13}CO 輝線（Mizuno et al. 1990, ApJ, 356, 184）.

は，0.1–100$M_\odot$ と大きく，ガスの大部分は星から放出されたものではなく，周囲の星間ガスが加速されたものと考えられる．典型的な膨張速度は 10–100 km s^{-1} であり，分子ガスの音速 0.3 km s^{-1} よりも圧倒的に大きい．外向きの運動量は，0.1–1000$M_\odot$ km s^{-1} であり，中心の赤外線天体の光度から推定される光子の運動量をこえている．このため放射圧によるガスの加速は不可能である．分子流のガスの温度は 10–100 K と低温であり，密度は 100–10^4 cm^{-3} である．分子流は，空間的に分解してとらえられない 0.1 光年以下の多数の小さなガス塊からなると推定されている．分子流の代表的なスペクトルは，図 10.7 に示したように，速度軸について山の裾野のように伸びており，ウイングとよばれる．多くの場合，このウイングは ^{12}CO スペクトルによってもっともよく観測される．^{12}CO

と ^{13}CO とを比較すると，強度比は 10 : 1 程度である．両分子の存在比は 89 程度であるから，^{12}CO は光学的に厚い（3.4.1 節参照）．にもかかわらず，^{12}CO の強度は一般に 1 K 程度と弱い．このことから，観測視野のごく一部しか分子ガスが満たしていないことが導かれ，小さなガス塊からなることが結論される．

　分子流のほかに，電離ガスのジェットもしばしば観測される．電離ガスジェットは，速度が 100 km s^{-1} 程度以上とさらに速く，空間的にも細く収束されている．恒星のより近くで加速されたガス流と考えられる．若い恒星の周りに見られるハービッグ–ハロー天体は，光学的ジェットが星間物質に衝突することによって励起されて輝いていると考えられる．

10.3.2　理論的なモデル

　発見当初から，分子流の加速と収束の機構が，内田豊，柴田一成らを始めとして多くの研究者によって検討されてきた．現在もっとも有力視されているのは，自転する原始星とその周りの降着円盤を貫く磁力線による加速収束機構である．特に，シューらの提唱する星表面近くの磁力線の運動に基づくモデル（X-Wind Model）とパドリッツ（R. Pudritz）他の理論研究者が発展させた円盤起源のモデル（Disk Wind Model）による議論が対立している．

　これらのモデルの本質は，回転する原始星系が磁場と強く結合することによって，回転する運動に対応する角運動量を持った捩れアルベーン波を上下に放出し，その運動量が分子ガスに伝わって双方向にガスが飛び出す，という描像である．磁場の強さや，ガスとの結合度等に応じて，磁場が円盤に対して斜めに傾斜し，磁力線にそって遠心力による加速が効く場合や，磁場が回転によって何重にも巻き上げられ，高まった磁気圧によって加速する場合等が検討されている．その物理的機構は，電波銀河などの場合のブラックホールと降着円盤によるジェットの形成と共通する．数値計算の一例を図 10.8 に示した．ガスの電離度の時間的変化も考慮した計算結果であり，光学的ジェットに対応するような細くて高速の流れと分子流に対応する広がった流れの両方を放出しているという点が重要である．しかし，加速に関わる物理過程はなお複雑であり，素過程を十分にとりこんだ理論的モデルで長時間の進化を解明することが今後の課題である．

　さて，エネルギー保存則を考慮すると，分子流のエネルギー源は降着するガス

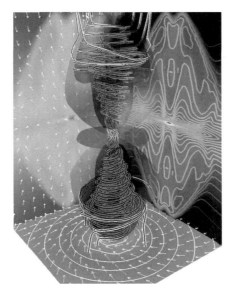

図 10.8 町田正博らによるシミュレーションで示された分子流天体と円盤（口絵 8 参照）．

の解放する重力エネルギーである．したがって，分子流の膨張速度は，おおむね加速領域のケプラー回転速度の程度であり，$1M_\odot$ の原始星の場合の加速領域は，半径 10^{13}–10^{15} cm 程度と考えられる．また，光学的ジェットの加速領域はさらにその内側にあると推測される．

　回転運動を伴う分子流は，降着するガスの持ち込む角運動量を星間空間に解放する働きをすることが，理論モデルから期待される．分子流の星形成における意義は，懸案であった角運動量の解放を説明できる点にある．近年 ALMA 望遠鏡による観測によって，廣田朋也等によって顕著な分子流の回転が検出された．図 10.9 に示したように，（円盤の短軸と平行な）分子流の中心軸を境にして視線速度の符号が変わっている．また，分子流は視線方向に対してほぼ垂直に広がっている（図中で左上と右下の方向に伝搬している）．これらから，図の視線速度は分子流の回転速度に対応していることが分かる．また，星周円盤と分子流の回転方向が一致していることも分かる．

　この観測から見積もられた分子流の角運動量は非常に大きく，中心の原始星か

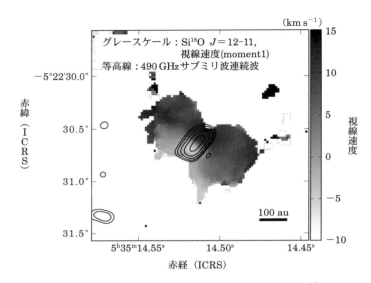

図 10.9 オリオン KL 電波源 I からの双極分子流．Si^{18}O で得られた分子流の視線速度をグレイスケールで，円盤からの連続波放射の強度をコントアで示している．廣田朋也氏提供．

ら十分に離れた円盤の領域から駆動していることが示された．また，ALMA 望遠鏡の他の観測によって，分子流が円盤から直接駆動されていることも示された．しかし，分子流の回転，駆動領域の観測例は少ない．より高空間分解能の観測によって分子流，光学的ジェットの駆動機構の普遍性を検証することは，なお今後の課題である．分子流のスケールでは，期待される自転速度はきわめて小さく，観測的には周りの乱流運動と区別できないのが障害である．また，光学的ジェットについても同様の観測がなされているが，サイズが小さいために十分に分解できていない．にもかかわらず，分子流による角運動量の解放は理論的考察からほぼ確かであり，観測精度が不十分であることを考慮しても，星形成時の角運動量解放の機構として，分子流がもっとも有力と見られる．

10.4 星周円盤の観測の進展

原始星の星周物質が散逸し，T タウリ型星へと進化すると，可視光や近赤外線といった波長帯でも，星の表面まで見通せるようになる．これらの波長帯では，

惑星系の母体になるとみられる星周円盤（原始惑星系円盤）の存在が，散乱光などから確認される．

　若い星のまわりの星周円盤の存在は，直接的な撮像観測の前に，次のような観測から間接的に示唆されていた．

　（1）　T タウリ型星のジェットの可視光観測から，赤方偏移したジェットは，青方偏移ジェットに比べると著しく数が少ないことが知られていた．これは，遠ざかる方向にある赤方偏移ジェットは星周円盤の裏側にあり見えにくいためと考えられた．

　（2）　固体微粒子の散乱で生じる大きな偏光を捉えることのできる偏光観測は，若い星の星周構造の良い指標になる．長田哲也，佐藤修二らによる原始星と考えられる L1551 IRS5 における著しく大きな近赤外偏光の発見や，T タウリ型星からの固有偏光の検出も，それぞれ，エンベロープと円盤に付随した散乱偏光を示唆する．

　星周円盤の最初の決定的な証拠はハッブル宇宙望遠鏡による 0.1 秒角の可視光観測によりもたらされた．オリオン星雲に多数の非点状天体が発見されたのである．これらの多くは，トラペジウムなど近傍の O 型星の紫外線によって星周円盤が壊れつつあるもの（photo-evaporating disk），あるいは，背景の星雲を円盤が隠しているもの（シルエット円盤）に対応する．いくつかのシルエット円盤では，中心星とそれを取り巻く数 100 au スケールの星周円盤をほぼ真横から見た姿が明瞭に写っており，「円盤」の存在が画像として直接示された（図 10.10）．おうし座の HH30 IRS のように，明るい中心星が円盤で完全に隠れている場合は，円盤が散乱光で輝いている状況とジェットの様子を同時に調べることができた．

　1990 年代中ごろから，地上 4 m クラス望遠鏡において大気ゆらぎをリアルタイムで補正する補償光学の技術が応用され，ハッブル宇宙望遠鏡に匹敵する解像度が地上からでも実現可能になった．これにより，シルエットではなく，円盤が中心星自体からの近赤外線を反射して光っている例が調べられるようになった（たとえば，おうし座 GG のリング状円盤）．その技術は 8 m クラス望遠鏡にも応用され，専用コロナグラフを備えたすばる望遠鏡などによって，うずまき状円盤やバナナ状円盤など，多様な円盤構造の存在が明らかになるに至っている（ぎょしゃ座 AB 星など，図 10.11）．

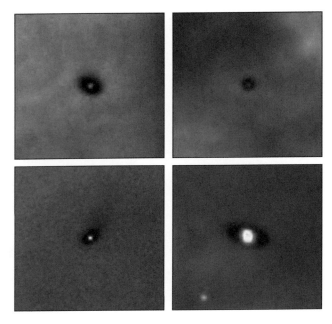

図 10.10 ハッブル宇宙望遠鏡によるオリオン星雲中のシルエット円盤の可視光画像．（左上）Orion 183–405,（右上）Orion 167–231,（左下）Orion 121–192.5,（右下）Orion 218–354. 各図の一辺は 1900 au に対応する（McCaughrean & O'Dell 1996, *AJ*, 111, 1997）．

ミリ波・サブミリ波帯では，原始惑星系円盤の構成物質（固体微粒子・ガス）の放射が観測されるため，これらについてより多面的な情報が得られる．星間微粒子の熱放射については，この波長帯では原始惑星系円盤のように柱密度が非常に高い領域でもほぼ光学的に薄いことを利用し，円盤の総質量が初めて系統的に見積もられた．その後，干渉計を用いたより高い解像度の撮像観測により，円盤内部の質量分布について，詳しい情報が得られつつある．また，星間微粒子の単位質量当たりの吸収係数 κ_ν の周波数依存性を表すベキ指数（β）を調べると，原始惑星系円盤は一般の星間空間や原始星周囲の星周物質の場合（$\beta=2$）に比べ，有意に小さい値（$\beta=1$）が観測されている（図 10.12（b），262 ページ）．このベキ指数 β は，図 10.12 で示した星間微粒子の最大サイズごとでの吸収係

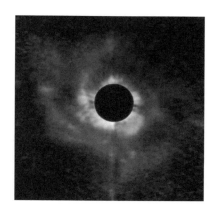

図 10.11 すばる望遠鏡によるぎょしゃ座 AB 星の円盤の画像 (波長 $1.6\,\mu$m). 図の一辺は 1150 au に対応する (Fukagawa et al. 2004, ApJ, 605, L53).

数の波長依存性と関係しており, 観測から導かれたミリ波帯における小さな β は星間微粒子の最大サイズが 1 mm 以上でないと再現できない. つまりこれは, 星間微粒子が円盤内で成長している間接的証拠と見なされる.

これまでは星間微粒子の熱放射について注目してきたが, ミリ波・サブミリ波帯におけるガス輝線観測もまた重要である. 原始星は物質が動的に降着することで星が成長する主質量降着段階にあり, その様子を明らかにすることは星形成のもっとも基本的な素過程を理解することにほかならない. 9 章で紹介した非対称輝線プロファイルや分子流, ジェットの存在は, クラス 0 天体, クラス I 天体でも多く観測されており, 動的な降着の間接的証拠と見なされている. しかし, より直接的な降着の証拠は, ミリ波干渉計を用いたガス輝線の高解像度観測で得られている. おうし座分子雲中の原始星 L1551 IRS5 や早期 T タウリ型星のおうし座 HL 星などでは, $C^{18}O$ や ^{13}CO といった存在量のより少ない同位体の分子輝線で観測を行うことにより, 双極分子流が放出されている方向とは垂直方向に広がる円盤状構造が見いだされている. その内部のガス運動を調べると, 星より遠い側のガスは相対的に我々に向かってくるように, 星より近い側のガスは我々から遠ざかるように, それぞれ運動しており, 中心に向かって収縮が起きていることが示される (図 10.14, 264 ページ).

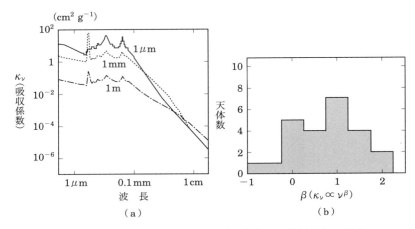

図 10.12 (a) 星間微粒子サイズ分布とその放射率との関係 (Miyake & Nakagawa 1993, *Icarus* 106, 20). 星間微粒子の形状は球, 個数密度は粒子直径の -3.5 乗に比例するとして, 最大サイズを変化させたときの放射率をプロットしたもの. 波長より十分小さいものが $\kappa_\nu \propto \nu^2$ になるのに対し, 波長より十分大きいものは黒体的に振る舞う ($\kappa_\nu \propto \nu^0$) ため, さまざまなサイズの粒子が混じることで吸収係数の値や周波数依存性が変化する. (b) 星間微粒子連続波の多波長観測からモデルを介して得られた原始惑星系円盤中の星間微粒子放射率の周波数依存性ベキ指数の分布 (Beckwith & Sargent 1991, *ApJ*, 381, 250).

ガス輝線による観測でもう一つ特徴的なのは, 円盤内ガスの化学組成 (分子組成) に関する研究であろう. このためには, 同一天体について, 広い波長帯をカバーしてスペクトル線を一様な感度で探査するラインサーベイが効果的である. 原始惑星系円盤内部は,

(1) 外域・赤道面付近に広がる低温・高密度な分子凍結領域,

(2) 円盤表面で外部の紫外線や中心星近傍から放射される紫外線・X 線による影響を受けた光解離的領域,

(3) 両者の中間的な性質をもつ分子領域

という, 異なる化学的特徴を持つ領域に分類できると予想される. 実際, 原始惑星系円盤のガス輝線観測から, 固体微粒子の単位質量あたりのガス中の CO 存在比が星間空間に比べ著しく低下しているという, CO 分子の固体への吸着を示

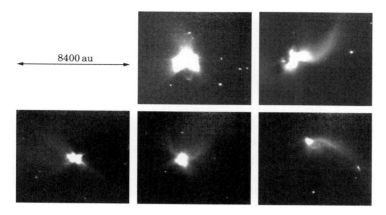

図 10.13 すばる望遠鏡によるおうし座の原始星の高解像度画像（波長 $2\,\mu\mathrm{m}$）（個々の天体は次の論文を参照：Tamura *et al.* 1991, *ApJ*, 374, L25）．

唆する結果や，光解離領域で特徴的な CN が特に強く観測されることなどが明らかになっている．近年，ALMA 望遠鏡によるガス輝線観測によって，クラス 0 天体，クラス I 天体の周囲で，ケプラー回転する円盤が存在していることが示された．しかし，観測精度はいまだ十分ではなく，より若い段階の進化を理解するためにはさらなる高空間分解能観測が必要である．

10.5　X線で見た原始星

10.5.1　前主系列星の X 線

X 線による若い星の研究は，「X 線クリスマスツリー」を半ば偶然発見したことから始まった．1980 年頃，米国のアインシュタイン衛星（1978–81）がへびつかい座分子雲を観測し，分子雲の周囲を取り囲むように複数の前主系列星が軟 X 線帯域で激しく変動しているのを発見したのである．特徴的な変動は，10–100 秒で急激に強度がはねあがり，10^4–10^5 秒でゆっくりと指数関数的に減衰するフレアであった．同じような変動は太陽フレアに見られる．その後の研究でもフレア中のプラズマ温度の増加・減衰の仕方など類似点が得られ，前主系列星の X 線放射は太陽フレアと同じく磁場活動の結果であるとする説が広く受け

264　第 10 章　小質量星の形成（2）原始星から主系列星まで

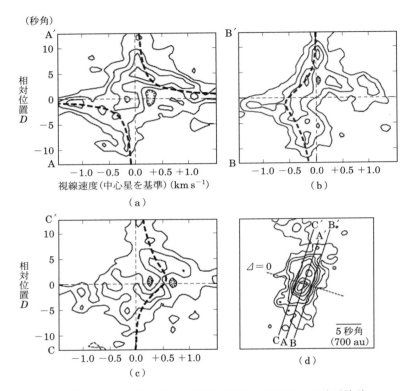

図 **10.14**　クラス I 天体 L1551 IRS5 の野辺山ミリ波干渉計 $C^{18}O$ ($J = 1$–0) 観測に基づく星周物質運動の様子．(d) が積分強度図（十字印が星の位置）で，長軸（AA′）およびそれと平行な軸（BB′, CC′）で切ったときの位置速度図（(a) – (c)）．分子流の観測から，(d) は赤道面付近に広がる円盤状構造をとらえたもので，BB′ 側が星よりも遠い側，CC′ が星より近い側であることがわかる．図中の太い破線は，半径 700 au での収縮速度，回転速度がそれぞれ $0.5\,\mathrm{km\,s^{-1}}$, $0.24\,\mathrm{km\,s^{-1}}$ で，それぞれの半径依存性が $r^{-1/2}$, r^{-1} である場合を示す（Momose *et al.* 1998, *ApJ*, 504, 314）．

入れられている．ただし，X 線の強度は太陽フレアの最大級よりもさらに 100 倍から 100 万倍大きい．

星のフレアにおける X 線強度の減衰は，プラズマ温度の減衰（放射冷却と熱伝導）に起因している．太陽での最大級フレアと比較すると，前主系列星フレアのプラズマ温度は 1 桁程度高いが，減衰の時間スケールはほぼ同じで，簡単に評価してみるとプラズマの密度もほぼ同じである．最大の違いは桁違いに大きな X 線強度である．これはプラズマの体積が桁違いに大きいことを意味し，太陽と同じような円柱状のフレアループ（円の直径 1 に対し長さ 10）を考えると，その長さは星と同程度かその数倍（$\sim 10^{11}$ cm）となる．星を大きくまたぐような巨大フレアが星表面で頻繁に起こっていたのである．

太陽におけるフレアは，恒星として唯一微細に直接撮像され，ようこう衛星（1991–2004）により以下の描像が得られている．「自転の差動回転と表面対流層によって磁場が増幅（ダイナモ機構）され，ひねられた磁力線が星表面へ浮き上がり，再結合する．このとき急激にエネルギーが解放され，磁気ループの根元でプラズマが熱化される．このプラズマが磁気ループを満たし，冷えながら X 線を放射する」．つまり対流と自転がフレアを作る鍵である．前主系列星は大規模な対流層を持ち，主系列星（太陽）よりも自転が速い（自転周期は数日–1 週間，太陽は極付近で 33 日，赤道上で 28 日）．これらの効果が，太陽をはるかに上回る磁場活動と強力な X 線放射を生み出しているのかもしれない．

アインシュタイン衛星で観測された X 線源の多くは，従来から知られていた前主系列星と異なり，可視光での輝線が弱かった．それまで知られていた前主系列星は輝線が強く，星周円盤を伴うことが知られていた．これらが T タウリ型星と呼ばれていたため，X 線で発見された新種の前主系列星は弱輝線 T タウリ型星と呼ばれるようになった．また，もともとの T タウリ型星は古典的 T タウリ型星と呼ばれ区別されるようになった．弱輝線 T タウリ型星は星周円盤を消失したか，持っていても消失しかけていると考えられ，古典的 T タウリ型星よりも進化した段階にある．その後，ヨーロッパが打ち上げた「ROSAT」衛星（1990–99）はさらに前主系列星の X 線サンプルを大幅に増加させ，統計的な研究を可能にした．

10.5.2 原始星の X 線

X 線は光電効果によって減光される．同じ X 線帯域でも，エネルギー 10 keV での光電効果の断面積は 1 keV のそれに比べて 300 分の 1 程度にすぎない．よってアインシュタイン衛星や ROSAT 衛星が感度を持つエネルギー約 4 keV 以下の帯域では，可視光と同程度の星間減光を受けるため，分子雲中心部に深く埋もれる原始星からの X 線はとらえられなかった．一方，日本の X 線天文衛星「てんま」（1983–84）と「ぎんが」（1987–91）は撮像能力を持たないものの，4 keV 以上に感度を持ち，原始星を含む方向から激しく減光を受けた，プラズマ温度数千万度の X 線をとらえた．へびつかい座分子雲からは，プラズマ温度 4000 万度の X 線フレアを検出した．時間スケールは 2–3 時間程度と短く，星程度の小さな領域から放射されていることが明らかとなった．数十ケルビンの低温分子雲に深く埋もれたところに，実は高温プラズマ源が存在することを意味し，発見当時は大変な驚きを持って受け止められた．その正体の有力な候補は原始星であった．

ひきつづき日本が打ち上げた，あすか衛星（1993–2001）は実際に原始星が X 線発生源であることを特定した．あすか衛星は，日本初の X 線「撮像」望遠鏡を搭載し，分光型位置検出器とあわせて，エネルギー 10 keV までの X 線撮像を初めて可能にした．その結果，分子雲の中心部に位置するクラス I 原始星から，低エネルギー側で著しく減光された X 線を初めてとらえた（図 10.15）．この減光から考えると，発生源は原始星本体もしくはそのごく近傍だと考えられた．原始星を囲む円盤などの星周物質は赤外線や電波で観測されるが，原始星本体からの可視光は強い減光を受け検出できない．よって星周物質による減光の影響を受けずに検出された高エネルギー（> 4 keV）帯域での X 線の発見は，原始星本体に迫る観測手段の発見でもあった．

原始星のサンプルは X 線天文衛星「チャンドラ」が 1999 年 7 月に米国から打ち上げられて以来さらに増えた．広いエネルギー帯域（0.2–10 keV）と，優れた角度分解能が，点源の検出感度をあすか衛星に比べ約 2 桁改善したからである．たとえば，へびつかい座分子雲の観測では，視野中に存在する 18 個の原始星（またはその候補）のうち実に 70% で X 線が検出されている．より進化した前主系列星と変わらぬこの検出率は，実質上全てのクラス I 原始星が X 線源たりえることを示唆する．

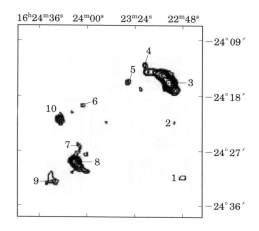

図 10.15 あすか衛星によるへびつかい座分子雲の硬 X 線写真 (5-10 keV 帯域). 中心部に 5 個（ソース 6,7,8,9,10）の硬 X 線源が検出された. このうち二つの硬 X 線源（ソース 8 と 10）がクラス I 原始星と同定された. 座標は 1950 年分点（Koyama et al. 1994, PASJ 46, L125）.

クラス I 原始星からの X 線は，まだ研究段階ではあるが，著しい減光以外は，前主系列星のそれと似ている．急激な立ち上がりと指数関数的にゆっくりと減衰するフレアも前主系列星フレアと同程度の時間スケールおよび強度で頻度高く検出されている．定常 X 線の強度も同程度である．両者の違いはプラズマ温度にあり，特に定常 X 線において原始星の方が高い傾向があった．高温なプラズマほど閉じ込める磁場が強くなければならないので，この結果は，星が進化するほど磁場が弱くなっていくことの反映である可能性がある．また，X 線強度に大差がないのは，X 線放射領域の体積が同程度であることの示唆かもしれない．もしそうであれば，原始星と前主系列星の X 線放射領域は磁場強度こそ異なるものの同一の磁場構造にあるとも解釈できる．

あすか衛星で検出されるほど強度の大きい原始星フレアに関しては，X 線放射領域について面白い示唆が得られている．巨大フレアが周期約 1 日で磁気再結合を繰り返している可能性が示されたのである（図 10.16）．磁気ループの長さは太陽半径の 10 倍程度と見積もられた．よって「原始星と降着円盤とをつなぐ磁気ループが差動回転でつなぎかえられ，フレアを発生している」という可能性が

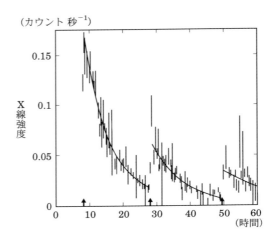

図 **10.16** あすか衛星による原始星 YLW15A の X 線強度変動 (Montmerle *et al.* 2000, *ApJ*, 532, 1097).

ある．このとき原始星本体の自転周期は，フレアの準周期1日より短い約1日以下とならねばならず，降着物質が大きな角運動量を原始星本体に持ち込み，遠心力で星が飛び散るぎりぎりまでスピンアップしていることも考えられる．しかし，同様の準周期的フレアは前主系列星の連星系でも確認されており，原始星の準周期的フレアが連星系起源で発生しているか，星と円盤との相互作用起源で発生しているかは，結論に至っていない．

また，原始星の X 線放射領域と円盤との配置関係は，X 線蛍光分析法の原理を用いて明らかになりつつある．X 線蛍光分析法とは X 線を試料に照射し，試料に含まれる微量元素の種類と量を特定するものであるが，蛍光 X 線スペクトルは試料の形状と照射 X 線の配置関係をも反映している．チャンドラ衛星で検出された，クラス I 原始星 YLW 16A のフレア中のスペクトルを図 10.17（上）に示す．エネルギー 6.7 keV に見えるスペクトル線は，高電離の鉄からの輝線で，1000 万度以上のプラズマの存在を示している．一方 6.4 keV の線スペクトルは，中性（非電離）鉄からの輝線であり，フレアの X 線が周りの低温物質を照射した後，2 次放射された蛍光 X 線である．フレアが始まってから遅くとも 3 時間以内には蛍光 X 線が出ているので，低温物質はフレア領域から 3×10^{14} cm（太陽から地球までの距離の約 20 倍）以内になくてはならない．つまり 10^{15} cm 程

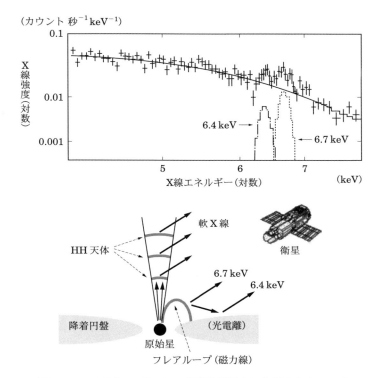

図 10.17 （上）へびつかい座暗黒星雲中に位置するクラス I 原始星 YLW 16A のフレア中のスペクトル（Imanishi *et al.* 2001, *ApJ*, 557, 747）．（下）原始星本体および近傍からの X 線の概念図．

度以上に広がって原始星を包む分子雲コア（エンベロープ）ではなく，星の近傍にある降着円盤が蛍光源であるといえる．また，蛍光 X 線の強度を再現するには，全立体角の 1/4 以上を必要とするため，照射 X 線源は図 10.17（下）のように星や円盤よりも上部に大きく膨れあがっていなくてはならない．

　このような蛍光 X 線の存在は，すなわちフレアループからの X 線による周辺物質の電離を直接示している．この電離は一時的にせよ降着物質のかなりの量を蒸発させるほどの影響を持つ．もう一つ広範囲の電離に寄与すると考えられるのが，チャンドラ衛星で発見されたハービッグ–ハロー（HH）天体からの X 線である．その強度から考えると，10^{17} cm 程度のエンベロープの中では宇宙線によ

270 第 10 章 小質量星の形成（2）原始星から主系列星まで

る電離を上回る．このような電離を媒体として，原始星周辺の X 線は星間ガス
の降着量や星および原始惑星系円盤の進化に影響を与えている可能性も示唆され
ている．

10.5.3 褐色矮星の **X 線**

　原始星と同じく星表面が低温で，星全体が対流層と考えられている天体に褐色
矮星がある．褐色矮星は恒星と惑星との間の質量を持つ小質量天体である．その
X 線放射もチャンドラ衛星によって初検出された．フレア的な時間変動も確認
されている．X 線強度は若いほど明るく，その進化は太陽質量程度の星と違い
がない．若い褐色矮星であれば，最大のもので太陽 X 線の 100 倍以上もの X 線
強度を持つ．最後まで恒星になれない褐色矮星ですら，若いときには現在の太陽
をはるかに超える磁場活動を持っていることが示されているのである．

10.6　連星系の問題

　二つ以上の星が重力的に束縛された連星あるいは多重星は決して珍しい存在で
はない．まだ統計的な不定性は残っているが，連星や多重星のメンバーとなって
いる星のほうが単独星より多いと考えられている太陽近傍の星の場合でも 60 ％
から 70 ％が連星系のメンバーであるが，星形成領域では連星系に属する割合が
さらに高い．特におうし座星形成領域でこの傾向は顕著である．連星間距離はさ
まざまで，広いものでは 1000 au を超えるものもある反面，0.05 au 以下のもの
もある．連星間距離が大きい遠隔連星は撮像により探査される．これに対して連
星間距離の狭い近接連星は，公転運動により輝線あるいは吸収線の波長が周期的
に変化するドップラー効果により探査される．このため遠隔連星は実視連星，近
接連星は分光連星とも呼ばれる．

　補償光学の発達により，最近では見かけの視距離が 0.1 秒角程度あれば可視光
あるいは近赤外線で連星であると見分けられる．したがって，おうし座など近傍
の星形成領域では，撮像により連星間距離が数 10 au 程度のものまで探査できる
ようになった．分光連星の探査でも視線方向の速度分解能が向上したため，連星
間距離が広く公転速度の遅い連星も見つかるようになってきた．連星間距離が中
くらいのものは探査が難しかったが，現在は連星間距離によらず探査可能であ

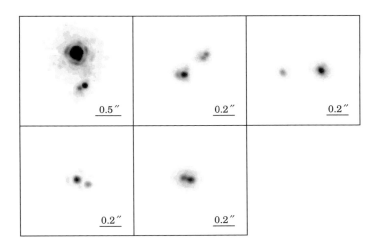

図 10.18 補償光学により捉えられた連星の画像（Shaefer *et al.* 2007, *AJ*, 132, 2618）.

る．ただし分光連星の探査には複数回の観測が必要なため，探し漏れのない探査領域は限られている．また原始星のように，視線方向の速度を測る適当な可視光または主星に比べ伴星の質量が極端に小さく暗い場合も見つかりにくい．これらを総合すると，探査漏れは統計的な性質を論じるのに深刻ではないが，探査は完璧ではないと理解するのが適切である．

図 10.18 はおうし座に見られる連星の例である．上段左端に示されているおうし座 T 星は T Tau N, T Tau Sa, T Tau Sb の三つからなる三重星である．この系では内部に T Tau Sa と T Tau Sb からなる連星が含まれているので階層的多重星と呼ばれる．この例のように三重星や四重星のほとんどは階層的多重星である．実視連星の片方あるいは両方が分光連星となっている多重星もある．

探査された連星のカタログをもとに，連星間距離や質量ごとの頻度分布も議論されている．連星間距離の対数を横軸にとり，連星の頻度分布を求めると，4 au あたりで最大になるが，広い範囲でほぼ一定になることが知られている（対数的正規分布）．連星頻度は主星の質量が大きいほど高く，褐色矮星砂漠という言葉で表現されるほど極小質量星同士の連星は少ない．とくに極小質量星で連星間距離の広い連星はほとんど見つかっていない．

原始星や前主系列星の質量を見積もることは困難なので大きな不定性が残るが，主星と伴星の質量比（$q \equiv M_2/M_1$）についても統計がとられている．主星の質量が $0.5M_\odot$ 以上ではとくに頻度の高い質量比は知られていない．しかし極小質量星や大質量星では質量比が 1 に近い連星が極端に多い．これらの連星の性質は，星形成の理論を構築する上で重要な試金石である．若い星でも連星頻度が高いことや，連星間距離が分子雲コアの典型的な半径より小さいことから，重力収縮する分子雲コアの中で連星が形成されていることは明らかである．また連星の多くはほぼ同じ年齢であることも，この考えを支持している．おそらくは分子雲コアの中で分裂が起きているのであろうが，具体的に何がどの時期に分裂したのかはまだ不明である．

3 次元シミュレーションや経験的な理論など，いろいろな手法で連星形成の機構が議論されている．また連星でなくても，若い星の周囲では別の若い星が見つかる確率が高いことが知られている．これらの星は同じ分子雲からほぼ同時期に生まれたため，近くにいると考えられる．分子雲が分裂して複数の星が形成される過程も，分裂が関与しているという意味において連星形成と関連した話題である．

第 **II** 章

大質量星の形成

本章では，質量が太陽の 8 倍程度以上の星，すなわち大質量星の形成について取り扱う．

11.1 大質量星形成における問題点

太陽質量程度およびそれ以下の小質量星の形成過程に関しては，10 章で述べたように標準的なシナリオが存在する．すなわち，高密度分子雲コアの重力崩壊の結果，その内部に非常に小さな原始星がまず形成される．それが外層の物質の降着により質量を増して成長する．その後，降着が終了し，中心星はケルビン–ヘルムホルツ収縮により収縮しながら内部温度を増して，最終的に水素核燃焼による発熱により重力収縮が止まって主系列星となる．この標準シナリオは観測的にも各進化段階に対応する天体が特定されており，初期条件の理解を除いては，十分に確立しているといって良い．太陽の数倍以下の中質量星形成に関しても，小質量星に比べると十分な観測的検証がなされているわけではないものの，同様なシナリオで形成されるとして，とくに矛盾はない．

その一方で，小質量星形成の際と同じ降着進化が単に長時間続いた結果として，数 $10M_\odot$ 以上の大質量星が形成されると考えると，以下のような困難が生ずる．

（1） 寿命問題

原始星が質量降着により進化する際，いつ中心星が主系列星になるかは，降着によって質量が増加するタイムスケール（降着時間 ＝ 中心星の質量/質量降着率）と，中心星が収縮するタイムスケール（ケルビン–ヘルムホルツ時間）の比較できまる．初期には降着時間が十分短いので，原始星が主系列星に向けて収縮する間もなく質量がどんどん増加していく．質量が増すとこれらのタイムスケールの値は近くなり，いずれ逆転する．そうすると，中心星は降着を続けながらも，中心部で核反応が始まる，つまり主系列星に達するのである．詳細な計算によると，小質量星形成の際の典型的な降着率 $10^{-5}M_\odot \mathrm{yr}^{-1}$ の値のもとでは，中心星は約 $8M_\odot$ 程度で主系列星に到達することが知られている．

その後，中心の主系列星が降着によってさらに質量を増していくことになる．これ以後，中心星の寿命 t_* の間，降着が質量降着率 $\dot{M}$ でずっと継続するものとすると星の質量は $\dot{M}t_*$ だけ，増加することになる．しかし，大質量星の寿命 t_* は 2–3 百万年と短いので，たとえば降着率 $10^{-5}M_\odot \mathrm{yr}^{-1}$ で，寿命 t_* の間ずっと降着を続けたとしても，せいぜい 30–$40M_\odot$ 程度までしか質量を増やすことはできない．より詳細な計算をもちいた，星の寿命による形成可能な星の質量への制限は図 11.1 中に線 B として示されている．

（2） フィードバック問題

上に述べたように，典型的な降着率の際には，質量が約 $8M_\odot$ に達すると中心星は主系列星になる．以後，中心星から放射される膨大な放射は，降着外層に深刻な影響を与えることになる．

星のごく近傍では高温のため星間微粒子が蒸発してしまうので，ガスの吸収係数は低く，降着流は放射圧の効果をあまりうけない．一方，その外側の星間微粒子が蒸発する半径（この場所を星間微粒子破壊面とよぶ）付近は高い密度のため，吸収係数が非常に高い．そのため，星からの直接の放射は星間微粒子破壊面付近のごく薄いシェルですべて吸収され，星間微粒子により再放射される．この際，単位時間に単位面積あたり，$\dfrac{L}{4\pi r^2 c}$ の外向きの運動量が降着物質に与えられる．ここで L は光度である．これに抗して降着が可能であるためには，降着流が内側へ持ち込む運動量流速が上の値を上回る必要がある．すなわち，

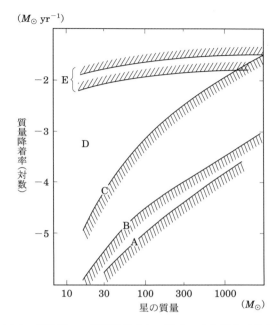

図 11.1 原始星への質量降着率と，降着により形成可能な上限質量の関係．線 A は H II 領域の膨張により降着が止められることによる制限，線 B は中心星の寿命による制限，線 C は中心星の放射圧により降着が止められることによる制限である．線 E より上の降着率は，降着によって発生する光度がエディントン限界を超えるので，禁止される．線 E の二つの線は降着による光度が，解放された重力エネルギーの 100％（下）と 50％（上）となる場合のそれぞれに対応している．これらの線の間にある領域 D のみが，与えられた降着率のもとに形成可能な星の質量領域である（Wolfire & Cassinelli 1987, *ApJ*, 319, 850）．

$$\rho u^2 > \frac{L}{4\pi r^2 c} \tag{11.1}$$

が星間微粒子破壊面で成り立っている必要がある．ここで，u は降着流の速さである．この速さとして自由落下速度を用いた場合が図 11.1 の線 C の左側の領域に対応する．実際には星間微粒子破壊面の外側でも再放射された放射による減速を受けているために，この条件はより厳しくなり，線 C は左側に移動する．

また，さらに大質量になると，H II 領域が拡大し，外層全体を覆うようにな

る．そうなるとガスは約 1 万 K にまで加熱され，重力的に束縛されなくなるため，外層のガスは蒸発してしまい，降着は止められる．この条件は図 11.1 の線 A であらわされる．

図中の線 A, B, C を比較すると，星間微粒子への放射圧（線 C）が一番厳しい条件をあたえることがわかる．通常の小質量星形成の際と同じ程度の降着率（10^{-6}–$10^{-5} M_\odot\,\mathrm{yr}^{-1}$）のもとでは，10–20$M_\odot$ よりも大きい星を球対称的な降着により形成することが困難である．

11.2 大質量星形成のシナリオ

前節で，小質量星形成過程の降着進化を単純に時間的に延長しただけでは，大質量星は形成されないことを述べた．現在，主として以下の二つのシナリオ（降着説と合体説）が提案されている．

まず第 1 のシナリオが降着説である．この降着説では，大質量星も小質量星同様に降着進化により質量を獲得するものの，その際の降着率がきわめて大きいとする．図 11.1 から，降着率が大きい場合は放射圧による制限がゆるくなり，数 10$M_\odot$ 程度以上の大質量星の形成も可能となることがわかる．また，前節の見積もりは，簡単のため球対称性を仮定していたが，実際には降着物質は角運動量をもっているために原始星周りに降着円盤を形成する．そのため，原始星からみて，赤道面方向（円盤方向）は非常に光学的に厚く，それと垂直な極方向は比較的光学的に薄くなる．これにより，放射は極方向に強く，円盤方向に弱くなるので，円盤を通じての降着は妨げられずに継続できる．

大質量星形成の降着説では，小質量星形成の際よりも，大きな降着率が必要である．実際，大質量原始星からは膨大な物質が分子流として噴出しているのが観測されている．これは降着物質のうちの一部が放出されているものと考えられ，このことからも，大きな降着率が示唆されている．このような値がどのようにして実現されるかに関して，次に考察する．

自己重力に支配される高密度コアから星が形成される場合の降着率は，ジーンズ質量 M_{J} 程度のコアが自由落下時間 t_{ff} 程度で中心星に落下するとして，

$$\dot{M} \simeq M_{\mathrm{J}}/t_{\mathrm{ff}} \simeq \frac{c_{\mathrm{eff}}^3}{G} \tag{11.2}$$

であたえられる．ここで，有効な音速 $c_{\rm eff}$ は，$c_{\rm eff}^2 \equiv$（圧力）／（密度）であり，熱的な圧力とともに磁気圧と乱流によって高密度コアが支えられている場合には，

$$c_{\rm eff}^2 = c_{\rm T}^2 + v_{\rm A}^2 + v_{\rm turb}^2 \tag{11.3}$$

となる．ここで，$c_{\rm T}$ は音速，$v_{\rm A}$ はアルベーン速度，$v_{\rm turb}$ は乱流の典型的な速度である．音速およびアルベーン速度はコアごとに大きくは変わらず，降着率を何桁も変えることはない．一方，星間媒質中には超音速の乱流が満ちていることが知られており，実際，大質量星形成の母体となると思われる大質量コアは乱流が特に強い．この乱流速度から予想される降着率は $10^{-3} M_\odot\,{\rm yr}^{-1}$ 程度にもなり，大質量星形成の際に要求される値となっている．

また降着説では，小質量星形成の場合と同様に原始星の周りにケプラー回転する降着円盤が存在すると考えられるので，このような円盤を観測的に見出すための試みが，現在さかんになされている．

一方，大質量星はほとんどの場合，星団の，とくに星密度が高い中央部に存在することが知られている．力学的に十分緩和した系では，星ごとに運動エネルギーが等しく分配されるため，質量の大きな星は，速度が小さくなり，そのため中央部に集まってくるという効果がある．しかしながら，大質量星が星団の中央部に多いという現象は，十分に若い星団でも観測されているので，力学的な分離作用だけでは説明できず，大質量星は星団内部の高星密度環境で形成されたと考えられる．そこで，第2の形成シナリオとして，星団中央部の星密度が高い環境で，星同士の衝突・合体が起こった結果，大質量星が形成されるという合体説が提唱されている．この過程が，実際に起こるためには星密度が 10^8 個 ${\rm pc}^{-3}$ 以上であることが必要である．しかし，このような高密度環境はこれまでに発見されておらず，実際に星同士の合体が効率よく起こるかは確認されていない．星間ガスに埋もれている若い星団の一時期にこのような高密度期が存在し，その時期に合体により大質量星が形成されるのかもしれない．

11.3 大質量星形成の指標

大質量星は，巨大分子雲内の高密度領域である分子雲コアで生まれる（3.1 節参照）．現時点では，大質量星は以下の進化段階を経て形成されると考えられて

いる.

- (1) 星なし大質量分子雲コア
- (2) 形成途上の中小質量原始星を含むが大質量原始星のない大質量分子雲コア
- (3) 大質量原始星を含む若い星団
- (4) 大質量主系列星を含む星団

大質量星は，通常単独星としてではなく，狭い領域に多数の星が密集した星団として形成される（11.6 節参照）．近赤外線望遠鏡や電波干渉計など，高い空間分解能（$\lesssim 1''$）をもつ装置を用いた観測では，個々の天体の分離が可能になりつつある．

しかしながら，遠赤外線における観測や，単一の電波望遠鏡を用いた観測などでは，空間分解能がそれほど良くない（$\gtrsim 10''$）ため，個々の天体を分離できない．これらの観測によって捉えられる天体を進化段階の順に並べると，以下のようになる.

- (a) 星なし大質量分子雲コア
- (b) 原始星団
- (c) 星団

（a）は，星なし大質量分子雲コア（1）に対応し，（b）は，さまざまな段階（（2）と（3））の天体を含む．（c）は，（4）のみを含む領域である.

（1）の星なし大質量分子雲コアは，低温，大質量の分子雲コア（高密度分子ガス塊）である．そのため長い間「コールドコア」とも呼ばれてきたが，大質量星形成の母体である点をより厳密に表すように，「星なし大質量分子雲コア」と呼ばれるようになってきた．内部に熱源を持たないため，中間赤外線では検出されないか非常に放射が弱い．したがって，観測対象とすべき天体の選定が難しく，近年になるまで観測がほとんど行われて来なかった．一方で周囲を取り巻く巨大分子雲より高密度であるため，ミリ波帯やサブミリ波帯において低温の星間微粒子による熱放射が顕著である，臨界密度が非常に高い低温高密度ガスによる輝線放射が顕著である，さらに，星間微粒子による減光量が非常に大きい，などの特徴を持つ．観測性能の向上に伴い，これらの特徴に着目した星なし大質量コアの

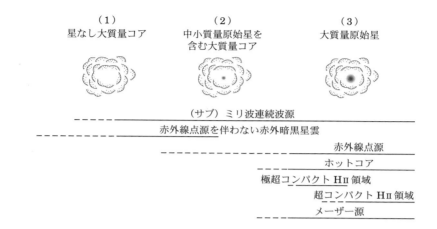

図 11.2 大質量星の進化段階および指標となる天体.

探査が行われるようになり,「ミリ波連続波源」,「サブミリ波連続波源」,「赤外線暗黒星雲」などとして,ある程度観測的に捉えられるようになってきた.

しかしながら,すべての星なし大質量分子雲コアが,大質量星形成に至るわけではない点に注意が必要である.中小質量星のみを形成する分子雲コア,あるいは星形成を起こさない分子雲コアである可能性も否定できないからである.その意味では,観測的に捉えられているのは,「大質量星の形成に至る可能性のある」星なし大質量分子雲コアであり,「大質量星の形成に至ることが確実な」星なし大質量分子雲コアの検出例はない.多数の星なし大質量分子雲コアの観測を行い,もっとも (2) の段階に近い天体(たとえば,星なし大質量分子雲コアの中で,もっとも密度の高い天体)を探すとともに,星なし大質量分子雲コアのうちで,どのような性質を持った分子雲コアが実際に大質量星の形成に至るのかを統計的に明らかにするような研究が重要であろう.

(2) は中心星への質量降着が進み,中心星が成長していく途中の段階である.この時点では中心星の質量は数 $M_\odot$ であると考えられる.この過程では,中心付近の非常に狭い領域においてのみ,温度が上昇する.現時点では,感度および空間分解能が不足しているため,観測的には捉えられていない.

(3) は,さらに中心星への質量降着がすすみ,中心星が大質量に到達した段階である.内部に高温の中心星が存在しているため,高温の星間微粒子により,中

間赤外線の放射が非常に強い天体である．この進化段階は，「ホットコア」「極超コンパクト H II 領域」「超コンパクト H II 領域」「赤外線点源」「分子流天体」などとして観測される．（1）や（2）の進化段階にある天体に比べ，観測が容易であったため，全天サーベイなどの系統的な観測が行われ，ある程度研究が進んでいる．

　各進化段階は，観測手法によって，赤外線点源を伴わない赤外線暗黒星雲（進化段階（1）から（2）に対応），ミリ波連続波源あるいはサブミリ波連続波源（（1）から（3）），ホットコア（（2）から（3）），極超コンパクト H II 領域（3），超コンパクト H II 領域（3），メーザー源（3），赤外線点源（3），分子流天体（（2）から（3））など，さまざまな天体として捉えられる．以下，各天体について述べる（極超コンパクト H II 領域および超コンパクト H II 領域については 4.3 節を参照）．

11.4　大質量原始星の観測

11.4.1　赤外線点源

　1984 年に打ち上げられた赤外線天文衛星 IRAS（Infrared Astronomical Satellite）は，分解能は約 2′ とあまりよくないが，全天の 96% の領域に対して，中間赤外線から遠赤外線（12, 25, 60, 100 μm）で観測を行った．その結果は，26 万点程度の点源を含むカタログなどにまとめられた．このカタログに掲載されている点源は，IRAS 点源と呼ばれる．

　大質量原始星による放射は周囲の星間微粒子を暖める．周囲の分子雲の温度（典型的に 10 K 程度）よりも多少高温な領域からの放射は，遠赤外線からサブミリ波にかけてその放射強度の最大値を持つ（たとえば 20 K 程度の物体からの黒体放射のピークは 150 μm 付近になる）ため，IRAS 点源に対して，「長波長ほど放射が強い点源」などの条件を付けることにより，大質量原始星を含む星団の候補の選定が可能である．このように選定された天体に対して，他波長の，あるいは高空間分解能の観測が多数行われ，大質量原始星に対する観測的研究が進んだ．

　なお，IRAS の感度はあまりよくない（1 万光年の距離で ～1000$L_\odot$）ため，明るい天体しか検出されていない．したがって，11.3 節の進化段階の（3）まで

図 11.3 はくちょう座 X 領域と呼ばれる大質量星形成領域の「あかり」による遠赤外線画像．画像中の明るい天体は，大質量星が生まれている場所である（JAXA 提供）．

進化した天体の指標として用いられる．

2006 年に打ち上げられた日本の赤外線天文衛星「あかり」は，IRAS を 5 倍程度上回る感度，空間分解能で全天の 98 ％ 程度の領域に対して IRAS よりも長い波長を含む 65, 90, 140, 160 μm でサーベイを行った．約 50 万点の点源を含むカタログが作成され，各領域の詳細研究につながっている．

11.4.2 ホットコア

ホットコアは，大質量星形成領域で顕著に検出される，高温の分子雲コア（高密度分子ガス塊）である．典型的な温度，密度，サイズ，光度は，それぞれ 数 100 K, $> 10^7$ cm^{-3}, < 0.1 pc, 10^4–$10^6 L_\odot$ である．

ホットコアの温度の導出には，NH_3, CH_3CN, CH_3OH などの分子が放つ電波輝線がよく用いられる．これらの分子では，励起温度が異なる複数の輝線がほぼ同じ周波数に存在するため，一度の観測で複数の輝線の強度を求めることがで

きる．そのため，ビームサイズの違いや指向誤差[*1]といった観測誤差の影響を最小限に抑えた各輝線間の強度比を測定することが可能であり，結果として温度を高い精度で求めることができる．これらの分子は，ホットコア・トレーサーと呼ばれる．

ホットコアの特徴は，温度が高いだけではなく，ジエチルエーテル（CH_3OCH_3）やシアン化エチル（CH_3CH_2CN）などの大型有機分子をはじめとしたさまざまな分子種による輝線放射が顕著に見られる点にある（図 11.4）．これらの大型有機分子の寿命は，大質量星の進化過程のタイムスケール（$\sim 10^5$ 年）に比べると短い（$\sim 10^4$ 年）ため，大質量星の形成直後の領域のトレーサーとしてしばしば用いられる．

これらの大型有機分子の生成機構は，次のように考えられている．大質量原始星が形成される前の進化段階，すなわち星なし大質量分子雲コアは，低温かつ高密度であるため，一酸化炭素を始めとするさまざまな分子は星間微粒子に吸着されている．星間微粒子表面における反応速度はそれほど速くないため，大型有機分子はほとんど生成されないか，生成されたとしてもすぐに分解されてしまう（星間微粒子表面でもある程度の大型有機分子が生成されるという説もある）．大質量原始星の形成にともなって分子雲コアの温度が上昇すると，星間微粒子に吸着されていた分子は蒸発し，気相に放出される．密度が高く，温度が高い（すなわち運動が激しい）ため，気相における反応速度は，星間微粒子表面におけるそれに比べて劇的に速くなり，観測的に検出可能なほど大量の大型有機分子が生成される．したがって，比較的広がった領域（$\sim 0.1\,\mathrm{pc}$）が高温（$> 100\,\mathrm{K}$）になるような場合，すなわち大質量星の形成領域特有の現象と考えられていた．

近年になって，大型有機分子による輝線は，中小質量星形成領域においても，非常に弱いながらも検出されるようになった．これらは大質量星形成におけるホットコアと区別するため「ホットコリノ」と呼ばれる．この点を考慮すると，大質量原始星の形成初期あるいはその前段階（11.3 節の進化段階の（3）の初期あるいは（2））において，領域は小さいながらもホットコアは形成され始めているものと思われる．

極超コンパクト H II 領域の物理量と超コンパクト H II 領域の物理量は連続的

[*1] 望遠鏡の指向方向の微小なずれ．

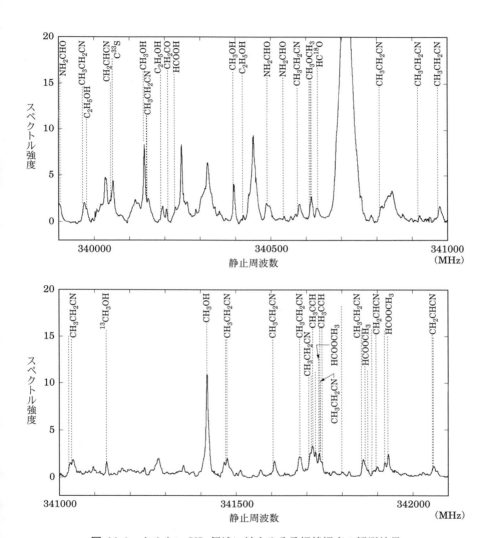

図 **11.4** オリオン KL 領域に対する分子輝線探査の観測結果 (Schilke *et al.* 1997, *ApJS*, 108, 301).

に変化し明確な境界はない．センチ波電波連続波が検出されないホットコアが存在することから，ホットコアの方が（極）超コンパクト H II 領域よりも若い段階を捉えていると考えられている．

11.4.3 メーザー源

　大質量星形成領域は，しばしば，水酸基メーザー（OH），水メーザー（H_2O），メタノールメーザー（CH_3OH）などのメーザー源を伴うことが知られている．メタノールメーザー源の分布は輝線によって大きく異なるため，クラス I（25 GHz など）と クラス II（6.7 GHz, 12 GHz など）の 2 種類に分類されている．

　水メーザーや クラス I メタノールメーザーは，超コンパクト H II 領域や赤外線点源などの大質量星形成の指標となる天体との位置的な相関が必ずしも良くなく，水メーザーでは 0.1 pc 程度，クラス I メタノールメーザーに至っては 1 pc 程度離れているものもある．

　これに対して，クラス II メタノールメーザーや水酸基メーザーは，大質量星形成の指標となる天体との位置的な相関が良いといわれていた．しかしながら，干渉計を用いた高空間分解能観測により，クラス II メタノールメーザーの中には，超コンパクト H II 領域や赤外線点源などよりも，それらのごく近傍に位置する，より若い天体（超コンパクト H II 領域を伴わない大質量原始星や，ミリ波連続波源あるいはサブミリ波連続波源など）との相関が良いものが多数存在することが明らかになってきた．これらの観測結果に基づいて，近年では，クラス II メタノールメーザーは超コンパクト H II 領域が形成されるよりも前の段階から生じると考えられている．

　メーザー源は輝度が非常に高い（輝度温度が水メーザーでは 10^{12} K，メタノールメーザーでは 10^{10} K に達する）ため，超長基線干渉計法（VLBI）などの，感度はそれほど良くないが超高空間分解能（$\lesssim$ ミリ秒角）が得られる観測においても検出可能である．そのため，詳細な空間分布が得られるだけでなく，時期をずらして複数回観測を行うこと（マルチエポック観測）により，運動の解明ができる点に特徴がある．

　メーザー源の詳細な位置に関してはまだ統一的な見解は得られていないが，大まかには以下のように考えられている．水酸基メーザーは，超コンパクト H II

領域を取り巻く電離波面と衝撃波面の間の領域，つまり，膨張する球殻状の中性領域（4.3 節参照）に位置する．水メーザーや クラス I メタノールメーザーは，大質量原始星をとりまくガスと，大質量原始星に由来する分子流やジェットとの境界領域に位置する．クラス II メタノールメーザーは，分子流やジェットの中に位置する．水メーザーや クラス II メタノールメーザーの中には，円盤起源であると考えられているものもある．メーザー源のより詳細な観測は，VLBI ネットワーク観測等によって推進されている．

メーザー源の寿命は 10^4–10^5 yr 程度と非常に短く，超コンパクト H II 領域の形成後速やかに消滅すると考えられている．したがって，大質量原始星の形成直後の天体を選択的に捉えることが可能である．クラス II メタノールメーザーの方が水メーザーよりも寿命が短いという観測結果もある．

励起機構としては，水酸基メーザーおよび クラス II メタノールメーザーは，中心星からの赤外線放射による放射励起，水メーザーおよび クラス I メタノールメーザーは，衝突励起が主であると考えられている．メーザー現象を起こす領域の物理量は，100–500 K, 10^5–10^{10} cm^{-3} であると考えられている（3 章のコラム参照）．

なお，クラス II メタノールメーザーは現在までに大質量星形成領域以外での検出例がないため，近年では大質量星形成の指標として精力的な観測が行われている．一方で，水メーザーおよび水酸基メーザーは，中小質量星形成領域や晩期型星の周囲などでも検出されるため，必ずしも大質量星形成の指標とはならない点に注意が必要である．

11.4.4 分子流天体

中小質量原始星と同様に，大質量原始星も分子流天体を伴うことが観測的に知られている（10 章参照）．両者を比較すると，中心星の放射の光度が大きいほど，分子流天体の力学的光度，つまり単位時間あたりの分子流の運動エネルギーの放出量も大きくなるという傾向が見られる．

分子流天体の収束度に関しては，大質量原始星に伴う分子流天体は中小質量原始星に伴うものよりも収束度が悪いという結果が，比較的初期に行われた観測で得られていた．しかしながら，近年の高空間分解能観測によって，大質量原始

星においても収束度が高い分子流天体が検出されるようになってきた。現在では，(a) 中心星の質量による収束度の違いはない，つまり初期の観測結果は空間分解能が必ずしも良くなかったために収束度が悪く見えていただけである，という説，(b) 進化とともに収束度が悪くなる（11.3 節で示した進化段階の (2) では収束度が良く，(3) に成長するにしたがって悪くなる）という説，に加えて，(c) 複数の収束度の良い分子流天体が重なって見えているという説，(d) 大質量原始星団における爆発的な現象によって収束度の悪い分子流天体が形成されるという説，などが新たに提唱され，現時点では統一的な見解は得られていない。

11.5　星なし大質量分子雲コアの探査

　星なし大質量分子雲コアは，大質量原始星や主系列星などに比べると活動性が乏しいため，観測対象を選定することが非常に難しい。近年になって，中間赤外線の観測結果を基に観測対象を選定した探査や，ミリ波あるいはサブミリ波である程度広い領域をくまなく観測するサーベイが行われはじめ，星なし大質量コアが検出されつつある。観測によって求められた典型的な物理量は，温度 10–25 K, サイズ 数 pc, 質量 数 10–数 $1000 M_\odot$, 密度 $> 10^5 \, \text{cm}^{-3}$ である。

11.5.1　大質量原始星の周辺領域に対する探査

　「大質量星は星団となって生まれる」という特徴を生かし，すでに大質量原始星まで進化が進んだ天体の周囲を観測することによって，大質量原始星を伴わない星なし大質量分子雲コアの探査が行われている。典型的な観測範囲は $10'$–$30'$ 角程度であり，ミリ波サブミリ波連続波多素子カメラの登場により，急速に観測が進展している（図 11.5）。

　この手法の特徴は，すでに大質量原始星まで進化が進んだ天体は赤外線点源や超コンパクト H II 領域などを伴うため，観測候補領域の選定が容易な点である。一方で，周囲に大質量原始星を伴わないような領域（たとえば，星なし大質量分子雲コアなど）は，この手法では検出できない。

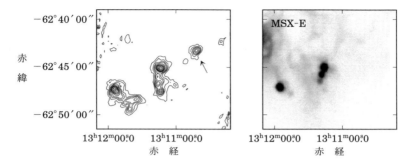

図 11.5 大質量原始星の周辺領域に対する星なし大質量コアの探査の例．同じ領域に対する（左）ミリ波連続波の観測結果，（右）中間赤外線（21 μm）の観測結果．大質量原始星は，各図の中心に位置する．左の図内に矢印で示されたコアは，中間赤外線における放射を伴わない．すなわち，星なし大質量コアの候補天体である（Garay *et al.* 2004, *ApJ*, 610, 313）．

11.5.2 赤外線暗黒星雲に対する探査

　中間赤外線では，星間微粒子による減光量が可視光に比べると数十分の 1 以下と非常に小さい．したがって，中間赤外線においてすら減光を受けているように観測される場合，その領域は可視光において非常に強い減光を受けていることを示す．つまり，星間微粒子やガスが高密度で分布しているといえる．したがって，中間赤外線の放射源を含まず，中間赤外線で暗黒星雲として見える領域は，星なし大質量分子雲コアの候補天体と考えられる．ISO（Infrared Space Observatory），MSX（Midcourse Space Experiment satellite）Spitzer 宇宙望遠鏡などの中間赤外線天文衛星により，中間赤外線で暗黒星雲と見える領域，すなわち赤外線暗黒星雲の同定が可能となった．たとえば，1996 年に打ち上げられた MSX 衛星は，銀緯 5 度以内のすべての領域に対して，中間赤外線（7–25 μm）での観測を行った．空間分解能は 18″ と，IRAS よりも 1 桁近く良い．観測結果に基づいて，1 万個を越える赤外線暗黒星雲が検出され，カタログ化されている．

　このカタログを用いて，近年はミリ波帯およびサブミリ波帯を主とした多数の観測が行われている．実際に，赤外線暗黒星雲の一部からは，遠赤外線からミリ

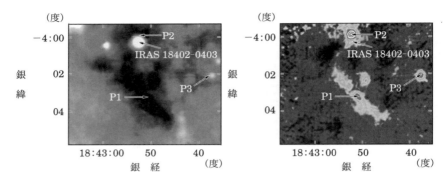

図 11.6　（左）中間赤外線（8 μm）の観測結果．（右）同じ領域に対するサブミリ波連続波の観測結果．図の中央付近 P1 とラベルが付けられた場所では，中間赤外線では暗黒星雲として見える（赤外線暗黒星雲）が，サブミリ波では放射源として見える（Carey et al. 2000, ApJ, 543, L157）．

波，サブミリ波において，星間微粒子に由来する熱放射が検出されており，赤外線暗黒星雲の内部が非常に高密度になっていることを示唆している（図 11.6）．

なお，赤外線暗黒星雲は吸収に基づいて同定されているため，（吸収によってではなく実際に）背景光強度の弱い領域が誤って赤外線暗黒星雲としてカタログされている可能性がある点，および，背景光が弱い領域では赤外線暗黒星雲が同定されにくくなっているため必ずしも均質なサンプルになっていない可能性がある点に，注意が必要である．

11.5.3　巨大分子雲に対するサーベイ観測

星なし大質量コアは内部に熱源を持たないため，中間赤外線では大質量コア自身からの熱放射は検出されないか非常に放射が弱い．一方で，周囲を取り巻く巨大分子雲より高密度であるため，ミリ波帯あるいはサブミリ波帯において低温の星間微粒子による熱放射が顕著である．その結果，ミリ波連続波源あるいはサブミリ波連続波源として検出される．ある程度広い領域（数度 × 数度）に対する無バイアス・ミリ波サブミリ波連続波サーベイ観測が，100 素子を越えるようなミリ波サブミリ波連続波カメラの登場により，急速に進展している．これまでにオリオン座領域，H II 領域 RCW 106，はくちょう座 X 領域，ほ座分子雲 D 領

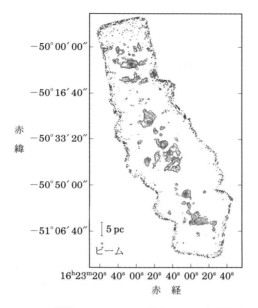

図 **11.7** H II 領域 RCW 106 に対するミリ波連続波サーベイの観測結果（Mookerjea *et al.* 2004, *A&Ap,* 426, 119）．

域などの観測例が報告されている（図 11.7）．

また，星なし大質量コアは低温高密度であるため，$H^{13}CO^+$, $H^{13}CN$, N_2H^+ などの $J = 1$–0 輝線をはじめとした，低温でも励起される臨界密度が非常に高い輝線（低温高密度の「指標」＝ トレーサー）による放射が顕著である．しかしながら，これらの低温高密度トレーサーの放射領域は非常に狭く，また強度も弱いため，広い領域に対して低温高密度トレーサーを用いた無バイアスサーベイを行うのは現実的ではない．したがって，なんらかの方法で観測領域を絞り込む必要がある．そこで，分子雲自体が放射する電磁波を用いて，段階的に観測領域を絞り込む手法が用いられる．まず，^{12}CO を用いて巨大分子雲の分布を調べる．次に ^{13}CO や $C^{18}O$ を用いて巨大分子雲中の比較的密度の高い領域であるクランプの分布を調べる．このようにして，低温高密度トレーサーで観測すべき領域を厳選する．^{12}CO や ^{13}CO は強度が強いため，短時間で広い領域の観測を行うことができる（図 11.8）．

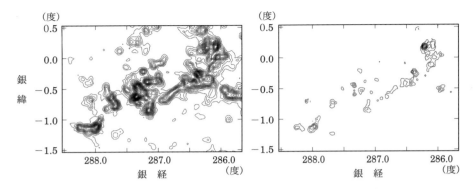

図 11.8　りゅうこつ座 η 星に付随する巨大分子雲に対する観測結果．(左) ^{12}CO，(右) C^{18}O (Yonekura et al. 2005, ApJ, 634, 476)．

このように無バイアスな手法によって選定された領域に対して，低温高密度トレーサを用いた観測を行うことにより，効率的に星なし大質量分子雲コアの無バイアス探査を遂行することができる．今後，受信機の高感度化や多素子化などにより，ますます効率的なサーベイが可能となるであろう．

現時点では，100 素子を越えるミリ波サブミリ波カメラの実用化により，連続波観測の方が観測効率で勝っている．しかしながら，連続波を用いた観測では速度情報を得ることができないため，運動に関する情報が得られない，あるいは，視線上に重なった複数のコアを分離できない，などの点に留意する必要がある．したがって，連続波観測と輝線観測とは，相補的な関係にあると言えよう．

11.6　星団の形成

大質量星は小質量星とは異なり，孤立しては形成されず，星団中でのみ形成されているようである．星団では，初期質量関数で特徴づけられるような多数の小中質量星も同時に形成されており，実際，星の大半は星団中で形成されていることが知られている．したがって，巨大分子雲から星団がどう形成され，進化するかの理解は，銀河全体の星形成過程の解明において本質的であるものの，その理解は単独の星の形成と比べ立ち遅れている．これは，散開星団や OB アソシエーション等が，銀河系円盤部に分布しており，視線方向の重なりにより，同定

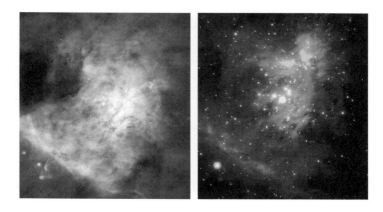

図 11.9 可視光（左，ハッブル宇宙望遠鏡）と近赤外線（右，すばる望遠鏡）でみたオリオン大星雲．近赤外線による観測で，可視光では見えない，分子雲中に埋もれた形成直後の星団の姿が捉えられている．

可能な天体が近傍の 1–2 kpc 以内に限定されているためである．また，分子雲中に埋もれた形成直後の星団も，可視光では捉えることができていなかった．しかし，近年の赤外線観測やヒッパルコス衛星の観測，系外銀河における巨大分子雲と星団との比較研究により，星団の形成，進化過程が少しずつ明らかになりつつある（図 11.9）．

形成直後の星団は，母体となった巨大分子雲中の分子ガスにより，重力的に束縛状態にある．しかし，一度星団が形成されると，大質量星からの星風や超新星爆発により周囲のガスが散逸し，ほとんどの星団は，重力的に束縛できなくなり，星団形成後，1 千万年以下で散逸してしまう．巨大分子雲中で形成された星団のうちのわずか 10% 程度の，質量の大きい星団のみが，プレアデス星団のように散開星団として生き残ることができると考えられている．

11.6.1 星団の種類

銀河系内の星団は，散開星団と球状星団の二つに大別される．

散開星団は比較的若い，数千個以下の星が緩く重力的に束縛された星団である．銀河系のディスク内に分布し，現在も銀河系で形成されている．

292 第 11 章 大質量星の形成

表 11.1 銀河系内の星団の分類.

	球状星団	散開星団	OB アソシエーション	分子雲に埋もれた形成直後の星団
年齢（年）	10^9–10^{10}	10^7–10^8	10^6–10^7	10^6
サイズ（pc）	100	10	200	1
質量（$M_\odot$）	10^4–10^6	10–10^4	10^3–10^4	20–10^3
存在数[†]（個）	200（147）	10^5（1200）	1000（70）	> 1000（80）

† 銀河系内に存在が予想される星団数.（ ）内の数は現在までにカタログされている星団数.

一方，球状星団は，数十万個以上の古い星が数 pc の領域に集まった，コンパクトで重力的に束縛された系である．銀河系には 160 個ほど存在しており，ハロー部に分布している．その多くは 100 億年以上前に形成されたものと考えられており，現在の銀河系では形成されていない．その起源に関しては，銀河系形成以前に宇宙初期のダークマターハロー中で形成されたとする説から，銀河系形成中もしくはその後に原始銀河ガス中での熱不安定性やガス雲の衝突過程などにより引き起こされる圧縮により形成されたとする説など提唱されているが現在も未解明である．現在の球状星団には顕著なダークマターは付随していないように見えるので，最初の説の場合にはダークマターハローを星団形成後に散逸させる過程を考える必要がある．一方，銀河系外の互いに衝突している銀河中では球状星団と同程度のサイズをもった星団（スーパースタークラスター，11.6.2 節参照）が形成中であるのが発見されており，これが若い球状星団だとするとその形成機構の解明が鍵となる．

散開星団ほどの密集度はなく，重力的にも束縛されず，比較的拡がった若い星の群がアソシエーションである．特に OB 型星が目立つ場合，OB アソシエーションと呼ばれ，巨大分子雲や H II 領域の近傍に分布し，大規模な星形成領域をなす．

巨大分子雲中に深く埋もれている形成されたばかりの星団は，星間微粒子による減光を受け，可視光では検出できない．近年の赤外線や X 線の観測により，このような星団が巨大分子雲中に多数発見されている．メンバーの大半が前主系列星段階にある大変若い星団であり，分子雲中のガスとともに重力的に束縛されている．

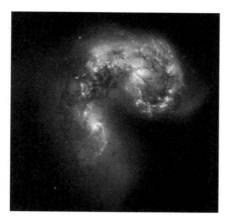

図 11.10 ハッブル宇宙望遠鏡で観測されたアンテナ銀河．二つの銀河の衝突により，1000 個ほどの巨大星団が形成されている．このうちの約 10% はスーパースタークラスターで球状星団へと進化すると考えられる．

11.6.2 スーパースタークラスター

1990 年代，ハッブル宇宙望遠鏡の観測により，多くの系外銀河にスーパースタークラスターと呼ばれる巨大高密度星団の存在が明らかになった．スーパースタークラスターの質量は，10^5–$10^7 M_\odot$，サイズも 10 pc 以下とコンパクトで重力的にも束縛された系である．その規模は，銀河系の球状星団とよく似ているが，球状星団が年齢 100 億年以上の古い小質量星から構成されているのに対し，スーパースタークラスターの年齢はとても若く（数百万–数千万年），多くの大質量星を含み，明るい（$M_V \sim -15$ 等級）．したがって，現在の宇宙においても，スーパースタークラスターは形成されていると考えられ，若い球状星団である可能性が高い．

スーパースタークラスターは，矮小銀河から円盤銀河，相互作用する銀河等，さまざまなタイプの銀河にみられるが，特にスターバースト銀河，相互作用する銀河（衝突銀河）において数多く発見されている（図 11.10）．スーパースタークラスターには，数多くの若い大質量星が含まれる．これら大質量星からの星風や超新星爆発により，周囲のガスが電離，散逸するより早い時間（数百万年以下）で，星団は形成されなければならず，スーパースタークラスターの形成に

は，高密・高圧な環境で，高い星形成率が必要である．

　銀河スケールでみると，スーパースタークラスターは，もっとも大きな星形成の要素であり，その形成機構，進化を理解することは，銀河の進化，スターバースト現象の理解にもつながる．スーパースタークラスターは，これまでハッブル宇宙望遠鏡をはじめとする近赤外線–可視光領域で観測，発見がなされてきた．しかし，巨大分子雲中で形成途上にあるスーパースタークラスターは，特に若いものほど，分子雲中に深く埋もれており，観測的には捉えられていない．今後，「あかり」や Spitzer といった赤外線天文衛星による中間–遠赤外線による観測，ALMA によるミリ波，サブミリ波の高分解能観測により，近い将来，スーパースタークラスターの形成母体となる大質量分子雲コアの集団やホットコア，超コンパクト H II 領域の集団の直接観測が可能となり，スーパースタークラスターの形成過程の理解が進むことが期待される．

11.7　大質量星に誘起された星形成

　O 型および早期 B 型の大質量星は大量の電離光子を放射し，それにより周囲の星間物質を電離し，H II 領域を形成する（図 11.11, 4 章参照）．H II 領域内は高温のため，外側の電離されていない星間物質中より圧力が高く，このため膨張する．また，これら大質量星からは，強い放射圧により星の表面が剥ぎ取られ，星風として噴出している．さらに，星としての寿命を終えた後は，超新星爆発を起こし，大量の物質を高速で放出する．これらの現象はすべて，周囲の星間物質の圧縮に働く．圧縮の結果得られる高密・高圧の環境は星形成に好都合であり，その結果として，次の世代の星形成が起こると考えられている．

　たとえば，近傍にあったもともと力学的に安定であるコアが，圧縮により不安定となり，収縮して星形成が起こる場合もあるだろう．実際，H II 領域近辺には，周辺部（リム）が明るく輝いたブライトリム雲とよばれる天体が多数発見されていて，しばしば内部に若い星である赤外線点源が付随している．これらは雲の周囲が H II 領域の高圧により圧縮されたことによる，誘発的星形成の例ではないかと考えられている．

　また，H II 領域や超新星残骸により掃き集められた周囲の星間物質がシェルを形成し，そのシェルの分裂・収縮の結果，星団形成が起こる場合もある．図

図 **11.11** 三裂星雲（M20）の可視光（左，アメリカ国立光学天文台）および赤外線（右，Spitzer）写真．O 型星の周囲にHⅡ領域が分布し（左側の可視光写真の下側の星雲状の部分），さらにHⅡ領域を取り囲むように，低温のガスや星間微粒子が分布している（右側の赤外線写真の星雲状の部分）．生まれたばかりの星は赤外線写真で星雲内の点源として写っている．

11.12 にそのような例を示した．HⅡ領域の膨張にともない，周囲の星間ガスがシェル上に掃き集められ，そのシェルの内部に星団が形成されている様子が見て取れる．また，オリオン座を始めとする大質量星形成領域近傍では，いくつかの OB アソシエーションが年齢順に並んでいるのが観測されている．実際に，大質量星近傍ではHⅡ領域や星風により分子雲が圧縮されその領域内で星形成が進行中であるような状況も見つかっている（図 11.13 参照，297 ページ）．さらには，その領域中で大質量星に近い側では年齢が高く，遠い側で若いという順に若い星が並んでいることもしばしば見られる．このような例も大質量星により誘起された星形成の証拠ととらえられ，連鎖的星形成と呼ばれている．

　さて，こういった大質量星による誘起は，星形成全体の中でどのような役割を担っているのであろうか？　ほとんどの星は星団中で形成され，なかでも大きな星団中で形成されるものの割合の方が多いことが知られている．また，これらの

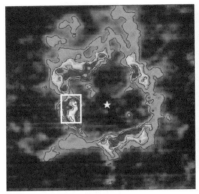 

図 11.12 H II 領域 Sh 104 の膨張により形成されたシェル中の星団. 左図は CO ($J=2$–1) のマップ (一辺約 20 pc) で, 速度成分 $-2\,\mathrm{km\,s^{-1}}$ から $2\,\mathrm{km\,s^{-1}}$ までを積分してプロットしている. 中心の O 6 型星周囲の H II 領域を分子のシェルが取り囲んでいる. シェルのうち, 左方向のクランプ (四角で囲まれた部分) を拡大したのが右図. 内部で星団が形成されているのがわかる (Deharveng *et al.* 2003, *A&Ap.* **408**, L25).

大きな星団にはほぼつねに大質量星が付随し, 大質量星の周りは特に星の密度が高い傾向にある. このため, 星形成は多くの場合, 近傍の大質量星により多かれ少なかれ影響を受けながら進むものと考えられる. 実際, 太陽自身もそのような環境で形成されたとの痕跡が太陽系中の隕石に見い出されている. 隕石中に含まれる元素の同位体解析により, 太陽系の形成時に短寿命放射性同位体 ^{60}Fe (半減期 150 万年) を含んでいたことがわかっている. この同位体は大質量星の超新星爆発時に放出されたものなので, 太陽系形成が超新星爆発によって引き起こされたか, または形成後の原始惑星系円盤に近傍で起こった超新星爆発で放出された物質が注入されたものと思われる.

一方, 系外銀河の観測によると, 銀河スケールで見た星形成率は円盤のガス面密度や渦状腕の位置と非常によい相関を示しており, このようなスケールでは, 星形成は大局的な重力不安定性により引き起こされるとみなして矛盾はない. したがって, 上で見たような大質量星による星形成の連鎖的な誘起は, これら大局的な重力不安定性によって開始した星形成過程を加速したり, 効率をあげる役割

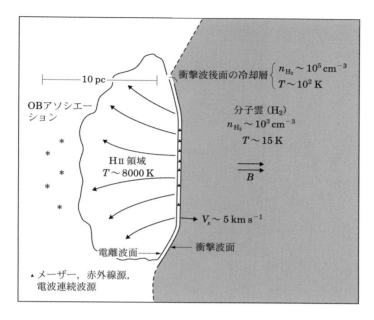

図 11.13 OB アソシエーションによる星形成の誘起の模式図. OB 型星(*)の集団からの紫外線に照射され,分子雲の端に H II 領域が形成される.衝撃波面と電離波面はさらに分子雲内部へと伝播し,これらの間の層は圧縮される.この層が重力的に不安定となりその内部で次世代の星(▲)が形成される (Elmegreen & Lada 1977, *ApJ*, 214, 725).

を持つものと思われる.

11.8 分子雲衝突による星形成

　以上述べてきたように,大質量星形成については多くの議論が展開されてきたが,最近の顕著な発展として分子雲同士の衝突が大質量星形成機構として注目されていることにふれておこう.

　星間雲同士の衝突による星形成の誘発というアイデアは,20 世紀中頃から議論されてきた古典的な説である.しかし,観測的な証拠が十分に得られず,その重要性は十分に認識されてこなかった.この状況を変えたのは,福井らによる広

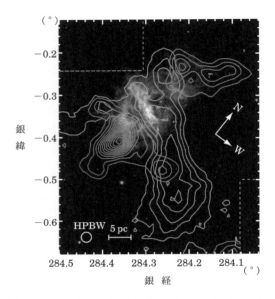

図 **11.14** ウエスタールンド 2（Furukawa *et al.* 2009, *ApJ* (*Letters*), 696, L115）．2 個の巨大分子雲の交点で星団が生まれている．

域分子雲観測と，羽部朝男，井上剛志らによる理論研究の展開である．福井らは 2009 年，大質量星団ウエスタールンド 2 が速度 $16\,\mathrm{km\,s^{-1}}$ で衝突したとみられる巨大分子雲の交点で形成されていることを発見し，分子雲同士の衝突がガスを強く圧縮し，大星団の形成を誘発したという星間雲衝突による大質量星形成説を提案した（図 11.14）．ついで，井上・福井は磁気流体力学計算によって衝突過程を研究し，超音速の分子雲衝突によって質量 $100\,M_\odot$ 程度の高密度分子雲コアが 10 万年程度で形成されることを示した．このようなコアは，内部の乱流が大きく $10\text{--}4\,M_\odot\mathrm{yr}^{-1}$ の質量降着率を達成して大質量星形成が可能である．この計算では $10\,\mathrm{km\,s^{-1}}$ で衝突する平板状のガス層が衝突してその境界面で強いガス圧縮がおきることを，図 11.15 は示している．つまり，磁気を伴う超音速衝突過程がガス雲の質量を増大させ，10^5 年オーダーで大質量星を形成する分子雲コアをつくると考えられる．この過程が自由落下時間よりも短時間に進行するため，大質量分子雲コアを実現できることがポイントである．また，羽部らは，サイズの

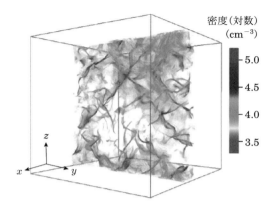

図 11.15 手前側と背後側から流れ込むガス流が衝突し，境界面でガスが圧縮される様子を理論計算したもの．色の濃いところが密度が高い（Inoue & Fukui 2013, *ApJ*（*Letters*），774, L31）．

異なる星間雲の衝突を数値計算によって詳しく調べ，衝突星間雲の観測的特徴の詳細を提示して多数の観測例の解釈に道筋をつけた．

　これらの理論研究を受けて，観測面では広域分子雲観測によって既知の大質量星形成領域とその周辺について広く分子雲の全体像が観測されたことが重要であった．このような広いダイナミックレンジの観測が超音速運動する分子雲の全体像の解明に不可欠である．以前の観測が若い星のごく近傍の高分解能観測に集中して大局を見逃していたことに警鐘を鳴らす結果となった．従来は見逃されていた 2 個の速度の異なる分子雲衝突が次々に発見され，これらに若い大質量星や星団に付随することが 50 以上の領域で明らかにされ，衝突説の支持につながっている．このような星間雲衝突の研究は，銀河系の H II 領域 NGC3603, M42, M20 等，さらに，マゼラン雲やアンテナ銀河のような活発な星団形成領域にも銀河規模で適用されており，今後の研究のさらなる発展が注目されている．

第**12**章

宇宙初期の星形成

12.1 星の種族と初代星

我々の銀河系に属する星は，種族 I の星と種族 II の星に大別できる．

種族 I の星は天の川として観測される銀河円盤に集中して存在し，太陽もその一つである．元素組成はおおまかにいって太陽組成と同じであり，質量比にして水素が70%ほど，ヘリウムが30%弱，その他のより重い元素（まとめて重元素と呼ぶ）をすべてあわせて2%程度である．また年齢は非常に若いものから100億年程度までばらつき，銀河系が形成されて以降，継続的に形成されてきたことがわかる．

それに対して，種族 II の星の運動は種族 I の星とまったく異なっておりハローに属する星であることがわかる．また，重元素の存在比は太陽の1%程度である．年齢は100億年程度以上であり，銀河系の形成期から進化の初期に形成された星であることがわかる．

ビッグバンで生まれた火の玉宇宙で形成された始原ガスには重元素は存在しない．宇宙に存在する重元素は星の中心における核融合反応や，超新星爆発時の高温衝撃波中での核反応など，星に関係した活動性によって形成されてきたと考えられる．そのため，第1世代の星は重元素を含まない始原ガスから形成されたことになる．この重元素を含まない，そして種族 II の星より以前に形成されたと

302 第 12 章 宇宙初期の星形成

考えられる星を種族 III の星，もしくは始原星と呼ぶ．種族 III の星起源の重元素が周囲の星間ガスに混ざって次世代の星の原料となり，種族 II の星に含まれる重元素の起源になっていると考えられる．種族 III の星はさらに宇宙の初代星である種族 III.1 の星と，その初代星からの放射などの影響を受けながら形成される種族 III.2 の星に分類されることがある．

また我々の宇宙の中の銀河間ガスは，一度中性化した後，再度電離したことがわかっている．中性化した銀河間ガスを再電離するためには紫外線などのエネルギー源が必要であるが，宇宙再電離が起きたのは，宇宙マイクロ波背景放射における電子散乱の痕跡や遠方クェーサーのスペクトルにおける銀河間ガスによる吸収の観測から赤方偏移 $z > 6$ の時期であることが知られており，これは通常の銀河中の星形成が最も活発であった $z = 1$–2 よりも早い時期であるため，普通の銀河やその中の種族 I の星より早く形成された天体を考える必要がある．そのため，宇宙初期天体中の種族 III および II の星は宇宙再電離のためのエネルギー源としても注目されている．

12.2 始原ガスの冷却過程

重力は距離の 2 乗に反比例する力であるからガス雲の収縮に伴い強くなる．その際，ガスの圧力も上昇するため，いったん収縮を始めたガス雲がそのまま収縮を継続するかどうかは，重力と圧力勾配のどちらがより大きくなるかによって決まる．ガス圧が密度の γ 乗に比例すると仮定する（$P \propto \rho^{\gamma}$）．ガス雲が球対称的に収縮する場合には，$\gamma = 4/3$ の場合に重力とそれに対抗する圧力勾配が同じ割合で変化する．このことを，重力の γ が 4/3 であるということがある（第 3 巻 5 章参照）．

理想気体の断熱圧縮においては，γ は比熱比（$\gamma = c_p/c_v$）となるので，単原子分子の場合には $\gamma = 5/3$, 常温における二原子分子の場合には $\gamma = 7/5$ であり，いずれも重力の γ の値 4/3 より大きい．この場合には，当初重力が圧力勾配を上回ってガス雲が収縮を開始しても，密度上昇とともに圧力勾配が重力に追いついて，収縮は止められてしまうことになる．そのため，ガスが十分収縮して星が生まれるためには，断熱であってはならず，収縮の際に冷却が起こって圧力上昇が抑えられる必要がある．

まず種族 I の星の材料である現在の星間ガスにおいて，10^4 K 程度以下で重要になる冷却過程を考える．比較的高温（100 K 程度以上）かつ低密度（ガスの粒子数密度が 10^2 cm^{-3} 程度以下）の場合は酸素原子（O I）や炭素イオン（C II）などの輝線放射が重要で，低温（10 K 程度以下）かつ高密度（10^2 cm^{-3} 程度以上）になると CO などの分子の輝線放射が重要になる．より高密度（10^6 cm^{-3} 程度以上）になると星間微粒子からの赤外線連続光の放射がもっとも効くようになる．それに対して，始原ガス中では 10^4 K 以下で有効な冷却過程はほぼ水素分子（H$_2$）と重水素分子（HD）からの輝線放射に限られる．これらの分子による冷却効率は，現在の星間雲においては重元素によるものに比べ一桁以上低く，重要な役割を果たさないが，重元素が含まれない始原ガス中では重要な冷却過程となる．

水素分子や重水素分子が，他の熱運動するガス粒子と衝突した際に，その運動エネルギーを受け取って回転や振動の励起状態を取ることがある．その後，励起エネルギーに相当する電磁波を放出して脱励起し，低エネルギー状態に戻る．この電磁波が吸収されずにガス雲から放出されると，結局，最初の状態と比較して，ガス粒子の熱運動エネルギーが電磁波のエネルギーに変換され，系から失われたことになる．この過程を放射冷却と呼ぶ．分子は量子力学的に振る舞うため，その回転，振動エネルギー準位はとびとびの値しかとれない．そのため，このとき放出される電磁波のエネルギーもやはり励起と脱励起状態間の遷移のエネルギー差に相当する離散的な値をとる．したがって，放出される電磁波は波長および振動数が決まった輝線放射となり，水素分子や重水素分子の場合には放射が波長にして数 μm から数 10 μm のおもに中間赤外線帯に分布する．

水素分子をはじめとする始原ガス中に存在する分子による冷却率を表す冷却関数を図 12.1 に示す．H$_2^+$ や LiH の冷却関数は水素分子に比べて値が大きい場合があるが，存在量が非常に少ないために，その影響は完全に無視できる．普通の水素と重水素が結合した重水素分子（HD）は，初期に電離度が高かったガスから星形成が起きた場合などに比較的存在量が多くなることがあり，そのときには 100 K 以下の低温領域で水素分子よりも有効な冷却源になる．第 2 世代の始原星（種族 III.2 の星）の形成時にはこのような状況が実現されることがある．その他，中性のガスから形成される初代星（種族 III.1 の星）形成の際にも，収縮が

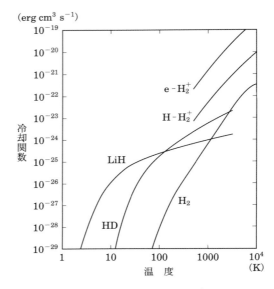

図 12.1 水素分子などの冷却関数. LiH, H_2^+ は非常に存在量が少ないため, その影響はほとんど無視できる. HD は種族 III.2 の星形成の際に重要となる場合がある (Galli & Palla 1998, *A & A*, 335, 403).

ゆっくりの場合には, 圧縮加熱の効果が小さく低温となるので HD 冷却が重要となりえる.

単位体積あたりの冷却率は, 図 12.1 の冷却関数に水素分子の数密度とガス粒子の数密度をかけることによって求めることができる. これは, もともと水素分子とガス粒子の衝突によって冷却過程が起きることから理解できる.

始原ガスからなる雲において形成される水素分子量を推定し, 上記の冷却関数を用いると, 始原ガス雲で十分冷却が起きて, 収縮することが可能かどうかがわかる (詳しくは第 3 巻参照). ある時刻 (赤方偏移 z) に形成された, あるビリアル温度を持った始原ガス雲に対して冷却時間を計算し, 冷却が十分効くかどうかを調べることができる (図 12.2). ここでビリアル温度とは, そのガス雲が自己重力で収縮しようとするのに対して, ガスの圧力勾配がちょうどつり合って支えることができるために必要な温度のことである. ガスの冷却が効かない場合には, 重力収縮によって解放されたエネルギーによってガスが加熱されてビリアル

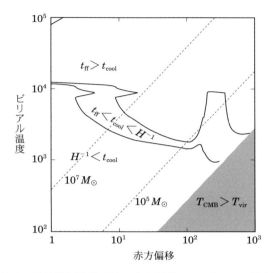

図 12.2 原始銀河雲形成時の赤方偏移 z_vir–ビリアル温度平面 T_vir における冷却可能領域.$t_\mathrm{ff} > t_\mathrm{cool}$ の領域では,原始銀河雲の収縮のタイムスケールである自由落下時間 (t_ff) よりも冷却のタイムスケールが短いためにガスは十分冷却できる.水素原子による冷却が効かない温度が約 10^4 K 以下にも冷却がよく効く領域が広がっていることがわかる.これは,水素分子による冷却の効果である $t_\mathrm{ff} < t_\mathrm{cool} < H^{-1}$ の領域では,自由落下時間内では冷却できないが,宇宙の進化のタイムスケールであるハッブル時間 (H^{-1},ここで H はハッブルパラメータ) よりは短い時間で冷却可能である.$H^{-1} < t_\mathrm{cool}$ の領域では,ガスの冷却はほとんど効かないといえる.右下の $T_\mathrm{CMB} > T_\mathrm{vir}$ の領域では,宇宙背景放射の温度がガスの初期温度より高いために,放射冷却が不可能な領域である.破線はダークマターを含めた原始銀河雲の総質量を表したものである.宇宙最初期天体の母体として期待される $z \sim 20$ 前後に形成される総質量が 10^6–$10^7 M_\odot$ の原始銀河雲においては,水素分子による冷却が非常に重要であることがわかる (Nishi & Susa 1999, *ApJ*, 523, L103).

306 | 第 12 章　宇宙初期の星形成

温度になり，圧力勾配が重力とつり合って力学的平衡状態になる．このことをビリアル化と呼ぶ．図 12.2 をみるとビリアル温度が約 10^4 K 以上の始原ガス雲では，冷却時間はガス雲の自由落下時間より短い．この領域では水素原子による冷却が非常に効率が良いためである．それに対して，10^3 K から 10^4 K の始原ガス雲では，水素分子冷却によって十分冷却できる領域が存在することがわかる．また，同時期（同じ赤方偏移）に形成された原始銀河雲では，質量が大きいほどビリアル温度が高く，冷却しやすいことがわかる．そのため，原始銀河雲中のガスが冷却し，進化するためには，形成時期によって決まる最小冷却質量以上の質量が必要となることもわかる．

12.3　初代星の形成過程

　宇宙最初の星形成の初期条件は，原理的には宇宙論のパラメータを決めると一意的に明確に定まる．これらの宇宙論パラメータは，近年，宇宙背景放射などの観測から非常に精度よく求められている．同時に，計算機の高速化の結果，宇宙論モデルから決まる初期条件から始めて，宇宙最初の星形成領域の形成，およびその内部での星形成過程そのものを数値計算により調べることが可能になりつつある．

　図 12.3 にそのような試みの一例を示した．宇宙の平均よりも高密度な領域は自己重力の働きにより，宇宙全体の平均的な膨張速度よりゆっくりとしか膨張せず，ついには宇宙膨張から取り残されて重力収縮を始める．当初は冷却に必要な水素分子がほとんど存在しないので，ガスの温度は断熱的に上昇する．この高密度領域は，いったんビリアル化するが，最小冷却質量よりも大きな場合（大体ビリアル温度が 10^3 K 以上に相当）には，内部で十分な量の水素分子の形成が進行し，その回転遷移放射による冷却によりさらに収縮することが可能になる（12.2節）．その際の中心部での温度と水素分子の割合の進化を図 12.4（308 ページ）に，また密度と，温度，速度，内部に含まれる質量の半径分布を図 12.5（309ページ）に示した．

　種族 III の星の原料となる始原ガス中には固体を作る重元素がないために星間微粒子が存在しない．そのため水素分子形成は気相における反応によってのみ進行する．比較的低密度（$< 10^8 \mathrm{cm}^{-3}$）での水素分子形成反応は H^- チャネルと

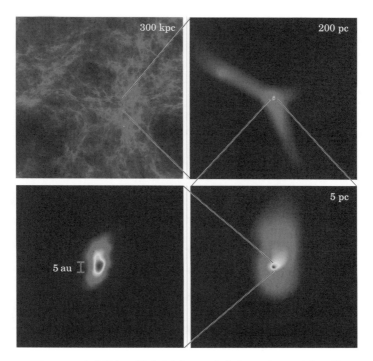

図 12.3 宇宙最初の星形成が起こる高密度コアとその内部の構造．色コントア（口絵 11 参照）は柱密度を示す．左上から時計回りに拡大している．3 番目の図（右下）で示された部分が高密度コアに対応している（Yoshida *et al.* 2006, *ApJ*, 625, 6）．

呼ばれる電子を触媒とした以下の反応である：

$$H + e^- \longrightarrow H^- + (光子), \tag{12.1}$$

$$H^- + H \longrightarrow H_2 + e^-. \tag{12.2}$$

この一連の反応により，触媒である電子は消費されないものの，同時に再結合反応

$$H^+ + e^- \longrightarrow H + (光子) \tag{12.3}$$

も進行するため，時間とともに電離度が下がり，形成反応が進まなくなる．このため，水素のうち H^- チャネルによって分子となる割合は再結合反応により電離

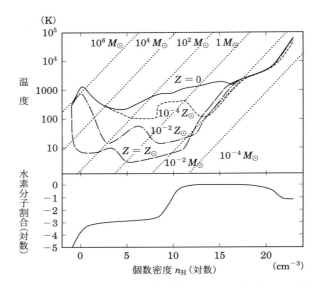

図 12.4 始原ガス中での星形成過程における高密度コアの収縮時の温度と水素分子割合の進化．温度進化の図には比較のため，現在の星間ガスと同じ重元素量（$Z = Z_\odot$，長破線），その100分の1（$10^{-2}Z_\odot$，一点鎖線），1万分の1（$10^{-4}Z_\odot$，短破線）の場合も示してある．また点線はジーンズ質量が一定の線である（Omukai et al. 2005, ApJ, 626, 627）．

度が十分下がるまでの間にどれだけ形成反応が進むかによって決まり，10^{-3} 程度となる．

図 12.4 で見られるように，水素分子形成とそれによる冷却により，温度が下がるが，ガス粒子の数密度が $10^4\,\mathrm{cm}^{-3}$ になると，衝突で励起された水素分子が，放射放出ではなく衝突により脱励起する確率が高くなるため，密度が高くなっても冷却効率が上がらなくなり，ガスの温度はゆっくり上昇するようになる．このときの密度を水素分子の臨界密度と呼ぶ．この際に温度上昇に伴う圧力の効果により，ゆっくりと収縮する準平衡状態となる．それまでガス雲は板状やフィラメント状といった広がった形状のまま収縮していたのだが，この時期にゆっくりとジーンズ質量程度の塊が中心部に集まり，比較的球状の塊となって収縮を始める．またそれ以前はダークマターの重力が重要であったが，これより高

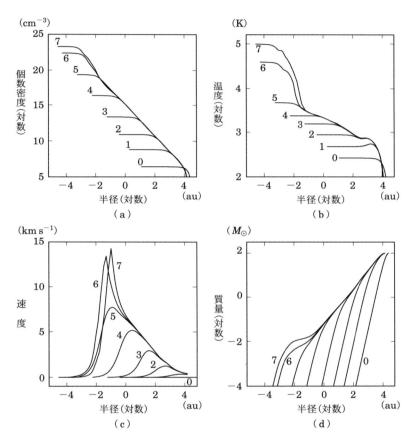

図 **12.5** 星形成過程における高密度コア収縮時の (a) 密度分布と (b) 温度分布, (c) 速度分布, (d) ある半径に含まれる質量の分布の進化. 各 0–7 の番号を付した状態はそれぞれある時刻の構造を示す. 状態 6 が原始星形成時に対応する (Omukai & Nishi 1998, *ApJ*, 508, 141).

密度ではバリオンガスの自己重力が支配的となる．この塊が，その内部において初代星（種族 III.1 の星）を形成する高密度コアである．その典型的な質量は約 $1000 M_\odot$ である．

この高密度コアは太陽近傍における種族 I 星形成の際の分子雲コアに相当するものであるが（9 章参照），密度は $10^4\,\mathrm{cm}^{-3}$ と同程度であるものの，温度は現在の分子雲コアでは 10 K 程度であったのに対して，始原ガスの高密度コアでは約 200 K と高温である．これは水素分子の最低励起エネルギーは 512 K に対応し，約 200 K 以下の低温では，マクスウェル速度分布においてガス粒子の熱運動エネルギーが励起エネルギーを上回る粒子がほとんどなくなるため，水素分子の励起はおこらず，冷却できなくなるからである．なお，ここでは冷却は水素分子のみにより起こっているが，重水素（HD）分子では最低励起エネルギーが 128 K と低いため，より低温となることができるが，それでもせいぜい数 10 K 程度である．このように現在の分子雲コアと比べて，高密度コア中の温度が高く，温度の 3/2 乗に比例するジーンズ質量も大きくなるため，高密度コアの質量は現在の分子雲コアに比べて約千倍も大質量となる．またその組成についても分子ではなく主として水素原子によって構成されている点が異なる．

この後，高密度コアの中心部は収縮を続け，それとともに温度がゆっくり上昇する．数密度 $10^8\,\mathrm{cm}^{-3}$ あたりから，3 体反応

$$\mathrm{H} + \mathrm{H} + \mathrm{H} \longrightarrow \mathrm{H}_2 + \mathrm{H}, \tag{12.4}$$

$$\mathrm{H} + \mathrm{H} + \mathrm{H}_2 \longrightarrow \mathrm{H}_2 + \mathrm{H}_2. \tag{12.5}$$

による水素分子形成がさかんとなり，$10^{11}\,\mathrm{cm}^{-3}$ 以上でほぼ完全に分子となる．この水素分子からなる中心部の質量は太陽質量程度である．3 体反応による水素分子の増加とともに，水素分子輝線のいくつかは光学的に厚くなるが，その後も残った光学的に薄い輝線による放射によって，冷却の効率はさほど落ちることはない．$10^{14}\,\mathrm{cm}^{-3}$ より高密度では水素分子の衝突誘起放射による連続波放射が冷却に重要となる．この放射が自己吸収に対して光学的に厚くなる $10^{16}\,\mathrm{cm}^{-3}$ 以上の密度ではもはや放射冷却は有効ではなくなる．このときの温度が水素分子の解離温度である 2000 K に近いため，放射冷却が働かず，温度が上昇を始めるのとほぼ同時に水素分子の解離が始まる（図 12.4）．そのため，温度上昇は断熱的

とはならず，それより低密度と同様にゆっくりとした温度上昇が続く．大部分の水素分子の解離が完了する $10^{20}\,\mathrm{cm}^{-3}$ より高密度では温度は断熱的に上昇する．その結果，中心部で圧力勾配力が重力に打ち勝ち，収縮がとまり，中心に静水圧平衡にあるコアが形成され，その表面に衝撃波が発生する（図 12.5 の状態 6．また図 12.4 も参照）．衝撃波は図 12.5（c）中に半径 $10^{-2}\,\mathrm{au}$ あたりでの速度の急激な変化として見ることができる．この静水圧平衡にあるコアの形成時の状態は，密度が $10^{22}\,\mathrm{cm}^{-3}$，温度が 30000 K で，質量は太陽質量の 1000 分の 1 程度であり，現在の星形成における第 2 のコア（10 章参照）の物理状態とほぼ同じである．これは図 12.4 からわかるように，水素分子解離後の温度進化がガスの組成の違いにもかかわらず，一致することによる．

高密度コアは数密度 $10^4\,\mathrm{cm}^{-3}$ 付近で形成された後，原始星形成までの収縮に際し，せいぜい数個程度にしか分裂しないことが知られている．そのため，形成時の原始星はきわめて小質量であるが，この周囲を星形成を起こした高密度コアの残骸（以後，外層とよぶ）である太陽質量の約 1000 倍もある大量の高密度ガスがおおっている．外層のガスは原始星に降着し，それにより原始星は質量を増しながら進化し，最終的に主系列星に達するのである．その際の降着率 $\dot{M}$ のおおよその見積もりは高密度コア中の音速 c_s を用いて

$$\dot{M} \simeq \frac{c_\mathrm{s}^3}{G} \tag{12.6}$$

であたえられる（式（11.2））．ここで重要な点は始原ガス雲中の温度が数 100 K と現在の分子雲の 10 K とくらべて 2 桁近く大きいため，降着率は 3 桁近く大きくなるという点である．

より詳しい数値シミュレーションによると初代原始星への降着率は図 12.6（下）のように約 $10^{-3}\,M_\odot/\mathrm{yr}$ と式（12.6）で温度がほぼ数 100 K に対応する値となる．降着成長する原始星からの紫外線放射が周囲のガス降着流を電離加熱するフィードバック効果も考慮すると，原始星の降着成長は約 $40\,M_\odot$ で止まり，その後，主系列星へと進化していく．この降着進化の際の原始星の半径進化を図12.6（上）に示した．初期（$\ll 10M_\odot$）には原始星内部の温度が低く（数十万度），不透明度が高いため降着の際に持ち込まれたエントロピーが放射によって持ち去られずに，原始星は断熱的に進化する．原始星質量の増加とともに温度が上

第 12 章 宇宙初期の星形成

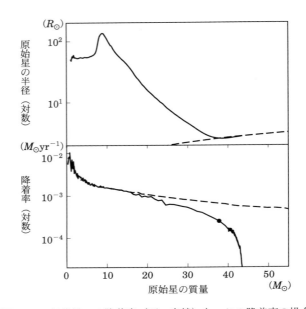

図 12.6 初代星への降着率（下，実線）と，この降着率の場合の原始星の半径の進化（上）．横軸はその時点での原始星の質量である．降着率の線上の黒丸は水素の核燃焼が重要になる時点を示す．また上図には主系列星の質量と半径の関係も破線で示している．原始星からの放射フィードバックにより星への降着は $40\,M_\odot$ を越えたところで止められる．仮に放射フィードバックがなかった場合の降着率の値も破線で示している（Hosokawa et al. 2011, Science, 334, 1250）．

昇し，それにともなって不透明度も下がる．その結果，原始星質量が太陽質量の約 10 倍に達する時点で，放射拡散による熱輸送が有効となる．これまで原始星内部に蓄えられたエントロピーが外部に輸送され，その際にいったん，原始星は膨張する．その後，原始星からエントロピーが放出されて，収縮に転ずる．この収縮にともない中心温度は上昇をつづけ，水素燃焼によるエネルギー生成が十分になる 10^8 K に達すると収縮は止まる．ここで水素燃焼は CNO サイクル（第 7 巻参照）により起こる．p–p 連鎖による水素核燃焼はエネルギー発生率が十分でなく，すでに大質量に達した初代原始星の重力収縮を止めることができない．C などの重元素は最初はもちろん存在しないが，He の一部が燃焼することにより，

質量比にして約 10^{-9} ほどの C が作られて，これが CNO サイクルの触媒として働くのである．ちなみに，初代星形成においては降着率が大きいため，重力収縮によるエネルギー解放が重水素燃焼を上回る．そのため，重水素燃焼は原始星の構造にほとんど影響を与えない．主系列星への到達は図 12.6 では，半径の極小値に対応している．その後は主系列星として進化するので，質量の増加とともに主系列星の質量–半径関係にしたがって半径が増加し，それは降着率によらない．

初代星の形成場所となるダークマターハローには個性があるので，形成される初代星の質量にも分布があったと思われる．初代原始星周囲の外層は太陽質量の 1000 倍程度もあるため，降着物質の供給は十分である．また降着率が大きいため，降着が止まらない場合には星の寿命（約百万年）の間に十分に大質量となることが可能である．形成された中心星からの放射フィードバックも初代星形成の際には星間微粒子が存在せず，トムソン散乱などによる不透明度の値は 2 桁程度小さくなり，放射によるフィードバックは現在の大質量星形成の場合のように深刻ではない．図 12.6 の場合には原始星の降着成長は放射フィードバックのために終了し，約 $40 M_\odot$ の星が形成されたが，典型的には太陽の数十倍から数百倍にもおよぶ大質量星であったと考えられている．

とはいえ，すべての種族 III の星が大質量であったとは言い切れない．大質量となる中心原始星周囲の降着円盤の分裂により，比較的小質量の分裂片が形成され，それらがそのまま小質量の種族 III の星となる可能性もある．$0.8 M_\odot$ 以下の小質量星の寿命は現在の宇宙年齢である 138 億年を超えるので，もしそのような小質量の種族 III 星が形成されていれば，将来，銀河系のハロー中の低金属度星探査により見出される可能性もある．

12.4　種族 III から種族 II の星への遷移

種族 III の星は典型的には数 $10 M_\odot$ を超える大質量であったと考えられている．一方，太陽近傍で見られる種族 I の星の多くは 0.1–$1 M_\odot$ 程度の小質量星である．種族 II の星については大質量のものはすでに寿命を終えているので，初期質量の詳細な分布は不明であるが，現在でも銀河系のハローや球状星団中に見られるように小質量星も多数形成されたことが分かっている．このことから宇宙の歴史のある時点で，形成される星の典型的な質量が大質量から小質量へと変化

したものと考えられる.

この原因としては星の材料となる星間ガス中における乱流状態や磁場強度などの違いが影響した可能性もあるが,最も有力と考えられているのが重元素,特に星間微粒子の蓄積に伴う放射冷却率の増加である.図12.4(上)には始原ガス中での星形成の際の温度進化とともに,重元素量が現在の星間ガスと同程度,その100分の1,1万分の1の場合も示してある.現在の1万分の1の重元素量の場合の温度進化を始原ガスのものと比較すると,数密度が $10^{10}\,\mathrm{cm}^{-3}$ を超えたところで温度が1桁近く急に下がっている時期があることが分かる.これは星間微粒子の熱放射による冷却が重要になることにより引き起こされている.より重元素量が多くなると星間微粒子による冷却はより低密度から重要となり,たとえば現在の100分の1の重元素量の場合には数密度が $10^6\,\mathrm{cm}^{-3}$ を超えたあたりに同様の温度低下がみられる.この温度低下は同時に圧力の低下を引き起こすので,ガス雲の収縮において重力が圧力に対して優勢となり,雲の分裂が引き起こされやすくなる.このようにして形成される分裂片の質量は,この冷却時期のジーンズ質量程度であるので,低温,高密度を反映して太陽質量以下の小質量となる.その後,これら個々の分裂片が収縮して,星が形成されるとすると小質量星が形成されることになる.このような過程による小質量星形成に必要な重元素量は現在の星間空間の値にくらべて10万分の1から1万分の1程度とごく微量であるが,ガス中の重元素量がこの値を超えたら急に小質量星形成モードへと遷移するのか,それとも緩やかに遷移するのかなどの詳細はまだよく分かっていない.

12.5　種族 III の星の探査

種族 III の星は宇宙の進化の中で重要な役割を果たしていると考えられているだけでなく,その形成過程は現在の星形成過程と大きく異なると考えられることから,純粋に理論的にも興味深い.

太陽近傍の分子雲では,現在進行中の星形成過程,たとえば収縮中の分子雲コアなどがおもに分子輝線により観測されている.それに対して,種族 III の星の母体となる高密度コアは水素分子輝線により冷却して収縮するものの,宇宙初期天体はあまりに遠方にあるため,この輝線の直接観測は計画されている観測機器をもってしても困難である.宇宙初期の星形成過程そのものの観測は遠い将来の

課題に残されるが，形成後の星を見出すことは現在の技術でも可能であると考えられ，いくつかの試みがなされている．

　宇宙初期に形成された星を観測しようとする場合，二つの戦略が考えられる．一つは大望遠鏡を用いて，高赤方偏移の原始銀河を観測して，その中の星を見る方法である．もう一つは我々の銀河系のハロー中に，宇宙初期に形成された星の年老いた姿を探す，いわば初期宇宙の化石を探す方法である．なお，後者のような方法については，近年，銀河考古学と呼ばれるようになった．

　まずは原始銀河中の種族 III の星を直接探査する方法に関して述べる．種族 III の星には大質量のものが多い（12.3 節）と考えられており，これらの有効温度が約 10 万度と非常に高いという特徴がある．また，星周ガス中に重元素や星間微粒子がないため，星の周りに形成される電離水素領域の放射が非常に特徴的なものとなる．

　図 12.7 の種族 III の星のみからなる原始銀河のスペクトルを示した．ここで，すべての星がある時刻に形成されたと仮定し，星の初期質量関数[*1]で質量の上限と下限をそれぞれ $500M_\odot$ と $1M_\odot$ とした．この図からわかるように，非常に強いライマン α 線が放射されている．また通常の H II 領域（4 章参照）からは放射されない He II の輝線も，種族 III の星からなる年齢が 200 万年以下の若い銀河からは放射される．これらの輝線の観測により，種族 III の星が原始銀河に多く含まれているということがわかる．時折，高赤方偏移銀河でこれらの輝線が検出されたと主張されたことがあったものの，確定した検出例は今のところない．

　次に，銀河系ハロー中に，宇宙初期に形成された星を探査する方法に関して述べる．種族 III の星のうち一部が $0.8M_\odot$ 以下の小質量星として形成されたとしよう．それらの寿命は宇宙年齢よりも長いため，現在でも主系列星や赤色巨星として生き残っているはずである．宇宙初期に形成された多数の小さい銀河は現在，われわれの銀河系のような大銀河に合体して，その一部として取り込まれていると考えられているので，銀河系のハロー中には宇宙初期に形成された星も含まれている．具体的には低金属度の星（金属欠乏星）を探査している．こ

　[*1] ここではサルピーターによる次式を用いている：$\xi(M) = \xi_0 M^{-2.35}$（1.2 節と 8.3.5 節を参照）．

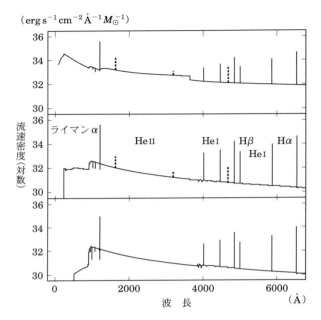

図 12.7 種族 III の星からなる原始銀河のスペクトル. スターバースト直後 (上) と 200 万年後 (中), 400 万年後 (下) の三つの年齢における進化をしめす. 太い波線は He II の輝線である (Schaerer 2002, A&A, 382, 28).

れまでのところ, [Fe/H]< −3 [*2]の金属欠乏星はすでに数百個発見されており, [Fe/H]< −5 の超金属欠乏星まで数個発見されている. しかしながら, 重元素を全く持たない種族 III の星は一つも発見されておらず, このことから種族 III の低質量星の形成数に対しての上限が得られている. 一方でこれらの金属欠乏星は現在わずかながらも重元素を含むが, 種族 III の星として形成された後, 現在までに重元素を含んだガスが降着した結果, 表面にわずかな重元素を持っているという可能性もある.

観測されている低金属度星が微量の重元素を含む星間ガスから形成された, 真の種族 II の星である場合でも, これらの重元素を作り出した超新星の親星が種

[*2] [Fe/H] は鉄/水素比の太陽組成に対する比の対数, すなわち単位質量中の鉄 (水素) の原子核数 N_{Fe} (N_H) を用いて, [Fe/H]$= \log_{10}(N_{Fe}/N_H) - \log_{10}(N_{Fe}/N_H)_\odot$. 重元素量をあらわす指標としてよく用いられる.

族 III の星であった可能性がある．この場合には，観測される重元素の組成比から，これらを作り出した種族 III の星の質量を知ることが可能であり，それに向けて現在さまざまな試みがなされている．特に $140M_\odot$ から $260M_\odot$ の種族 III の星は対不安定型超新星という特殊な最期をたどると考えられており，その際に放出される重元素は特徴的な組成比を示す．種族 III の星が $100M_\odot$ を超える大質量星を多数含んでいたとすると，対不安定型超新星による重元素生成の痕跡が第二世代に相当する低金属度星の組成比に見出されるものと期待されるが，現在のところそれらしい星は見つかっていない．その理由については，対不安定型超新星が起こるような大質量星がそもそも形成されなかったのかもしれないが，この型の超新星では重元素の放出量が多く，その周囲のガスから形成される星は比較的金属度が大きくなるので，低金属度星探査からは見落とされている可能性なども指摘されている．

参考文献

L. Spitzer 著, 山本充義, 大和春海, 荻原宏康, 塩田 進訳『完全電離気体の物理 —— プラズマ物理入門』, コロナ社, 1963

L.D. Landau & E.M. Lifshitz 著, 竹内 均訳『流体力学 1, 2』, 東京図書, 1978

L. Spitzer. Jr 著, 高窪啓弥訳『星間物理学 —— 星間物質における物理的諸過程』, 共立出版, 1980

上田良二編『電子顕微鏡』, 実験物理学講座 23, 共立出版, 1982

桜井邦朋編『高エネルギー宇宙物理学 —— 宇宙の高エネルギー現象を探る』, 朝倉書店, 1990

墻内千尋著『煙の秘密 —— 超微粒子の生成』, 共立出版, 1991

小暮智一著『星間物理学』, ごとう書房, 1994

福江 純, 和田桂一, 梅村雅之著『宇宙流体力学の基礎 [改訂版]』, シリーズ〈宇宙物理学の基礎第 1 巻〉, 日本評論社, 2022

D.E. Osterbrock 著, 田村眞一訳『ガス星雲と活動銀河核の天体物理学』, 東北大学出版会, 2001（なお, D.E. Osterbrock と G.J. Ferland による第 2 版が 2006 年に出版されている）

寺沢敏夫著『太陽圏の物理』, 岩波講座 物理の世界, 岩波書店, 2002

高原文郎著『天体高エネルギー現象』, 岩波書店, 2002

木舟 正著『宇宙高エネルギー粒子の物理学 —— 宇宙線・ガンマ線天文学』, 新物理学シリーズ, 培風館, 2004

中村文隆, 鶴 剛, 長田哲也, 藤沢健太, 梅村雅之, 福江 純『放射素過程の基礎』, シリーズ〈宇宙物理学の基礎第 4 巻〉, 日本評論社, 2022

高橋文郎, 家 正則, 小玉英雄, 高橋忠幸編集『宇宙物理学ハンドブック』, 朝倉書店, 2020

福井康雄 編著『スーパー望遠鏡「アルマ」が見た宇宙』, 日本評論社, 2016

橘省吾著『星くずたちの記憶——銀河から太陽系への物語』, 岩波書店, 2016

羽馬哲也著『宇宙の化学 プリズムで読み解く物質進化』, 岩波書店, 2023

G.B. Rybicki & A.P. Lightman, *Radiative processes in Astrophysics*, John Wiley & Sons, 1976

C.F. Bohren & D.R. Huffman, *Absorption and Scattering of Light by Small Particles*, Wiley-VCH, 1983

W. Gordy & R.L. Cook, *Microwave Molecular Spectra*, Wiley-Interscience, 1984

J.D. Kraus, *Radio Astronomy*, Cygnus-Quasar Book, 1986

F.H. Shu, *The Physics of Astrophysics*, Volume I, *Radiation*, University Science Books, 1992

F.H. Shu, *The Physics of Astrophysics*, Volume II, *Gas Dynamics*, University Science Books, 1992

L.I. Sedov, *Similarity and Dimensional Methods in Mechanics*, Infoserch Ltd., 1993

C. Hayashi *et al.* eds., *Ultra-Fine Particles*, Noyes Publications, 1996

K. Rohlfs & T.L. Wilson, *Tools of Radio Astronomy*, Springer-Verlag, 2003

S.W. Stahler & F. Palla, *The Formation of Stars*, Wiley-VCH Verlag GmbH&Co., 2004

S. Inutsuka *et al.* eds., *Protostars and Planets VII*, Astronomical Society of the Pacific, 2023; https://www.aspbooks.org/a/volumes/table_of_contents/?book_id=620

Bruce T. Draine, Physics of the interstellar and intergalactic medium, Princeton university press, 2011

G.M. Green *et al.*, A 3D Dust Map Based on Gaia, Pan-STARRS 1, and 2MASS, *The Astrophysical Journal*, Volume 887, Issue 1, article id. 93, p.27, 2019

B.T. Draine, *Physics of the Interstellar and Intergalactic Medium*, Princeton University Press, 2011

Mark R. Krumholz, *Star Formation*, World Scientific Series in Astrophysics, 2017

インターネット天文学辞典，日本天文学会編．https://astro-dic.jp/
天文・宇宙に関する3000以上の用語をわかりやすく解説．登録不要・無料．

索引

数字・アルファベット

^{12}CO $(J = 1\text{–}0)$	215
^{13}CO $(J = 1\text{–}0)$	218, 219
2 光子連続スペクトル	90
2 度目の崩壊	244
3 体反応による水素分子形成	310
α 粘性モデル	253
C^{18}O $(J = 1\text{–}0)$	218, 219
CH$_3$CN	281
CH$_3$OH	281
C$_{\text{IV}}$	105
CNO サイクル	100
CO 解離	80
C^0 電離領域	80
CO の解離エネルギー	80
C^0 の電離エネルギー	80
Disk Wind Model	256
H$^-$ チャネル	306
H^{13}CO$^+$	219
Hα	106
HD 冷却	304
H$_{\text{II}}$ 領域	5, 67, 70
——の形成	70
——の電子温度	75
——の分類	76
——の膨張	78
H$_{\text{I}}$ ガス	5, 17, 23
——の温かい成分	37, 38
——の観測	19
——の構造形成	39
——の線スペクトル	36
——の柱密度	26
——の冷たい成分	37, 38
——の放射機構	17
——の密度分布	33
IRAS	191
——点源	280

L1551	193
—— IRS5	250, 261, 264
L1689B	238
LS 結合	92
MC 27 (L1521F)	225
NH$_3$	281
N$_{\text{V}}$	105
O$_2$ の解離エネルギー	80
OB アソシエーション	7, 292
[O $_{\text{III}}$]	106
O $_{\text{VI}}$	105
PAH	7, 136, 153, 154
PDR	8, 79
QCC	153
RX J1713.7$-$3946	121
S $_{\text{II}}$	106
SN 1006	107
T タウリ型星	185, 249, 265
warp	35
X-Wind Model	256
X 線解離領域	81
X 線クリスマスツリー	263
X 線フレア	195
YLW 16A	268, 269

あ

アインシュタイン係数	19, 54
圧力平衡状態	39
暗黒星雲	41, 43, 44, 136
イジェクタ	115
位相関数	142
インフォール	226
ウィーンの変位則	21, 23
ウィーンの放射式	21, 23
宇宙線	7
宇宙線加速	116
運動温度	19

エネルギー収支	53
エミッションメジャー	91, 96
円盤	49, 241, 242, 259
おうし座暗黒星雲	215, 217, 222, 224
横断時間	236
大型有機分子	282
オリオン BN-KL 天体	189
オリオン–エリダヌス・スーパーバブル	
	125

か

回折	139
ガウント因子	73
角運動量問題	206
拡散低密度 H II 領域	69
核生成	150
カシオペア A	107, 169
渦状腕	48
ガス球の動力学	198
カスケード遷移	95
ガス中蒸発法	154
ガスと磁場の「凍結」	157
加速収束機構	256
合体説	276, 277
かに星雲	107
加熱	39
カルシウム・アルミニウムケイ酸塩	149
ガンマ線	117, 121
輝度温度	24, 27
逆コンプトン散乱	117
逆転分布	57
吸収	129, 134, 139
吸収効率	140
吸収線	32
吸収断面積	140
急冷炭素質物質	136
強結合近似	202
凝縮核	150
局所静止基準	34

局所熱力学的平衡	55, 58, 59
極超コンパクト H II 領域	76, 280
巨大分子雲	43, 44, 211
禁制線	68, 92, 93, 95, 97, 98
金属欠乏星	315
近傍高温バブル	103, 105, 125
空気シャワー	7
クラス 0	193, 252
クラス I	193, 251, 252, 254, 267
クラス II	251, 252
クラス III	193, 251
クラスター	150
クランプ	43
グロビュール	44
蛍光 X 線	268, 269
ケイ酸塩	132, 136, 149, 152
欠乏量	133
ケプラーの SNR	107
ケルビン–ヘルムホルツ時間	247, 274
減光	139
減光曲線	131
減光効率	140
減光断面積	140, 141
原子ガス	67
原始星	241, 242, 266
原始星コア	191, 242, 252
原始星候補天体	250
原始星団	278
原始惑星系円盤	209, 259
高温ガス	101
光学域禁制線	70
光学スペクトル測定	155
光学的厚み	24, 25, 56
光学的ジェット	253
高銀緯雲	49
光子	8
高速度雲	49
高速度水素雲	36
降着時間	274

降着説	276
光電子加熱	138
光電離	67, 68
光電離加熱	39
高濃度化	99
高密度コア	218
高密度分子ガス塊	278, 281
コールドコア	278
黒体放射	20
固相	7
古典的 T タウリ型星	196, 249
コロナガス	39
コンパクト H II	69
—— 領域	69, 71, 137
—— 領域の形態	76

さ

再結合	67
再結合線	68, 70, 89, 95〜97
最小冷却質量	306
サイズ–線幅関係	221
サブミリ波連続波源	279, 280
散開星団	7
酸化鉱物	147
散乱	129, 139
散乱効率	140
散乱断面積	140
ジーンズ質量	230, 276
ジーンズの解析	228
ジーンズ波長	230
ジェット	224
シェル型	107
紫外星間吸収線	105
紫外線電離	70
磁気的に亜臨界な雲	232
磁気的に超臨界な分子雲	232
始原ガス	303, 304
冷却過程	302, 303
始原星	302

自己相似解	109, 111
自然放射確率	19
実視連星	270
質量降着率	244, 245
質量分布	49, 223
磁場	9
—— の散逸時間	203
弱輝線 T タウリ型星	196, 249, 265
シャンパン流	72, 77
重水素	303, 310
終端速度	32
自由膨張期	108
自由落下時間	62, 201, 203, 224
重力収縮	200, 226
重力不安定	228, 230
—— の臨界波数	230
主系列星	241
主系列段階	247
主質量降着期	244
種族 III.1 の星	303
種族 III.2 の星	303
種族 III の星	302
種族 II の星	211, 301
種族 I の星	211, 301, 303
シュテファン–ボルツマンの関係式	21
準静的収縮	233, 234
準静的進化モデル	234
衝撃波の接続	113
常磁性緩和	143
衝突遷移割合	97
衝突電離	68
衝突励起	113, 285
初期質量関数	50, 210, 223
初代星	303
—— の形成過程	306
シラス（巻雲）	137
シンクロトロン放射	119, 165, 167
水素	
—— の吸収断面積	73

―― の再結合線　95
―― のバルマーアルファ線（Hα）　6
水素分子形成の反応率　63
水素分子冷却　306
スーパーシェル　69, 123
スーパースタークラスター　292, 293
スーパーバブル　123〜125
スケールハイト　35, 105
スターカウント法　44
スターバースト銀河　126
ストレームグレン半径　71
スピン　17
スピン温度　18, 24, 28
星雲説　184
星間ガス
　―― の加速　120
　―― の欠乏　132
星間減光　129, 130
星間減光曲線　130
星間磁場　157
星間ダスト　129
星間微粒子　4, 7, 67, 129
　一時的加熱現象　138
　大きさ　130
　吸収　138
　元素組成　132
　散乱　138
　主要な元素　133
　整列　143
　赤外線放射　134
　―― との熱交換過程　62
　―― の形成　146
　―― の熱放射　90, 134
　―― 破壊面　274
　光の散乱　138
　分布　136
　偏光　143
星間物質　3
　―― の温度　4

―― の加熱　9
―― の動力学　8
―― の分布　8
―― の密度　4
―― の冷却　9
星間分子　51
星間偏光　158
星周円盤　258, 259
星周物質　248
正常ゼーマン効果　171
星団　278
　―― の形成　290
　―― の種類　291
ゼーマン観測　174
ゼーマン効果　32, 158, 169
赤外線暗黒星雲　279, 280, 287, 288
赤外線超過　251
赤外線点源　280
全散乱断面積　142
前主系列収縮　246
　―― 期　246, 249
前主系列星　241
　―― 段階　195
全スピン角運動量　26
選択減光　130, 131
双極分子流　193, 253
存在比　53

た

ダークレーン　211
第 1 のコア　225, 239, 240, 244, 252
第 1 のパラメータ Λ　151
第 2 のコア　244, 252
第 2 のパラメータ μ　151
大質量星形成
　寿命問題　274
　フィードバック問題　274
大質量分子雲コア　278
大速度勾配近似　60

ダイナモ機構	265
太陽円	31
多環式芳香族炭化水素	7, 136
たわみ	35
誕生線	248
断熱膨張期	109
断面積	140
チャンドラセカール–フェルミの方法	168, 176
中間結合線	93
中心集中型	107
中速度雲	49
超音速乱流	228, 235
超コンパクト H II 領域	76, 280
超新星残骸	101, 105, 106
進化	108
星間物質の相互作用	120
ティコの SNR	107
鉄 Fe	149
テトラテーナイト	156
電荷交換	113
電磁波放射	7
電波干渉計	29
電波再結合線	96
電離ガス	9, 67
——の化学組成	69, 70, 98
——の輝線強度	97
——の輝線成分	91
——の元素の組成比	97
——のジェット	256
——の物理状態	69
——の連続光成分	88
——領域の放射スペクトル	88
電離限界の H II 領域	71
電離光子	70
電離水素	67
電離水素領域	5, 6, 67, 68
電離度	9
等温膨張期	109

逃走的収縮	201
動的収縮	234
ドップラー効果	42
トムソン散乱	313
トリガー	212
ドリフト速度	205, 233, 234

な

軟 X 線背景放射	101
ニー（ひざ）・エネルギー	116
熱化	55
熱的 X 線	120
熱的放射	112
熱電離	68

は

ハービッグ Ae/Be 型星	250
ハービッグ–ハロー天体	186
はくちょう座 X 領域	176
林トラック	186, 248
林の禁止領域	248
半禁制線	93
バンド構造	135
光解離領域	8, 69, 79, 138
光ジェット	193
非線形効果	118, 119
非線形粒子加速機構	118
非熱的制動放射	117
非熱的放射	116
微分散乱断面積	142
非平衡プラズマ	114
ビリアル温度	304
ビリアル化	306
ビリアル質量	198
ビリアル定理	196, 197
ビリアル平衡	221
ファラデー回転	167, 178
——量度	178
フィールド長	40

フェルミ加速	116, 117
複合型超新星残骸	107, 119
複素屈折率	140, 141
ブライトリム雲	294
プラズマ	67
プラズマ診断	112, 114
プラズマドリフト	202
プランクの放射式	20, 21, 134
フレア	36, 263, 267
分解能	29
分光連星	270
分散量度	180
分子	67
―― 形成時間	63
―― の回転遷移	41
―― の電気双極子モーメント	55
―― の励起状態	54, 55
分子雲	3, 5, 41, 45, 51, 184, 215
観測方法	41
輝線幅	50
形状	43
質量	43
磁場の効果	201
種類	41
―― の化学組成	51
―― の加熱	61
―― の質量関数	49
―― の探査	44
―― の放射強度	58
―― 複合体	43
力学進化	232
分子雲コア	6, 43, 191, 215, 218, 220, 222
温度	220
回転	227
形成メカニズム	227
サイズ	220
磁場	227
電離度	232

乱流	227
分子流	253, 256
エネルギー源	256
―― 天体	224, 253~255, 280, 285
膨張速度	257
フント（Hund）の結合型	172
ヘニエイトラック	248
へびつかい座分子雲	222, 266, 267
ヘリウムフラッシュ	100
ヘルツシュプルング–ラッセル図	247
偏光	
―― 観測	160, 162
偏光/偏波	143, 158
放射エネルギー分布	251
放射温度	19
放射スペクトル	70, 88
放射の断面積	134
放射輸送	23, 59
放射励起	285
放射冷却	61, 64, 203
ボーア磁子	171
星形成率	205
星なし大質量分子雲コア	278, 286
ホットガス	6
ホットコア	280, 281
ホットコリノ	282
ボナー–エバート球モデル	220

ま

マグネシウムケイ酸塩	149
ミー理論	141
見かけの等級	129
密度限界の H II 領域	71
密度波理論	37, 212
みなみのかんむり座分子雲	222
ミリ波連続波源	279, 280
無衝突プラズマ	113
メーザー	57, 280, 284

や

| 誘起された星形成 | 294 |
| 融点降下 | 155 |

ゆらぎ

── の成長率	230
── の分散関係式	229
陽子と電子の結合エネルギー	68

ら

ラーソン–ペンストンの解	239
ラインサーベイ	262
ランキン–ユゴニオ条件	113
両極性拡散	202, 233, 234
臨界質量	231, 232
臨界波長	230
臨界密度	57, 58, 60, 190, 308
励起温度	18
励起の臨界密度	55
冷却	39, 61
零年齢主系列星	248
レイリー散乱	143
レイリー–ジーンズの放射式	21, 23
連鎖的星形成	295

連星系

| ── の形成 | 207 |
| ── の問題 | 270 |

わ

| 惑星状星雲 | 69 |

日本天文学会第 2 版化ワーキンググループ

茂山　俊和（代表）　　岡村　定矩　　熊谷紫麻見　　桜井　隆　　松尾　宏

日本天文学会創立 100 周年記念出版事業編集委員会

岡村　定矩（委員長）

家　正則	池内　了	井上　一	小山　勝二	桜井　隆
佐藤　勝彦	祖父江義明	野本　憲一	長谷川哲夫	福井　康雄
福島登志夫	二間瀬敏史	舞原　俊憲	水本　好彦	観山　正見
渡部　潤一				

6巻編集者　福井　康雄　名古屋大学名誉教授（責任者）

犬塚修一郎　名古屋大学大学院理学研究科（1, 8, 12 章）

大西　利和　大阪公立大学大学院理学系研究科（3, 9, 10 章）

中井　直正　関西学院大学フェロー（2, 7 章）

舞原　俊憲　　（4, 6 章）

水野　亮　名古屋大学太陽地球環境研究所（5, 11 章）

編 集 協 力　河村　晶子　国立天文台（第 1 版）

佐野　栄俊　岐阜大学工学部（第 2 版）

早川　貴敬　名古屋大学大学院理学研究科（第 2 版）

執 筆 者　赤堀　卓也　国立天文台（7.5 節）

犬塚修一郎　名古屋大学大学院理学研究科（3.5, 3.6, 8.2, 8.3.1–8.3.4 節）

井上　剛志　甲南大学理工学部（3.5, 3.6, 5.6 節）

植田　稔也　デンバー大学物理天文学科（4.5 節）

臼田　知史　総合研究大学院大学（4.2, 4.4, 4.6 節）

大塚　雅昭　京都大学大学院理学研究科（4.5 節）

大西　利和　大阪公立大学大学院理学系研究科（3.4, 9.1–9.4 節）

大向　一行　東北大学大学院理学研究科（11.1, 11.2, 11.6, 11.7 節, 12 章）

岡本　美子　元茨城大学理学部（4.2, 4.3, 4.8 節）

尾中　　敬　東京大学名誉教授（6.1–6.3 節）

金田　英宏　名古屋大学大学院理学研究科（4.4 節, 4.6 節, 6 章）

釜谷　秀幸　防衛大学校（2.4.2, 2.5 節）

木村　勇気　北海道大学低温科学研究所（6.8 節）

芝井　　広　大阪大学名誉教授（6.4 節）

新永　浩子　鹿児島大学理学部（7.4 節）

高橋　忠幸　東京大学カブリ数物連携宇宙研究機構（1 章）

田村　眞一　東北大学名誉教授（4.1, 4.5, 4.7, 4.9 節）

田村　元秀　東京大学大学院理学系研究科（7.1, 7.3 節, 10 章）

坪井　陽子　中央大学理工学部（10 章）

土橋　一仁　東京学芸大学教育学部（3.1, 3.2 節）

富阪　幸治　国立天文台名誉教授（5.1–5.4, 5.8, 5.10 節）

中井　直正　関西学院大学フェロー（2.1, 2.2.1–2.2.3, 7.2, 7.5 節）

中川　貴雄　宇宙科学研究所（1 章）

長田　哲也　京都大学大学院理学研究科（1 章）

中西　裕之　鹿児島大学理学部（2 章）

中村　文隆　国立天文台（9.5–9.7 節）

西　　亮一　新潟大学理学部（12.1–12.4 節）

花輪　知幸　千葉大学先進科学センター（10 章）

馬場　　彩　東京大学大学院理学系研究科（5.2 節）

福井　康雄　名古屋大学名誉教授（1.1, 1.2, 5.9, 11.8 節）

細川　隆史　京都大学大学大学院理学研究科（4.2 節, 4.3 節）

町田　正博　九州大学大学院理学研究科（10 章）

水野　範和　国立天文台（11.6 節）

水野　　亮　名古屋大学太陽地球環境研究所（8.1, 8.3.5–8.3.8 節）

百瀬　宗武　茨城大学理学部（10 章）

山口　弘悦　宇宙科学研究所（5.5 節）

山崎　　了　青山学院大学理工学部（5.5–5.7 節, 5.10 節）

山本　　智　総合研究大学院大学（3.3 節）

山本　哲生　　（6.5–6.7 節）

米倉　覚則　　茨城大学宇宙科学研究センター（11.3–11.5 節）

星間物質と星形成[第2版]
シリーズ**現代の天文学**　第6巻

発行日	2008年9月15日　第1版第1刷発行
	2024年11月15日　第2版第1刷発行

編　者	福井康雄・犬塚修一郎・大西利和・中井直正・舞原俊憲・水野 亮
発行所	株式会社 日本評論社
	170-8474 東京都豊島区南大塚3-12-4
	電話　03-3987-8621(販売)　03-3987-8599(編集)
印　刷	三美印刷株式会社
製　本	牧製本印刷株式会社
装　幀	妹尾浩也

JCOPY 〈(社)出版者著作権管理機構委託出版物〉
本書の無断複写は著作権法上での例外を除き禁じられています. 複写される
場合は, そのつど事前に, (社)出版者著作権管理機構(電話03-5244-5088,
FAX03-5244-5089, e-mail: info@jcopy.or.jp)の許諾を得てください. また,
本書を代行業者等の第三者に依頼してスキャニング等の行為によりデジタル化
することは, 個人の家庭内の利用であっても, 一切認められておりません.

© Yasuo Fukui *et al.* 2008, 2024 Printed in Japan
ISBN978-4-535-60756-9

MA₂S₂ シリーズ 現代の天文学 全18巻 [第2版]

Modern Astronomy Series 2nd ed.

圧倒的な支持を得た旧版に、重力波の直接観測、太陽系外惑星など、
この10年のトピックスを盛り込んだ［第2版］刊行開始！

*表示価格は税込

第1巻 **人類の住む宇宙** ［第2版］　岡村定矩／他編 ◆第1回配本／2,970円（税込）

第2巻 **宇宙論 I**──宇宙のはじまり ［第2版補訂版］
　　　　　　　　　　　　　　佐藤勝彦＋二間瀬敏史／編 ◆第11回配本 2,860円（税込）

第3巻 **宇宙論 II**──宇宙の進化 ［第2版］　二間瀬敏史／他編 ◆第7回配本

第4巻 **銀河 I**──銀河と宇宙の階層構造 ［第2版］　谷口義明／他編 ◆第5回配本 3,080円（税込）

第5巻 **銀河 II**──銀河系 ［第2版］ 祖父江義明／他編 ◆第4回配本／3,080円（税込）

第6巻 **星間物質と星形成** ［第2版］　福井康雄／他編 ◆第15回配本 3,300円（税込）

第7巻 **恒星** ［第2版］　野本憲一／他編 ◆続刊

第8巻 **ブラックホールと高エネルギー現象** ［第2版］
　　　　　　　　　　　　　　　　　　嶺重 慎／他編 ◆近刊

第9巻 **太陽系と惑星** ［第2版］　井田 茂／他編 ◆第10回配本／3,080円（税込）

第10巻 **太陽** ［第2版］　桜井 隆／他編 ◆第6回配本／3,080円（税込）

第11巻 **天体物理学の基礎 I** ［第2版］　観山正見／他編 ◆第12回配本 3,300円（税込）

第12巻 **天体物理学の基礎 II** ［第2版］　観山正見／他編 ◆第13回配本 3,080円（税込）

第13巻 **天体の位置と運動** ［第2版］福島登志夫／編 ◆第2回配本／2,750円（税込）

第14巻 **シミュレーション天文学** ［第2版］　富阪幸治／他編 ◆続刊

第15巻 **宇宙の観測 I**──光・赤外天文学 ［第2版］ 家 正則／他編 ◆第3回配本 2,970円（税込）

第16巻 **宇宙の観測 II**──電波天文学 ［第2版］　中井直正／他編 ◆第9回配本 3,410円（税込）

第17巻 **宇宙の観測 III**──高エネルギー天文学 ［第2版］井上 一／他編 ◆第8回配本 2,860円（税込）

第18巻 **アストロバイオロジー**　田村元秀／他編 ◆第14回配本 3,300円（税込）

別巻 **天文学辞典**　岡村定矩／代表編者 ◆既刊／7,150円（税込）

日本評論社